U0384478

中国环境规划政策绿皮书

中国生态补偿政策发展报告（2018）

Report on policy progress of Ecological Compensation in China（2018）

刘桂环　王夏晖　何　军　文一惠　等 编著

中国环境出版集团·北京

图书在版编目（CIP）数据

中国生态补偿政策发展报告.2018/刘桂环等编著.—北京：中国环境出版集团，2019.5
（中国环境规划政策绿皮书）
ISBN 978-7-5111-3984-9

Ⅰ.①中… Ⅱ.①刘… Ⅲ.①生态环境—补偿性财政政策—研究报告—中国—2018 Ⅳ.①X-012

中国版本图书馆 CIP 数据核字（2019）第 090160 号

出 版 人	武德凯	
责任编辑	葛 莉	曹 玮
责任校对	任 丽	
封面设计	彭 杉	

出版发行　中国环境出版集团
　　　　　（100062　北京市东城区广渠门内大街 16 号）
　　　　　网　　址：http://www.cesp.com.cn
　　　　　电子邮箱：bjgl@cesp.com.cn
　　　　　联系电话：010-67112765（编辑管理部）
　　　　　发行热线：010-67125803，010-67113405（传真）
印　　刷　北京中科印刷有限公司
经　　销　各地新华书店
版　　次　2019 年 5 月第 1 版
印　　次　2019 年 5 月第 1 次印刷
开　　本　787×1092　1/16
印　　张　25.75
字　　数　552 千字
定　　价　128.00 元

执行摘要

2018 年 5 月 18 日，全国生态环境保护大会上正式确立了习近平生态文明思想，这是党的十八大以来形成的一系列新理念新思想新战略的理论总结和经验结晶，是新时代生态文明建设的根本遵循与最高准则，为推动生态文明建设、加强生态环境保护提供了思想指引和行动指南。生态补偿作为以保护和可持续利用生态系统服务为目的，根据生态系统服务价值、生态保护成本、发展机会成本，以政府和市场等经济手段为主要方式，调节相关者利益关系的制度安排，是习近平生态文明思想的具体体现。

党的十八大以来，习近平总书记对生态文明建设和环境保护提出一系列新理念新思想新战略，做出"绿水青山就是金山银山"的重要论述，对生态补偿机制建设提出了一系列决策部署，从《生态文明体制改革总体方案》中明确如何建立生态补偿机制到出台专门针对生态补偿的指导性文件，从十九大报告提出"建立市场化、多元化生态补偿机制"到成为习近平生态文明思想的重要组成部分，生态补偿已被提升到前所未有的高度。近年来，随着政策的密集落地，我国生态补偿制度框架日渐清晰和明朗，生态补偿制度顶层设计日益完善。各地积极探索生态补偿实践，补偿范围不断扩大，补偿标准不断完善，补偿形式不断丰富，形成了单领域补偿与综合补偿齐头并进、省内补偿与跨省补偿有机联系、资金补偿与多元化补偿互为补充的具有中国特色的生态补偿模式。

新时代下，生态环境保护成为实现经济高质量发展、人民对美好生活需求的重要支撑，这也对生态补偿工作提出了更高的目标和要求，生态补偿要在改革的浪潮中稳中求进，既要对已有经验进行提炼、总结、推广，又要解决新问

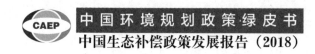

题和新现象，真正形成推动绿色生产方式和生活方式的受益者付费、保护者得到合理补偿的运行机制，走向"多元化""系统化""市场化""法治化"的新征程。

本报告回顾了我国生态补偿发展历程，从国家和地方两个层面系统梳理了截止到 2018 年我国生态补偿的重大进展，分析了我国生态补偿政策的空间布局特征、主要类型、取得成效，并对我国生态补偿政策未来发展方向提出建议与展望，以期为"建立市场化、多元化生态补偿机制"提供参考。

Executive Summary

On May 18, 2018, General Secretary, Xi Jinping's thought on ecological civilization was formally established at the National Conference on Ecological and Environment Protection, which is the theoretical outcomes and experience summary from a series of new concepts, new ideas and new strategies since the 18th National Congress of the CPC. It is the fundamental and highest criterion to build the ecological civilization in the new era, and also provides ideological guidance for promoting the ecological civilization and strengthening the ecological protection. As an institutional arrangement for the protection and sustainable use of ecosystem services, the eco-compensation is to regulate the stakeholders' interests in terms of the value of ecosystem services, cost of ecological protection and development opportunities through the governmental intervention and some economic instruments, such as market-based means, that is the concrete embodiment of Xi's thought on ecological civilization.

Since the 18th National Congress of the CPC, Xi Jinping has put forward a series of new concepts, new ideas and new strategies for the ecological civilization and environmental protection, such as "Lucid waters and lush mountains are invaluable assets". He also made a series of institutional arrangements to establish the eco-compensation mechanism. The unprecedented emphasis is increasingly attached on eco-compensation from "how to establish the eco-compensation mechanism" proposed in the ***Overall Plan for the Ecological Civilization Institutional Reform*** to some guidance issued on the eco-compensation, "to establish the market-oriented and diversified eco-compensation mechanism" in the report of the 19th National Congress of the CPC, and even forming an important component of Xi's thought on ecological civilization. In recent years, with the relevant policies intensively promulgated, the institutional framework becomes increasingly explicit and the top-level design is also increasingly sound for the eco-compensation in China. The practices of eco-compensation are actively explored in various regions; with expanding the compensation range, improving the compensation criteria and diversifying the compensation forms, an eco-compensation mode with Chinese characteristics has been formed already, in which both single-field and comprehensive compensation are employed, the intra-provincial and inter-provincial compensation are related interactively, as well as capital compensation and diversified compensation are mutually complementary.

In the new era, the ecological protection has become an important pillar to realize high-quality economic development and meet the people's demand for a better life, which also puts forward higher objectives and requirements for the eco-compensation. In order to step forward smoothly during the reform, it is necessary to not only refine, summarize and promote the experiences in the eco-compensation practices, but also solve new problems and study new phenomena, so as to truly form a green production and lifestyle modes, and the operating mechanism of "the beneficiaries pay and the protectors receive the reasonable compensation", and eventually lead to the "diversified", "systematic", "market-based" and "legal" pattern.

In this report, the history and major progresses of eco-compensation in China up to 2018 are systematically reviewed from both the national and local levels, and the policies on eco-compensation are analyzed in term of the spatial distribution, main types and achievements. Finally, suggestions and prospects are put forward for the future direction of eco-compensation policies in China with a view to provides a reference to "establish a market-oriented and diversified eco-compensation mechanism".

目录

目录

第1篇

政策进展

1

我国生态补偿发展进入新阶段

　　自 1990 年国务院发布的《关于进一步加强环境保护工作的决定》，提出"谁开发、谁保护，谁破坏、谁恢复，谁利用、谁补偿"和"开发利用与保护增殖并重"的环境保护方针，首次确立了生态补偿政策之后，我国生态补偿机制在实践和政策层面陆续发展起来。一方面，党中央、国务院启动了退耕还林、天然林保护、自然保护区生态环境保护与建设等一系列大型生态建设工程；另一方面，积极酝酿研究制定生态补偿政策。

　　党的十八大以来，以习近平同志为核心的党中央高度重视生态文明体制改革，把生态文明建设作为统筹推进"五位一体"总体布局和协调推进"四个全面"战略布局的重要内容，据统计，党的十八大以来在中央全面深化改革领导小组召开的 40 多次会议中，有 20 多次会议研究与生态文明体制改革相关的议题[1]。2015 年，党中央、国务院出台的《生态文明体制改革总体方案》，明确到 2020 年，构筑起由自然资源资产产权制度、国土空间开发保护制度、空间规划体系、资源总量管理和全面节约制度、资源有偿使用和生态补偿制度、环

---

[1] http://www.qstheory.cn/zhuanqu/bkjx/2018-11/26/c_1123770092.htm.

境治理体系、环境治理和生态保护市场体系、生态文明绩效评价考核和责任追究制度等八项制度构成的生态文明制度体系，把生态文明建设真正纳入制度化轨道。作为生态文明建设的核心制度，我国生态补偿工作也迈上了新台阶，党中央、国务院出台了多部专门针对生态补偿的政策文件，既有对我国生态补偿制度创新路线图的描绘，也有针对流域、长江经济带等重点区域生态补偿工作的部署，我国生态补偿工作已经进入深入发展的新时代。

2018 年国务院机构改革，从组成部门安排看，生态文明建设的管理体制初步理顺。自然资源部整合了国土资源部、国家海洋局、国家测绘地理信息局等有关国家自然资源管理的职能，实现了自然资源管理的大部制；生态环境部在环境保护部的基础上，整合了其他各个部门有关生态和环境保护的职能，实现了生态环境职能的大部制①。通过一类事项原则上由一个部门统筹、一件事情原则上由一个部门负责，有效避免"政出多门"、责任不明、推诿扯皮，使市场在资源配置中起决定性作用、更好发挥政府作用，这对解决我国生态补偿面临的管理多元化、政策碎片化的问题提供了强有力的体制保障。生态补偿工作部际联席会议从原来的 13 个部门减少到 11 个，森林、草地、湿地、荒漠、海洋、水流、耕地等重点领域生态补偿牵头部门从 6 个减少到 3 个，根据新"三定方案"，由自然资源部牵头建立和实施生态保护补偿制度，生态环境部参与生态保护补偿工作。

这一系列的变化将带来生态补偿的改革，如何稳中求变，贯彻深邃历史观、科学自然观、绿色发展观、基本民生观、整体系统观、严密法治观、全民行动观、全球共荣观的习近平生态文明"八观"，建立市场化、多元化生态补偿机制，是摆在我国生态补偿工作面前的一个重要命题。

---

① http://www.360doc.com/content/18/0314/20/43351167_737027275.shtml.

2

逐渐完善的制度体系推进
生态补偿法治化

目前，虽然我国还没有形成专门的生态补偿立法，但在相关法律法规中都有规定，已经逐渐成为我国环境与资源保护法律体系的重要内容。

2.1 宪法中的规定

宪法作为根本大法，是我国其他法律的立法依据，其对生态保护的规定是生态补偿法律制度的基础，宪法第九条规定："……国家保障自然资源的合理利用，保护珍贵的动物和植物。禁止任何组织或者个人用任何手段侵占或者破坏自然资源。"宪法第十条规定："……国家为了公共利益的需要，可以依照法律规定对土地实行征收或者征用并给予补偿。……"宪法在强化对自然生态保护的同时也提出了对私人利益进行补偿的原则，为我国生态补偿发展提供了基本遵循。

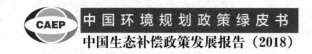

2.2 法律中的规定

2.2.1 生态环境保护基本法的规定

2014 年，新修订的《中华人民共和国环境保护法》增加了生态补偿的内容，第三十一条规定，"国家建立、健全生态保护补偿制度。国家加大对生态保护地区的财政转移支付力度。有关地方人民政府应当落实生态保护补偿资金，确保其用于生态保护补偿。国家指导受益地区和生态保护地区人民政府通过协商或者按照市场规则进行生态保护补偿。"《环境保护法》将生态补偿制度确定为我国的环境保护的一项基本制度，对我国生态补偿的基本类型、责任主体、补偿手段等做了明确规定，对我国生态补偿法律和制度体系建设起着指导和基础作用。

2.2.2 相关生态环境保护单行法的规定

相关生态环境保护单行法是指针对环境污染防治、各种自然资源以及生态环境要素的保护，由国家立法机关制定的单向法律。通过梳理，我国有 10 多部单行法对生态补偿有所规定，包括《中华人民共和国草原法》《中华人民共和国农业法》《中华人民共和国水土保持法》《中华人民共和国海岛保护法》《中华人民共和国水污染防治法》《中华人民共和国畜牧法》《中华人民共和国野生动物保护法》《中华人民共和国渔业法》《中华人民共和国水法》《中华人民共和国防沙治沙法》《中华人民共和国海域使用管理法》《中华人民共和国森林法》《中华人民共和国矿产资源法》《中华人民共和国清洁生产促进法》《中华人民共和国土地管理法》等都对生态补偿有原则性规定，各单行法从不同自然资源类型和保护利用目标出发，大多是规定对开发利用环境资源行为征收费用或对生态保护行为予以补偿，有效丰富了我国生态补偿法律体系。

表 2-1 我国生态补偿相关法律规定

法律	规 定
环境保护法（2014 年）	第三十一条 国家建立、健全生态保护补偿制度。国家加大对生态保护地区的财政转移支付力度。有关地方人民政府应当落实生态保护补偿资金，确保其用于生态保护补偿。国家指导受益地区和生态保护地区人民政府通过协商或者按照市场规则进行生态保护补偿
水污染防治法（2017 年）	第八条 国家通过财政转移支付等方式，建立健全对位于饮用水水源保护区区域和江河、湖泊、水库上游地区的水环境生态保护补偿机制
水法（2016 年）	第二十九条 国家对水工程建设移民实行开发性移民的方针，按照前期补偿、补助与后期扶持相结合的原则，妥善安排移民的生产和生活，保护移民的合法权益…… 第三十一条 从事水资源开发、利用、节约、保护和防治水害等水事活动，应当遵守经批准的规划；因违反规划造成江河和湖泊水域使用功能降低、地下水超采、地面沉降、水体污染的，应当承担治理责任。 开采矿藏或者建设地下工程，因疏干排水导致地下水水位下降、水源枯竭或者地面塌陷，采矿单位或者建设单位应当采取补救措施；对他人生活和生产造成损失的，依法给予补偿。 第三十五条 从事工程建设，占用农业灌溉水源、灌排工程设施，或者对原有灌溉用水、供水水源有不利影响的，建设单位应当采取相应的补救措施；造成损失的，依法给予补偿。 第四十八条 直接从江河、湖泊或者地下取用水资源的单位和个人，应当按照国家取水许可制度和水资源有偿使用制度的规定，向水行政主管部门或者流域管理机构申请领取取水许可证，并缴纳水资源费，取得取水权。但是，家庭生活和零星散养、圈养畜禽饮用等少量取水的除外……
水土保持法（2010 年）	第三十一条 国家加强江河源头区、饮用水水源保护区和水源涵养区水土流失的预防和治理工作，多渠道筹集资金，将水土保持生态效益补偿纳入国家建立的生态效益补偿制度
土地管理法（2004 年）	第四十七条 征收土地的，按照被征收土地的原用途给予补偿。征收耕地的补偿费用包括土地补偿费、安置补助费以及地上附着物和青苗的补偿费……
森林法（1998 年）	第八条 …… （六）建立林业基金制度。国家设立森林生态效益补偿基金，用于提供生态效益的防护林和特种用途林的森林资源、林木的营造、抚育、保护和管理。森林生态效益补偿基金必须专款专用，不得挪作他用。具体办法由国务院规定

法律	规定
草原法 （2013 年）	第三十九条　因建设征收、征用集体所有的草原的，应当依照《中华人民共和国土地管理法》的规定给予补偿；因建设使用国家所有的草原的，应当依照国务院有关规定对草原承包经营者给予补偿。 因建设征收、征用或者使用草原的，应当交纳草原植被恢复费。草原植被恢复费专款专用，由草原行政主管部门按照规定用于恢复草原植被，任何单位和个人不得截留、挪用。草原植被恢复费的征收、使用和管理办法，由国务院价格主管部门和国务院财政部门会同国务院草原行政主管部门制定
农业法 （2012 年）	第六十二条　禁止毁林毁草开垦、烧山开垦以及开垦国家禁止开垦的陡坡地，已经开垦的应当逐步退耕还林、还草。禁止围湖造田以及围垦国家禁止围垦的湿地。已经围垦的，应当逐步退耕还湖、还湿地。对在国务院批准规划范围内实施退耕的农民，应当按照国家规定予以补助。 第六十三条　各级人民政府应当采取措施，依法执行捕捞限额和禁渔、休渔制度，增殖渔业资源，保护渔业水域生态环境。 国家引导、支持从事捕捞业的农（渔）民和农（渔）业生产经营组织从事水产养殖或者其他职业，对根据当地人民政府统一规划转产转业的农（渔）民，应当按照国家规定予以补助
防沙治沙法 （2018 年）	第三十一条　沙化土地所在地区的地方各级人民政府，可以组织当地农村集体经济组织及其成员在自愿的前提下，对已经沙化的土地进行集中治理。农村集体经济组织及其成员投入的资金和劳力，可以折算为治理项目的股份、资本金，也可以采取其他形式给予补偿。 第三十五条　因保护生态的特殊要求，将治理后的土地批准划为自然保护区或者沙化土地封禁保护区的，批准机关应当给予治理者合理的经济补偿
矿产资源法 （2009 年）	第五条　国家实行探矿权、采矿权有偿取得的制度；但是，国家对探矿权、采矿权有偿取得的费用，可以根据不同情况规定予以减缴、免缴。具体办法和实施步骤由国务院规定。 开采矿产资源，必须按照国家有关规定缴纳资源税和资源补偿费
海岛保护法 （2009 年）	第二十五条　在有居民海岛进行工程建设，应当坚持先规划后建设、生态保护设施优先建设或者与工程项目同步建设的原则。 进行工程建设造成生态破坏的，应当负责修复；无力修复的，由县级以上人民政府责令停止建设，并可以指定有关部门组织修复，修复费用由造成生态破坏的单位、个人承担
海域使用管理法 （2001 年）	第三十条　因公共利益或者国家安全的需要，原批准用海的人民政府可以依法收回海域使用权。 依照前款规定在海域使用权期满前提前收回海域使用权的，对海域使用权人应当给予相应的补偿

法律	规定
渔业法（2013 年）	第二十八条　县级以上人民政府渔业行政主管部门应当对其管理的渔业水域统一规划，采取措施，增殖渔业资源。县级以上人民政府渔业行政主管部门可以向受益的单位和个人征收渔业资源增殖保护费，专门用于增殖和保护渔业资源。渔业资源增殖保护费的征收办法由国务院渔业行政主管部门会同财政部门制定，报国务院批准后施行
野生动物保护法（2018 年）	第十九条　因保护本法规定保护的野生动物，造成人员伤亡、农作物或者其他财产损失的，由当地人民政府给予补偿。具体办法由省、自治区、直辖市人民政府制定。有关地方人民政府可以推动保险机构开展野生动物致害赔偿保险业务。 有关地方人民政府采取预防、控制国家重点保护野生动物造成危害的措施以及实行补偿所需经费，由中央财政按照国家有关规定予以补助

2.2.3　行政法规或规章中的规定

　　生态补偿相关行政法规是指由国务院依照宪法和法律的授权，按照法定权限和程序颁布或通过的，关于生态补偿方面的行政法规一般是上位法的具体细化，如由国家发展改革委牵头制定的"生态补偿条例"已形成草案初稿。生态补偿相关规章是指由生态环境与自然资源保护行政主管部门以及其他有关行政机关有权制定的关于环境与资源保护的行政规章，是政府开展生态补偿具体工作的重要依据。据统计，目前与生态补偿有关的行政法规和规章多达 200 多项，以国务院及其主管部门制定的规章居多，主要涉及森林、流域、草原、自然保护区、重点生态功能区、农业、矿区生态环境恢复等领域。这里，我们主要罗列了全文类生态补偿行政法规或规章。各地在生态补偿立法方面也开展了积极的探索，以地方政府及其相关部门制定的生态补偿规范性文件多达 70 多个，但是专门以生态补偿为立法内容的只有苏州市人大制定的《苏州市生态补偿条例》。

表 2-2　全文类生态补偿行政法规或规章一览表

序号	政策名称	时间	文号	补偿领域
1	矿产资源补偿费征收管理规定	1994	国务院令　第 150 号	矿产
2	矿产资源补偿费使用管理办法	2001	财建〔2001〕809 号	
3	国土资源部关于进一步规范矿产资源补偿费征收管理的通知	2013	国土资发〔2013〕77 号	
4	退耕还林工程现金补助资金管理办法	2002	财农〔2002〕156 号	森林
5	中央财政森林生态效益补偿基金管理办法	2009	财农〔2009〕381 号	
6	天然林资源保护工程财政专项资金管理办法	2011	财农〔2011〕138 号	
7	国家级公益林管理办法	2013	林资发〔2013〕71 号	
8	中央财政林业补助资金管理办法	2014	财农〔2014〕9 号	
9	关于扩大新一轮退耕还林还草规模的通知	2016	财农〔2015〕258 号	
10	大中型水利水电工程建设征地补偿和移民安置条例	2006	国务院令　第 471 号	流域
11	新安江流域水环境补偿试点工作方案	2011	财建〔2011〕123 号	
12	关于加快建立流域上下游横向生态保护补偿机制的指导意见	2016	财建〔2016〕928 号	
13	关于建立健全长江经济带生态补偿与保护长效机制的指导意见	2018	财预〔2018〕19 号	
14	船舶油污损害赔偿基金征收使用管理办法	2012	财综〔2012〕33 号	海洋
15	关于同意收取草原植被恢复费有关问题的通知	2010	财综〔2010〕29 号	草原
16	农业部关于加强草原植被恢复费征收使用管理工作的通知	2010	农财发〔2010〕132 号	
17	国家重点生态功能区县域生态环境质量考核办法	2011	环发〔2011〕18 号	功能区
18	国家重点生态功能区转移支付办法	2011	财预〔2011〕428 号	

序号	政策名称	时间	文号	补偿领域
19	2012 年中央对地方国家重点生态功能区转移支付办法	2012	财预〔2012〕296 号	功能区
20	中央财政农业资源及生态保护补助资金管理办法	2014	财农〔2014〕32 号	农业
21	农业部 财政部发布 2017 年重点强农惠农政策	2017		
22	关于开展生态补偿试点工作的指导意见	2007	环发〔2007〕130 号	综合
23	关于改革和完善中央对地方转移支付制度的意见	2015	国发〔2014〕71 号	
24	国务院办公厅关于健全生态保护补偿机制的意见	2016	国办发〔2016〕31 号	
25	关于建立健全长江经济带生态补偿与保护长效机制的指导意见	2018	财预〔2018〕19 号	

2.3 制度框架

《中华人民共和国环境保护法》第三十一条明确提出：国家建立、健全生态保护补偿制度。国家加大对生态保护地区的财政转移支付力度。有关地方人民政府应当落实生态保护补偿资金，确保其用于生态保护补偿。国家指导受益地区和生态保护地区人民政府通过协商或者按照市场规则进行生态保护补偿。中共中央、国务院印发的《关于加快推进生态文明建设的意见》（中发〔2015〕12 号）提出：健全生态保护补偿机制。科学界定生态保护者与受益者权利义务，加快形成生态损害者赔偿、受益者付费、保护者得到合理补偿的运行机制。《生态文明体制改革总体方案》（中发〔2015〕25 号）进一步明确完善生态补偿机制。探索建立多元化补偿机制，逐步增加对重点生态功能区转移支付，完善生态保护成效与资金分配挂钩的激励约束机制。制定横向生态补偿机制办法，以地方补偿为主，中央财政给予支持。目前，国家发展改革委牵头正在制定"生态保护补偿条例"，已形成专家建议稿，正在修改完善，下一步将征求各有关部门意见。

2.3.1 明确国家生态补偿发展路线图

国务院办公厅印发《关于健全生态保护补偿机制的意见》（国办发〔2016〕31 号）（以下简称《意见》），对生态补偿进行系统全面部署。2016 年 12 月，国务院批复同意建立由国家发展改革委、财政部共同牵头的生态保护补偿部际协调机制，建立了生态补偿沟通协商机制，部际联席会议办公室设在国家发展改革委西部司。2017 年 4 月，召开生态保护补偿部际联席会议第一次会议，财政部、国土资源部、环境保护部、住房和城乡建设部、水利部、农业部、税务总局、统计局、林业局、能源局、海洋局、扶贫办等单位参会，共同研究总结 2016 年工作，安排部署下一年工作。2017 年 12 月，召开生态保护补偿工作部际联席会议第二次会议。

2016 年 12 月，财政部、环境保护部、国家发展改革委、水利部联合印发《关于加快建立流域上下游横向生态保护补偿机制的指导意见》（财建〔2016〕928 号），明确了流域上下游横向生态补偿的指导思想、基本原则和工作目标，就流域上下游补偿基准、补偿方式、补偿标准、建立联防共治机制、签订补偿协议等主要内容提出了具体措施。

国家生态补偿发展方向见图 2-1。

（1）推动形成生态补偿新格局

目前我国各领域生态补偿工作均稳步开展并取得一定成效。重点生态功能区生态补偿作为综合性补偿范畴，已经形成了相对成熟的激励机制。《意见》指出的"将分类补偿与综合补偿

图 2-1　我国生态补偿发展方向

有机结合"是对生态补偿试点的总体布局,一方面,通过试点和健全各类补助政策等手段继续推进分类补偿;另一方面,结合国家划定并严守生态保护红线的工作,研究制定相关生态补偿政策,健全禁止开发区域生态补偿政策,逐步实现森林、草原、湿地、荒漠、海洋、水流、耕地等重点领域和禁止开发区域、重点生态功能区等重要区域生态补偿全覆盖,基本建立符合我国国情的生态补偿制度体系。

（2）建立资金使用与筹措新思路

《意见》指出"统筹各类补偿资金,探索综合性补偿办法",通过整合形成资金合力,放大资金使用效果,确保将"绿水青山"尽快转化为"金山银山"。除政府资金以外,市场机制对促进生态保护也具有积极作用。2016 年政府工作报告在 2016 年工作重点中指出要"完善政府和社会资本合作模式",具体到生态补偿领域,是健全生态保护市场体系,完善生态产品价格形成机制,使保护者通过生态产品的交易获得收益等方式来实现。

（3）构建多元化补偿新方式

积极创新生态补偿方式,利用多种方式充分调动政府和老百姓保护生态环境的积极性。森林公益林补偿制度、草原生态保护补助奖励政策都形成了可持续的产业发展模式。目前国家正在开展的生态补偿示范区建设、流域生态补偿试点等工作在建立多元化补偿机制方面也提供了大量的经验,这些实践基础为开展对口协作、产业转移、人才培训、共建园区等方面提供了具体的办法,有助于各地形成适应资源环境承载能力的产业结构、促进其转型绿色发展。此外,将生态补偿与扶贫政策对接、探索不以牺牲环境为代价的生态脱贫新路子,是推进生态补偿体制机制创新的重要举措。

（4）搭建生态补偿新机制

生态补偿是一项涉及面广、复杂的工作,建立政府协调机制对保障生态保护补偿机制有效落实至关重要。按照《意见》要求,建立由国家发展改革委、财政部会同有关部门组成的部际协调机制,形成相互配合、统筹协调的工作机制,有助于将各部门职责串成完整的生态补偿工作链条,指导生态补偿工作稳步进行。

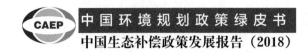

（5）逐步建立生态补偿新约束

《意见》是对我国各领域生态补偿工作的宏观指导，在总结试点经验的基础上，研究制定生态补偿条例，将生态补偿的目的、原则、范围、类型、权责、标准、实施、监管等内容的基本框架固定下来，增强法律的可执行性和可操作性也将是未来必经之路。目前，国务院围绕生态补偿立法已经做了大量工作、积累了相关经验，同时一些地区根据自身的生态环境状况就农田及生物多样性等环境要素制定了专门的生态补偿实施办法，如苏州市出台了生态补偿条例，以立法形式推动生态补偿工作，因此，《意见》指出的"研究制定生态保护补偿条例，鼓励各地出台相关法规或规范性文件"已经具备了非常好的前提条件，行之有效的生态补偿制度适时将以法律形式确立下来。

2.3.2 各地谋划未来生态补偿机制建设蓝图

各地根据《意见》谋划未来生态补偿机制建设蓝图。自《意见》出台以后，各省份均根据各自省情，依据其自身地理特性和生态系统结构特点，出台了关于《意见》的实施意见，截至 2018 年 9 月，已有 25 个省（自治区、直辖市）相继印发了本地区《关于健全生态保护补偿机制的实施意见》。在国家生态补偿制度框架中，生态补偿重点领域主要包括森林、草原、湿地、荒漠、海洋、水流、耕地七大领域，经统计，在各省生态补偿政策实施意见中，森林、耕地、湿地、水流领域涉及最多，各省（自治区、直辖市）都有涉及，而草原、荒漠、海洋三个领域主要与特定的地理结构相联系，草原主要集中在河北、辽宁、吉林、山西、湖南、内蒙古、四川、云南、贵州、宁夏、甘肃、新疆、西藏、青海等中、西部地区[①]。荒漠主要集中在河北、广东、辽宁、山西、内蒙古、四川、宁夏、陕西、甘肃、新疆、西藏等西部的沙漠地区以及东部的石漠化区域。海洋主要集中在河北、福建、广东、辽宁、天津、广西、海南等东部沿海省份。

---

① 按照统计年鉴对我国区域的划分，东部地区包括北京、天津、河北、上海、江苏、浙江、福建、山东、广东、海南 10 省、自治区、直辖市；中部地区包括山西、安徽、江西、河南、湖北、湖南 6 个省；西部地区包括重庆、四川、贵州、云南、西藏、陕西、甘肃、宁夏、青海、新疆、内蒙古、广西 12 个省、自治区、直辖市；东北地区包括辽宁、吉林、黑龙江 3 个省。

另外，一些拥有特殊地理结构的地区，提出了《意见》中七大重点领域之外的领域，如山西、甘肃、陕西提出的矿产资源开发的生态补偿，新疆提出的冰川生态补偿，北京、湖北提出的空气生态补偿，青海提出的基础教育、转移就业、生态移民的生态补偿。

3

单领域补偿与综合补偿合力
推进生态补偿系统化

3.1 我国国家生态补偿政策具有空间分异特征

　　数十年来，我国针对森林、草原、荒漠、湿地、流域、水土保持和区域生态保护等重点领域先后实施了一系列重大工程，并投入了大量的资金，据初步计算，我国在生态保护与建设方面的政策20余项，投入的资金高达上万亿元，虽然这些政策不完全是严格意义上的生态补偿政策，但呈现出了良好的生态与社会效应。

　　经过梳理，目前已经实施的生态补偿在空间上具有分异特征，在不同省份之间差别较大，总体呈现东南部少、西北部多的空间格局。生态补偿政策对经济比较落后但生态功能相对重要的西北和西南地区有所侧重，东北地区居中，华北、华东和华南地区的生态补偿政策较少。内蒙古、陕西和甘肃受到13项生态补偿政策的惠益，为全国最高；山西有12项，青海和宁夏有11项，也处于较高水平。各自治区受到了生态补偿政策的重点关注，内蒙古有13项，宁夏有11项，新疆和西藏有9项，广西有7项。

　　从单项政策覆盖范围来看，在所有生态补偿政策中，有2项除港澳台以外

16

在 31 个省（自治区、直辖市）全部实施，分别是国家森林生态效益补偿和湿地补贴资金。其余 20 项在部分省份实施，其中，覆盖省份最少的是西藏的生态安全屏障保护与建设和青海的三江源国家生态保护综合试验区；最多为退耕还林（草）工程，在 25 个省实施。森林生态补偿在北方和西部地区分布较多、东部地区分布较少；草原生态补偿惠及北部与西部牧区；荒漠生态补偿侧重西北各省区；水土保持生态补偿集中在内蒙古西部以南、川黔湘三省以北的区域；区域生态补偿在东部沿海地区较少，在其他地区分布较为均匀。流域生态补偿主要集中在长江经济带、京津冀地区和泛珠三角地区。

作为一项社会经济发展和生态环境保护之间的矛盾协调机制，生态补偿政策在不断提升和维护当地生态服务功能的基础上，呈现出良好的生态与社会效应。经过补偿，各类生态保护区域面积均有增加，当地生态服务功能得到提升，农牧业生产条件逐步改善，带动了产业结构调整和发展，同时通过易地搬迁、加强基础设施建设、完善社会保障配套政策等多措并举，使当地逐步走上生产发展、生活富裕和生态良好的生态文明发展道路（表 3-1）。

表 3-1　我国生态补偿政策汇总及实施效果分析

生态保护补偿政策		生态环境效益	社会经济效益
森林	天然林资源保护工程 退耕还林（草）工程 "三北"防护林工程 沿海防护林体系建设工程 国家森林生态效益补偿	●长江上游地区森林覆盖率由 33.8%增加到 40.2%，黄河上中游地区森林覆盖率从 15.4%增加到 17.6% ●退耕还林（草）工程区森林覆盖率平均提高 3 个多百分点 ●"三北"防护林工程区森林覆盖率由 1977 年的 5.05%增加到 12.4% ●沿海防护林体系建设工程区森林覆盖率由 24.9%提高到 36.9%	●林区产业结构有效调整，就业呈现多元化，保险补助政策基本得到落实 ●退耕户通过基本口粮田建设和集中力量精耕细作，粮食单产提高，粮食供应问题得到解决 ●"三北"防护林工程区土地承载力提高，粮食稳产高产 ●沿海防护林体系建设工程区林产业得到发展，农村产业结构得到调整

	生态保护补偿政策	生态环境效益	社会经济效益
草原	草原生态保护补助 退牧还草工程	●2015年，全国草原综合植被盖度达到54%，较2011年提高3% ●退牧还草工程区平均植被盖度较2008年提高5%	●牧民收入加快增长 ●牲畜改良率和舍饲比例提高 ●草原承包稳步推进，牧业规模化发展
荒漠	京津风沙源治理工程 沙化土地封禁保护	●2009年京津风沙源治理工程区沙化土地总面积较1999年减少116.3万hm²，森林覆盖率提高，土壤风蚀总量和释尘总量显著下降	●农牧业生产条件逐步改善，农牧业产业化得到发展，加快了群众脱贫致富
湿地	湿地补贴资金	●湿地保护率由2005年的30.49%提高到2015年的43.51%	
流域	新安江流域水环境补偿试点 汀江—韩江上下游横向生态补偿 九洲江上下游横向生态补偿 东江流域上下游横向生态补偿 引滦入津上下游横向生态补偿 赤水河流域上下游横向生态补偿 密云水库上游潮白河流域生态补偿 长江经济带生态保护修复奖励政策	●新安江流域、汀江—韩江流域、九洲江流域、东江流域、引滦入津跨省界断面水质均达标（除汀江—韩江流域羊角电站断面）	●产业结构不断优化。第二产业发展放缓，第三产业占GDP比重有所上升 ●助推政府转变发展理念，政绩考核由重GDP向生态环境保护转变，加大了生态环保、现代服务业等考核权重，树立"生态立市"的理念 ●促进企业自觉环保履责，实施清洁生产审核

	生态保护补偿政策	生态环境效益	社会经济效益
水土保持	国家水土保持重点建设工程 黄河中上游水土保持重点防治工程 长江上中游水土保持重点防治工程	●国家水土保持重点建设工程截至 2012 年累计综合治理小流域 3800 多条，治理水土流失面积 5.83 万 km² ●黄河中上游水土保持重点防治工程治理水土流失面积 92 万 hm² ●长江上中游水土保持重点防治工程治理小流域达 5 445 条，累计完成水土流失治理面积 9.58 万 km²	●改善农业生产条件，调整农村产业结构 ●高标准基本农田面积增加，耕地资源得到有效保护，土地生产率提高 ●农民收入增加，人居环境改善
区域	重点生态功能区 岩溶地区石漠化综合治理 西藏生态安全屏障保护与建设 青海三江源国家生态保护综合试验区 黄土高原地区综合治理	●岩溶地区石漠化综合治理工程截至 2015 年完成岩溶土地治理面积 6.6 万 km²，石漠化治理面积 2.25 万 km²。石漠化扩展态势得到遏制，2008—2012 年工程区石漠化土地面积减少 7.4% ●西藏生态安全屏障保护与建设区截至 2014 年森林面积增加 1 024.2 km²，灌木林面积增加 1 036.7 km²，沙化土地面积减少 10.71 万 hm²，生物多样性得到有效保护 ●青海三江源的生态保护和建设区森林覆盖率由 2004 年的 6.32%提高到 2012 年的 7.01%，沙化防治点植被覆盖度由治理前的不到 15%增加到 38.2%	●岩溶地区石漠化综合治理工程将治石与治贫相结合，强化生态经济林、林下经济、草食畜牧业、生态旅游业的发展 ●西藏生态安全屏障保护与建设区农牧民生活水平稳步提高，清洁能源使用率大幅提高，农牧区生产生活条件改善 ●青海三江源的生态保护和建设通过实施易地搬迁、加强基础设施建设、发展生态畜牧业等改善农牧民的生活条件，提高生活水平

3.2　单领域生态补偿已覆盖生态系统所有重要领域

3.2.1　跨省流域横向生态补偿取得积极突破

3.2.1.1　总体进展

2011 年，在环保部和财政部的积极推动下，全国首个跨省新安江流域水环境补偿试点启动。2016 年积极推进汀江—韩江流域、九洲江流域、东江流域、引滦入津等上下游横向生态补偿工作，推动流域上下游相关省份签署生态补偿协议。目前，安徽与浙江、福建与广东、广西与广东、江西与广东、河北与天津等省（区、市）人民政府分别签署了新安江流域、汀江—韩江流域、九洲江流域、东江流域、引滦入津上下游横向生态补偿协议，2018 年，推动云贵川三省签订了赤水河流域横向生态保护补偿协议，北京、河北签订了密云水库上游潮白河流域水源涵养区横向生态补偿协议。流域上下游横向生态补偿协议的核心内容是：上下游省份本着"成本共担、效益共享、合作共治"的原则，以流域跨省界断面水质考核为依据，建立奖罚机制，水质只能更好，不能更差。流域上下游地方政府通过加强合作交流、实行联防联控和流域共治、统一监测监管等措施，形成流域保护和治理的长效机制，确保流域水环境质量持续改善和稳定。

2016 年，中央财政下达安徽、福建、广西、江西、河北等相关省（区）生态补偿奖励资金共计 19 亿元，支持开展相关流域污染源治理、生态保护、农村环境综合整治、环境风险防范等工程项目。2017 年已下达新安江、汀江—韩江、九洲江、东江流域相关省（区）生态补偿机制奖励资金 8.99 亿元。

3.2.1.2　主要做法

总体上，开展跨省流域横向生态补偿的试点地区均成立了以党政主要负责同志为组长的试点工作领导小组，制定生态补偿制度、管理办法等，地市政府与所辖各区县签订目标责任书，层层细化任务，逐级落实责任，项目化、系统化推进流域系统保护与治理，推进流域内行业企业整改转型，依托各自生态资源的比较优势培育后续扶持产业。除通行的工作做法外，各试点地区结合实际情况，各具特色地推进工作。

（1）新安江流域探索建立了社会资本和公众参与环境保护的良性互动机制

一是设立新安江绿色发展基金，鼓励社会资本参与新安江生态环境保护工作（图 3-1）。黄山市在第一轮试点与国家开发银行合作基础上，积极探索设立新安江绿色发展基金，由国家开发银行安徽分行牵头，国开证券有限责任公司与中非信银投资管理有限公司、黄山市政府共同发起设立，主要投向生态治理、环境保护、绿色产业发展、文化旅游开发等方面。首期绿色发展基金按 1：4 结构设计，试点资金 4 亿元，基金期限为"5 年+3 年"即前 5 年为投资期，后 3 年按照 30%、30% 和 40% 的比例退出（图 3-1）。目前，首批筛选启动 10 个项目，计划投资 43.08 亿元，其中生态建设项目的投资额不低于 20%。同时，以流域上下游水环境补偿为平台，皖浙两省战略合作日渐深入，通过开通黄杭高铁等措施，进一步加强协作，探索多元化的合作方式，上下游联动互助、共同发展、可期可待。

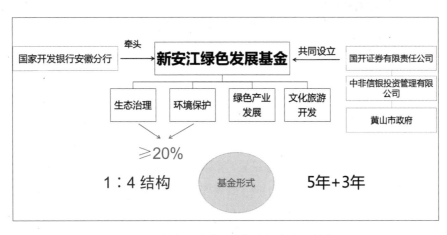

图 3-1　新安江流域正在探索绿色发展基金

二是创新乡村"垃圾兑换超市"和"七统一"农药化肥集中配送体系，让

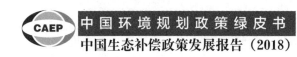

村民主动参与环境保护中。创新乡村"垃圾兑换超市"，让村民主动参与垃圾回收处置，有效实施了垃圾分类，解决了村级保洁和汛期垃圾入河的问题。目前黄山市已建成垃圾兑换超市 24 个，平均每个超市收集垃圾效率相当于 3 名农村保洁员工作成效。建立"政府采购、统一配送、信息化管理、零差价销售、财政补贴"的农药化肥集中配送机制，农药电子管理系统已试运行，通过招标采购方式，并及时配送到基层网点，确保农民零差价购买、农药配送体系有效运转。截至 2017 年年底黄山市乡镇一级网点覆盖率达 98%，回收农药包装废弃瓶（袋）1 890 万个并进行无害化处理（图 3-2、图 3-3）。

图 3-2 板桥村垃圾兑换超市

图 3-3 徽州区农药配送中心

（2）九洲江流域重点整治畜禽养殖污染，着力打造生态养殖新模式，实现养殖废弃物资源化利用

一是玉林市针对畜禽养殖污染排放量大的突出问题，制定出台《玉林市加强畜禽养殖污染防治工作实施意见》《玉林市生猪小散养殖场（户）污染防治管理规定》等规范性文件，大力推进畜禽养殖污染整治，坚决拆除九洲江流域沿线生猪养殖场。开展整治以来，共累计清拆禁养区养猪场 2 761 家，清理生猪 48.26 万头。二是推广生态养殖新模式。规模化畜禽养殖采用"高架床+益生菌+沼气沼肥利用+有机肥生产+生态经济农林种植+牧草种植加工+草浆饲喂生猪"的生态养殖模式，累计完成 490 家规模养殖场改造，累计规模约达

40.6 万头生猪（存栏量）。对生猪小散养殖污染集中整治，推广"聚银养殖模式"，引导和扶持散小养殖户采取"公司+农户"模式集中经营，推进养殖废弃物集中处理。大力推广种养平衡养殖模式，建成或在建的有机肥厂项目 5 家、病死畜禽无害化处理厂项目 2 家（图 3-4、图 3-5）。

图 3-4 分散式农村生活污水处理设施   图 3-5 规模化畜禽养殖污染治理

（3）汀江—韩江流域强化治水责任分解，以考核倒逼地方治理见真章

一是督察倒逼，压实责任。充分利用环保督察这一监管手段，明确责任部门、责任人，将项目任务细化到人，落实到月。完善领导挂钩和"一月一协调、一季一督察"推进落实机制，采取听取汇报、查阅资料、实地察看等方式，对各县区落实整治情况进行专项督察。进一步强化分级管理责任，对照各项目节点目标，切实加大协调力度。二是以考核促治理。龙岩市先后出台了水质目标绩效考评办法、项目管理办法、各县区及重点乡镇水质考核管理办法等制度，将流域水质监测断面拓展到重点乡镇、重点支流，对汀江流域 23 个重点乡镇 26 个水质监控点进行定期监测、考核，水质不达标或主要污染物指标同比恶化的严格问责，并与所在县区考核挂钩，承担连带监管责任，在党政生态环保责任书考核中扣分并追究县区党委、政府主要领导和分管领导责任（图 3-6）。

拆除猪舍　　　　　　　　　　　　　转产转业

污水处理　　　　　　　　　　　　　河道清淤

图 3-6　象洞溪污染治理及转产情况

（4）东江流域创新项目招标、监管、资金支付、考核等管理方式，有效提升生态补偿项目成效

一是创新招标方式。采用 EPC 模式来推进生态补偿项目，减少采购与施工的中间环节，提升治理成效，确保项目的各个环节能够环环相扣，缩短项目前期时间。二是创新项目监管模式。寻乌县结合实际情况，设立了水质达标、水土流失控制、植被覆盖率、土壤养分及理化性质四个关键考核指标，制定了生态补偿项目建设考核办法，明确施工单位项目资金拨付与考核指标相挂钩。三是创新资金支付模式。寻乌县对采取 EPC 模式项目，明确规定项目工程款

的 50%在项目完工后支付，项目工程款的 40%作为考核款项，在 4 年内按照考核验收情况分批次拨付，剩余 10%作为工程质保资金，全力确保治理成效（图3-7、图 3-8）。

图 3-7　安远县东江流域生态环境保护　　　图 3-8　文峰乡上甲村柯树塘废弃矿山
　　　与系统治理工程　　　　　　　　　　　　综合治理与生态修复工程

（5）引滦入津流域集中解决潘大水库网箱养殖历史难题

潘大水库网箱养殖属于历史遗留问题，涉及库区脱贫以及移民安置等难题。为切实改善引滦水质，河北省领导多次主持召开专题会议进行安排部署，唐山、承德两市政府领导亲自挂帅，组建清理工作指挥部和工作队，各县积极制定了依法取缔网箱养鱼工作实施方案，制定了详细的赔偿、补偿标准，明确资金管理、信访稳定等措施。截至 2017 年 5 月，潘大水库网箱清理工作已全部完成，共清理网箱近 8 万个、库鱼 0.87 亿 kg；遵化市也对沙河网箱养殖进行了全部清理（图 3-9、图 3-10）。

3.2.1.3　取得成效

上下游相关省（区）联合监测结果表明，总体上，试点的跨省流域水环境质量整体向好，水质达到上下游横向生态补偿协议的目标要求。试点工作促进了上下游省份间横向沟通协调，初步建立上下游联合监测、联合执法、应急联动、联合治污等长效工作机制。

图 3-9　白庄子生态湿地保护区

图 3-10　大黑汀水库

（1）新安江流域①

一是试点目标任务如期实现，流域水环境质量稳中趋好。两轮试点均圆满完成目标任务，流域水环境质量稳中趋好，下游千岛湖水质同步改善，跨省界街口断面补偿指数（P）值符合资金拨付要求。

街口断面。根据皖浙两省联合监测数据，对跨省界街口断面进行水质评价。2012—2017 年，街口断面水质为优，稳定保持Ⅱ类。主要指标中，高锰酸盐指数浓度优于Ⅰ类标准（2 mg/L），氨氮浓度优于Ⅰ类标准（0.15 mg/L），总磷浓度优于Ⅱ类标准（0.1 mg/L）、接近于Ⅰ类标准（0.02 mg/L）；与第一轮（2012—2014 年）相比，第二轮（2015—2017 年）高锰酸盐指数、氨氮浓度、总磷浓度均低于第一轮情况。2012—2015 年，总氮浓度呈上升趋势；2016—2017年，总氮得到有效控制，浓度呈下降趋势。

新安江上游流域。2012—2017 年，新安江上游流域总体水质为优。分析2005—2017 年共 13 年监测数据，高锰酸盐指数、氨氮、总磷等主要指标浓度在补偿实施后总体呈下降趋势，流域上游总体水质得到有效控制。其中，高锰酸盐指数浓度围绕Ⅰ类标准小幅波动，氨氮浓度、总磷浓度在Ⅰ类标准与Ⅱ类

① 资料来自《重要环境决策参考》第 14 卷第 15 期（总第 246 期）。作为国家层面推动的第一个流域生态补偿试点，新安江两轮探索圆满结束，实现了生态、经济、社会三大效益多赢，积累了水环境治理与管理的有益经验，为全国推进流域生态补偿提供了可复制、可借鉴的新安江模式。

标准之间波动，总氮浓度在 0.15 mg/L 上下波动。

千岛湖湖体。2005—2017 年，千岛湖湖体水质总体为优，保持Ⅰ～Ⅱ类。2011 年后，稳定保持为Ⅰ类。主要指标中，高锰酸盐指数、氨氮浓度均在Ⅰ类以下，并在 2011 年后出现拐点，呈下降趋势；总磷浓度在 2010 年前后出现拐点，浓度呈下降趋势，并达到湖库Ⅰ类（0.01 mg/L）；总氮浓度总体在 1.0 mg/L 上下波动。近年来，千岛湖营养状态指数逐步下降。2012 年开始由中营养变为贫营养，总体与新安江上游水质变化趋势保持一致。

二是生态环境建设稳步推进，生态环境质量总体向好。按照党的十九大提出的"统筹山水林田湖草系统治理"要求，牢固树立"山水林田湖草是一个生命共同体"的理念，新安江流域生态补偿依托新安江综合治理等项目的实施，统筹推进全流域生态环境建设。试点实施以来，林地、草地等生态系统面积逐年增加。生态系统构成比例更加合理，各类生态系统之间转化也以生态建设为重，退耕还林还草、植树造林等政策实施较好地重构了生态系统，自然生态景观在流域占比达 85% 以上，呈现出良好的生态景观格局，既保证了城市化进展需求，也促进了流域生态系统健康发展。根据测算，新安江流域生态系统固碳、释氧量分别为 574.3 万 t 和 419.3 万 t，其生态系统固碳、释氧的生态服务价值分别为 75.8 亿元和 16.8 亿元。

三是坚持"绿水青山就是金山银山"，"两山"转化取得积极成效。包括：

1）经济保持较快发展。地区生产总值保持快速发展。试点实施以来，流域上游绿色经济发展态势良好。2012—2016 年，上游黄山市地区生产总值逐年递增，由 424.9 亿元上升至 576.8 亿元，按可比价计算，年均增长 7.8%。绩溪县地区生产总值由 45.4 亿元上升至 60.8 亿元，年均增长 7.8%。分产业看，黄山市 2016 年第一产业增加值 56.4 亿元，增长 2.0%；第二产业增加值 225.2 亿元，增长 8.3%；第三产业增加值 295.2 亿元，增长 8.5%。三产结构比例由 11.4∶46.3∶42.3 调整至 9.8∶39.0∶51.2，三次产业对经济增长的贡献率分别为 5.8%、49.9%、44.3%。绩溪县 2017 年第一产业增加值 8.87 亿元，增长 3.5%；第二产业增加值 31.56 亿元，增长 8.3%；第三产业增加值 27.4 亿元，增长 9.3%。三产结构比例 13.1∶46.5∶40.4，三次产业对经济增长的贡献率分别为 5.8%、

49.2%和45%。

人民生活水平逐步提高。2016年，按常住人口计算，黄山市人均GDP为41 897元，比2010年增长101.0%；绩溪县人均GDP为34 517元，比2010年增长82.9%。黄山市城镇居民人均可支配收入24 197元，比2010年增长79.3%；农村居民人均纯收入10 942元，比2010年增长91.6%。绩溪县城镇居民人均可支配收入29 820元，增长8.4%；农村居民人均可支配收入12 013元，增长8.7%。财政收入稳步提高。黄山全市财政收入99亿元，比2010年增长123.5%。

从业人员总数稳步提高。2016年从业人员共计98.1万人，约占常住人口的71.1%，相比2010年，从业人员比例提高（2010年从业人员占常住人口的68.7%）2.4个百分点。其中第三产业从业人员比例由2010年的32.0%提高到2016年的39.1%。

2）倒逼产业结构不断优化。三次产业结构得到有效调整。2010—2016年，黄山市三产结构比例由12.7∶44.1∶43.2调整至9.8∶39.0∶51.2，实现由"二三一"向"三二一"的产业结构模式转变。三次产业对经济增长的贡献率分别为2.7%、42.6%和54.7%，其中：工业对经济增长的贡献率为38.9%。战略性新兴产业产值170.2亿元，占工业总产值的75.6%。

单位GDP能耗有所降低。根据《2017年黄山市统计年鉴》《安徽统计年鉴（2017）》相关数据，2011—2016年，黄山市单位地区生产总值能耗与单位工业增加值能耗总体呈下降趋势，反映了黄山市经济发展对能源的依赖程度逐渐降低，也间接反映了产业结构状况正在逐步优化。

与安徽省平均水平相比，黄山市单位地区生产总值能耗、单位工业增加值能耗均低于安徽省平均值。《2010年国民经济和社会发展统计报告》指出六大高耗能行业在黄山市整个工业企业中所占比重较小，其单位工业增加值能耗指标逐年下降，也间接反映了其产业结构得到了优化调整，经济增长方式主要依靠科技进步和提高劳动者素质，提高生产的效率和效益，经济持续、快速、健康地发展。

3）流域投资效率总体较高。采用DEA模型，对生态补偿投入与产出进行了投资效率分析。模型运行结果表明，新安江生态补偿规模效率平均值为0.93，补偿资金投入效率高；其技术效率平均值为 0.62，相对较高，由于生态效益的释放是缓慢的，工程项目发挥其效率具有一定滞后性，就其目前技术效率值来讲，属于较好水平。

采用贝叶斯模型分析了投资与治理效率之间的关系，通过分析项目类型（城镇垃圾处理处置、农村垃圾处理处置、控肥减药、流域综合治理、畜禽养殖污染治理、农村污水处理处置），并预测其产生的收益情况，对新安江流域水环境保护投资方向进行分析。计算结果发现，增加不同类型项目的投资金额，总氮、总磷面源负荷减排量均有所增加，总氮面源负荷变化量更大一些。六类项目中，控肥减药类项目和畜禽养殖污染治理类项目的变化率最高，总氮减排量变化率均超过 10%，总磷减排量变化率也接近 10%。因此，未来投资方向应继续注重农村面源治理。

（2）引滦入津流域

从环境效益来看，滦河流域水质和生态服务功能呈向好态势。河北省与天津市开展的滦河水质联合监测显示，与 2015 年年底相比，潘大水库及跨省断面水质明显提升，氨氮浓度下降尤为显著，滦河流域水质已明显改善。潘家口水库 2017 年 6 月至今稳定达到Ⅲ类水环境功能区目标要求，大黑汀水库 2017 年浓度均值达到Ⅲ类水质，黎河和沙河水质 2017 年全年稳定达标且浓度均值达到Ⅱ类水质。与 2015 年相比，区域生态服务功能持续提升，TM 影像数据分析显示，具有重要生态服务功能的森林与水域生态系统面积持续增加，其中森林生态系统在全域面积中的占比增加了 7.26%，水域生态系统面积占比增加了 0.62%。流域生态服务价值总量不断增加，2015—2017 年，引滦入津流域生态服务价值总量由 318.96 亿元增长到 365.30 亿元。

从经济效益来看，成本—效益分析证实了试点政策的经济效益明显。核算遵化、迁西、宽城、兴隆四县以及河北省政府履行流域生态补偿政策过程中的直接资金投入，以及Ⅲ类水带来的水资源纳污效益，可以认为，在 2016 年、2017 年两年间，试点政策下的水资源纳污效益 36.4 亿元远大于其 13 亿元的直接成本。长期来看，各级各地区为保持滦河流域生态环境需要付出的成本包括各类水环境综合治理工程，以及污染防治设施的日常运营费用，远不止 6.5 亿

元/年。同时试点政策的长期收益实际上也远不止 18.2 亿元/年的水资源纳污效
益。长期来看，流域水质好转还可提供向产业供水的效益、水产品生产效益、
输沙效益以及逐渐体现的旅游效益，总体来说政策的环境效益会远远高于其直
接成本。

从社会效益来看，试点政策的社会效益影响深远。尽管清理网箱养鱼和整
治畜禽养殖后库区居民暂时失去了稳定的收入来源，但试点政策也在一定程度
上倒逼四县（市）加快推进产业转型，思考如何既要绿水青山又要金山银山。
各县（市）目前计划动员库区移民发展以板栗为主的经济林产业，建设休闲采
摘园、优质中药材种植示范园，发展中华蜂养殖产业；加强库区基础设施建设，
强化道路、渔港码头建设；以自然养殖带动生态水产品生产；以保护为前提开
发旅游资源等。试点政策也促使各县（市）加速完善体制机制改革，各县（市）
目前已全面落实环评制度和"河长制"，开始逐步实行排污许可证制度，并已
经完成水质自动监测站点的选址，力争将源头把控、日常管理、评估监督有机
结合起来，全过程管控引滦流域的生态环境保护工作。目前，遵化市、宽城县
已全面执行排污许可制度，迁西县、兴隆县依法取得排污许可证的沿岸企业分
别约为 67%和 70%。

3.2.2 其他领域生态补偿机制正在完善

林业、农业、水利、国土、海洋等部门依据职责分工，分别开展了森林、
草原、湿地、荒漠、海洋、水流、耕地生态补偿工作。

森林方面。2012 年国家林业局与财政部共同区划界定国家级公益林 18.67
亿亩（其中：国有 10.67 亿亩，集体和个人所有 8 亿亩），其中 13.85 亿亩纳入
森林生态效益补偿补助。2013 年将集体和个人所有的国家级公益林补偿补助
标准提高到每年每亩 15 元，2016 年将国有的国家级公益林补偿标准提高到每
年每亩 8 元，2017 年进一步提高到 10 元。2018 年下达国家级森林生态效益补
助资金 175.8 亿元，2016—2018 年累计下达 519.16 亿元。

草原方面。2018 年中央安排资金 187.6 亿元，落实草原禁牧面积 12.1 亿
亩，草畜平衡面积 26 亿亩，下达绩效考核奖励近 32 亿元，落实好草原生态保

护补助奖励政策，有力推进了全国草原生态保护恢复进程，促进了草原畜牧业生产方式转变。

湿地方面。2014 年中央 1 号文件《关于全面深化农村改革加快推进农业现代化若干意见》指出"完善森林、草原、湿地、水土保持等生态补偿制度""开展湿地生态效益补偿和退耕还湿试点"。为支持湿地保护与恢复，从 2014 年起，中央财政大幅度增加了湿地保护投入，国家林业局会同财政部启动了湿地生态效益补偿试点、退耕还湿试点。2017 年，中央财政安排湿地补助 16 亿元。其中，安排湿地生态效益补偿补助 427 亿元，补偿省份由上年的 18 个增加到 23 个；安排退耕还湿补助 3 亿元，退耕还湿任务 30 万亩，比上年增加 10 万亩，安排退耕还湿的省份由上年的 8 个增加到 12 个。各省在确保完成中央下达的约束性指标的前提下，可根据本省实际，结合本省资金安排情况，在资金使用范围内统筹使用资金。

水流方面。财政部、国家发展改革委、水利部、中国人民银行联合印发了《水土保持补偿费征收使用管理办法》，加强水土流失重点预防区和重点治理区的防治工作。水利部组织编制了水流生态保护补偿试点方案，提出建立水流生态补偿机制的总体思路、框架体系和政策措施建议，为推进水流生态保护补偿试点夯实基础。积极推进水权交易，培育和规范水权市场，自 2016 年中国水权交易所成立以来，共计交易水量 27.6 亿 m³，金额 16.85 亿元，其中 2017 年交易水量 13.2 亿 m³，交易金额 7.86 亿元。

其他方面。2013 年，中央财政建立沙化封禁保护区补助制度。启动实施海洋渔业资源总量管理制度，海洋牧场建设和海洋捕捞渔船减船转产力度持续加大。支持渔业资源保护，2017 年，中央财政安排 4 亿元，用于支持水生生物资源增殖放流，对渔业种群资源恢复、改善水域生态环境、增加渔业效益和渔业收入、增加社会各界环保意识发挥了积极作用。鼓励地方结合本地实际探索建立耕地保护补偿政策，加大对耕地特别是永久基本农田保护的补偿力度。

3.3 区域性综合性生态补偿已覆盖生态功能重要区域

3.3.1 重点生态功能区生态补偿政策正趋于成熟

自 2009 年财政部出台《国家重点生态功能区转移支付（试点）办法》以来，中央财政对重点生态功能区一般性转移支付政策日趋完善，中央对重点生态功能区的生态补偿机制已经建立，目的是"维护国家生态安全，促进生态文明建设，引导地方政府加强生态环境保护，提高国家重点生态功能区所在地政府基本公共服务保障能力"。

2008 年以来，中央财政不断加大转移支付力度，补助范围不断扩大，补助资金总量不断增加。2008 年设立国家重点生态功能区转移支付时，共有 221 个县（县级市、市辖区、旗，以下简称"县"）被纳入转移支付范围；2011 年，中央财政除了明确 452 个县域名单外，还将补助范围扩展到禁止开发区域和《全国生态功能区划》的重要生态功能区；到 2018 年，补助范围扩大到 818 个县，预计到 2020 年转移支付的县域达到 1 000 个左右。同时，转移支付资金总量不断增加，2008 年，中央财政投入国家重点生态功能区转移支付资金共60.51 亿元，到 2018 年，中央财政投入国家重点生态功能区转移支付资金达721 亿元，10 年间，资金量增加了 10 倍（图 3-11）。

为了确保转移支付资金发挥应有的效益，2011 年以来，环保部联合财政部先后发布了《国家重点生态功能区县域生态环境质量考核办法》（环发〔2011〕18 号）、《国家重点生态功能区县域生态环境质量监测评价与考核指标体系》（环发〔2014〕32 号）等文件，明确了采取地方自查与中央抽查相结合的方式进行定期考核，将转移支付资金拨付与县域生态环境状况评估结果挂钩。据初步统计，区域生态系统服务功能正趋于稳定，自然生态系统质量逐步好转，转移支付对国家重点生态功能区的生态环境保护发挥了积极作用。

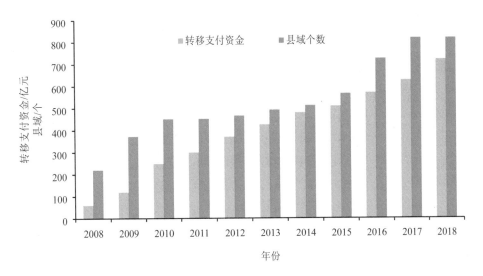

图 3-11　重点生态功能区转移支付政策进展

3.3.2　建立基于区域主体功能定位的综合性补偿机制

国家在青海三江源国家公园探索综合性生态补偿。2016 年，中央全面深化改革领导小组批准设立青海三江源国家公园，组建了三江源国家公园管理局，由青海省政府管辖，将原来分散在林业、环保、国土、住建、水利、农牧等部门的生态保护管理职责统一划归到管理局，推进三江源生态综合补偿试点，每年安排农牧民技能培训和转移就业补偿、草原管护经费、生态环境监测经费等。

2018 年 1 月，国家发展改革委、国家林业局、财政部、水利部、农业部、国务院扶贫办印发《生态扶贫工作方案》（发改农经〔2018〕124 号），促进发挥生态补偿在精准扶贫、精准脱贫中的作用，提出开展生态综合补偿试点，以国家重点生态功能区中的贫困县为主体，整合转移支付、横向补偿和市场化补偿等渠道资金，结合当地实际建立生态综合补偿制度，健全有效的监测评估考核体系，把生态补偿资金支付与生态保护成效紧密结合起来，让贫困地区农牧民在参与生态保护中获得应有的补偿。

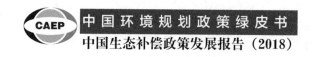

3.3.3 长江经济带开启全流域多方位生态补偿机制

推动长江经济带"共抓大保护、不搞大开发"，是中共中央作出的一项重大决策，也是事关国家发展全局的一项重大战略。近几年，生态环境部会同沿江11省市和相关部门，制定了《中央财政促进长江经济带生态保护修复奖励政策实施方案》《长江经济带生态环境保护规划》和《长江保护修复攻坚战行动计划》等政策文件，为抓好长江保护提供了基础和指南。2018年1月，财政部、环境保护部、国家发展改革委、水利部印发《中央财政促进长江经济带生态保护修复奖励政策实施方案》，明确以改善生态环境质量为导向，2018—2020年，中央财政将安排奖励资金180亿元，对长江经济带11个省（市）实行奖励政策，对长江源头的青海省和西藏自治区实行定额补助。奖励资金主要对流域内上下游邻近省级政府间协商签订补偿协议、建立流域横向生态保护补偿机制给予奖励；对省级行政区域内建立流域横向生态保护补偿机制给予奖励；对流域保护和治理任务成效突出的省份给予奖励。2018年2月，财政部印发和实施了《关于建立健全长江经济带生态补偿与保护长效机制的指导意见》（财预〔2018〕19号），明确要积极发挥财政在国家治理中的基础和重要支柱作用，推动长江流域生态保护和治理，建立健全长江经济带生态补偿与保护长效机制，实现生态补偿、生态保护和可持续发展之间的良性互动。2018年12月，生态环境部、国家发展改革委联合印发《长江保护修复攻坚战行动计划》，明确要求推动长江经济带发展必须把修复长江生态环境摆在压倒性位置，共抓大保护、不搞大开发；提出到2020年年底，长江流域水质优良（达到或优于Ⅲ类）的国控断面比例达到85%以上，丧失使用功能（劣于Ⅴ类）的国控断面比例低于2%；长江经济带地级及以上城市建成区黑臭水体控制比例达90%以上；地级及以上城市集中式饮用水水源水质达到或优于Ⅲ类比例高于97%。

2018年，生态环境部在对长江经济带11省市开展中央生态环保督察、例行督察全覆盖基础上，又对其中8个省开展了中央生态环保督察"回头看"，通过督察进一步夯实了地方的责任，传递了压力。推动长江经济带绿色发展，指导支持11省市初步划定了生态保护红线，同时开展了"三线一单"（生态保护红线、环境质量底线、资源利用上线和环境准入清单）实施方案编制试点工作。此外，生态环境部把长江沿线固体废物、危险废物非法倾倒、非法转移问题当成重点来进行专项整治，也取得了很好的效果。2018 年排查出 1 308 处，有 1 304 处得到了很好整改。开展"绿盾"行动，将长江流域作为重点，推动解决了一批在自然保护区、其他各类保护地中存在的一些突出生态环境影响和破坏问题。组织开展了长江生态环境保护修复联合研究，向沿线 58 个地市派出专家组进行现场跟踪研究和对当地的技术指导，取得了很好的成效。

4

财政激励、生态扶贫、区域合作
推进生态补偿多元化

中国特色的生态补偿模式正向更深更广方向发展。总体来看，各地生态补偿实践大致分为三类：一是基于环境质量改善的财政激励机制，二是基于区域生态产品产出能力的综合性补偿机制，三是面向区域合作的补偿机制。

4.1 基于环境质量改善的财政激励机制

近年来，各地在水环境质量改善、空气质量改善等领域开展了基于环境质量改善的财政激励政策。主要做法是，以环境质量改善或者达标为目标，通过建立配套的财政机制，辅以考核监管等手段，激励辖区内环境质量持续达标，促进不达标地区加快环境质量改善步伐。各地由于情况不同，在激励资金、补偿标准、补偿因子、资金来源等方面有不少差异。

（1）流域生态补偿

截至目前，有广东、陕西、山西、北京、江苏、江西、云南、湖北、河北、安徽、宁夏、辽宁、浙江、吉林、福建、河南、海南、重庆、天津等 19 个省（自治区、直辖市）出台了与流域生态补偿相关的政策，实现了行政区内全流域生态补偿，湖南、四川、贵州、广西、青海等 5 省份主要针对辖区内的重点流域开展了流域生态补偿，山东、黑龙江、甘肃、上海等省（直辖市）虽然未实现行政区内全流域生态补偿，但在部分地区开展了相关工作，内蒙古、西藏、新疆 3 个自治区尚未开展流域生态补偿。据统计，各地实施的流域生态补偿主要分为双向补偿类、赔偿类、扣缴类和奖励类四种类型，其中双向补偿类和赔偿类是按照跨界断面水质，在明确上下游补偿关系的基础上开展的补偿活动；扣缴类和奖励类是按照行政区出境断面水质开展的水质下降的扣缴和水质改善的奖励活动。

从补偿标准来看，全国流域生态补偿主要分为水质型补偿，水质水量型补偿，综合考虑水质、水量及区域生态功能型补偿。

水质补偿标准方案是目前绝大多数跨省流域生态补偿的思路，基于跨界断面水质来计算，根据水质指标是否达到目标判断补偿方向。如皖浙、闽粤、桂粤、赣粤、津冀、云贵川等签订的跨省流域生态补偿协议。辽宁、山西、山东、广东、北京、河南、四川、安徽、湖北、重庆等省市根据考核断面特征污染物浓度超标倍数、区域内考核断面水质达标率、与上游来水或往年水质改善程度等因素设定梯度式补偿资金。

水质水量型补偿方面，江苏省早在 2007 年在全省开展环境资源区域补偿时采用了污染物通量的计算思路，即补偿资金=$\sum$（水质指标浓度监测值-水质指标浓度目标值）×考核断面水量×水质指标补偿标准，一直沿用至今，目前湖南、贵州等省份在省（市）区域内也采用了这种补偿标准核算方案。

综合考虑水质、水量及区域生态功能的补偿方面，福建、江西采用的补偿标准计算方法涉及因素较多，根据生态功能区域设定补偿标准或系数，综合水环境、水资源等因素计算补偿资金，补偿资金分配影响因素包括水环境质量、森林生态、用水总量，且综合考虑各市县在流域中的生态功能，赋予不同的地区补偿系数。

全国流域生态补偿政策统计见表 4-1。

中国环境规划政策绿皮书

中国生态补偿政策发展报告（2018）

表 4-1　全国流域生态补偿政策统计表

省份	文件名称	文号	文件发布时间	补偿类型
广东	广东省跨行政区域河流交接断面水质保护管理条例	—	2006 年	扣缴类
陕西	陕西省水污染补偿实施方案（征求意见稿）			扣缴类+奖励类
山西	关于完善地表水跨界断面水质考核生态补偿机制的通知	晋环发〔2013〕75 号	2013 年	扣缴类+奖励类
北京	北京市水环境区域补偿办法（试行）	京政办发〔2014〕57 号	2014 年	赔偿类
江苏	江苏省水环境区域补偿实施办法（试行）	苏政办发〔2013〕195 号	2014 年	双向补偿类
江西	江西省流域生态补偿办法（试行）	赣府发〔2015〕53 号	2015 年	奖励类
云南	云南省跨界河流水环境质量生态补偿试点方案	云财预〔2016〕124 号	2016 年	双向补偿类
湖北	湖北省长江流域跨界断面水质考核办法	鄂政办发〔2016〕48 号	2016 年	扣缴类+奖励类
河北	关于进一步加强河流跨界断面水质生态补偿的通知	冀政办字〔2016〕169 号	2016 年	扣缴类+奖励类
安徽	安徽省地表水断面生态补偿暂行办法	皖政办秘〔2017〕343 号	2017 年	双向补偿类
宁夏	关于建立流域上下游横向生态保护补偿机制的实施方案	—	2017 年	双向补偿类
辽宁	辽宁省河流断面水质污染补偿办法	辽政办发〔2017〕45 号	2017 年	赔偿类
浙江	浙江省财政厅等四部门关于建立省内流域上下游横向生态保护补偿机制的实施意见	浙财建〔2017〕184 号	2017 年	双向补偿类
吉林	吉林省水环境区域补偿工作方案（试行）	—	2017 年	赔偿类+奖励类

省份	文件名称	文号	文件发布时间	补偿类型
福建	福建省重点流域生态保护补偿办法（2017年修订）	闽政〔2017〕30号	2017年	奖励类
河南	河南省水环境质量生态补偿暂行办法	豫政办〔2017〕74号	2017年	双向补偿类
海南	海南省流域上下游横向生态保护补偿实施方案（征求意见稿）	—		双向补偿类
重庆	重庆市建立流域横向保护补偿机制实施方案（试行）	渝府办发〔2018〕53号	2018年	双向补偿类
天津	天津市水环境区域补偿办法	津政办发〔2018〕3号	2018年	扣缴类+奖励类
湖南	湘江流域生态补偿（水质水量奖罚）暂行办法	湘财建〔2014〕133号	2015年	扣缴类+奖励类
四川	四川省"三江"流域水环境生态补偿办法（试行）	—	2016年	双向补偿类
贵州	贵州省清水江流域水污染补偿办法	黔府办发〔2010〕118号	2010年	扣缴类
	贵州省红枫湖流域水污染防治生态补偿办法	黔府办发〔2012〕37号	2012年	扣缴类
	贵州省赤水河流域水污染防治生态补偿暂行办法	黔府办发〔2014〕48号	2014年	扣缴类
	贵州省乌江流域水污染防治生态补偿办法	黔府办函〔2015〕208号	2015年	扣缴类

（2）大气生态补偿

截至2018年9月，有四川、天津、湖北、山东、河南、宁夏、河北、陕西等省（自治区、直辖市）出台了与大气生态补偿相关的政策（表4-2），通过创新财政政策工具，探索建立环境空气质量补偿机制，在当地环境空气质量改善工作中初步取得了一些成效。主要做法是以环境空气质量改善为基本目标，通过财政资金政策机制设计，激励辖区内达标地区持续达标，激励不达标地区

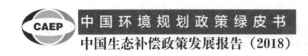

加快改善步伐。各地由于情况不同、定位不同，在资金激励机制、补偿标准、补偿因子等方面有不少差异。

表4-2　全国空气生态补偿政策汇总表

时间	地区	政策法规
2015.4	四川省	四川省环境空气质量考核激励暂行办法
2015.8	天津市	天津市清新空气行动考核和责任追究办法
2015.12	湖北省	湖北省环境空气质量生态补偿暂行办法
2016.5	山东省临沂市	临沂市环境空气质量生态补偿暂行办法
2016.7	河南省开封市	开封市环境空气质量生态补偿暂行办法
2016.9	河南省平顶山市	平顶山市环境空气质量生态补偿暂行办法
2017.1	河南省濮阳市	濮阳市环境空气质量生态补偿暂行办法
2017.2	河南省濮阳市华龙区	华龙区环境空气质量生态补偿暂行办法
2017.3	山东省	山东省环境空气质量生态补偿暂行办法
2017.3	宁夏回族自治区银川市	银川市环境空气质量生态补偿暂行办法（修订）
2017.6	河南省	河南省城市环境空气质量生态补偿暂行办法
2017.7	山东省烟台市	烟台市环境空气质量生态补偿暂行办法
2017.7	河北省邢台市	邢台市改善大气环境质量奖惩办法（试行）
2017.7	河南省焦作市	焦作市环境空气质量生态补偿暂行办法
2017.8	山东省青岛市	青岛市2017年环境空气质量生态补偿方案
2017.8	山东省威海市	威海市环境空气质量生态补偿暂行办法
2017.9	山东省泰安市	泰安市环境空气质量生态补偿暂行办法
2017.10	河南省漯河市	漯河市大气环境质量生态补偿暂行办法
2017.11	河南省许昌市	许昌市城市环境空气质量生态补偿暂行办法
2018.1	陕西省咸阳市	咸阳市环境空气质量生态补偿实施办法（试行）
2018.1	山东省临沂市	临沂市环境空气质量生态补偿暂行办法
2018.1	河南省三门峡市	三门峡市城市环境空气质量生态补偿暂行办法

时间	地区	政策法规
2018.2	山东省淄博市	淄博市环境空气质量生态补偿暂行办法
2018.3	山东省滨州市	滨州市环境空气质量生态补偿暂行办法
2018.5	山东省东营市	东营市环境空气质量生态补偿暂行办法
2018.6	陕西省渭南市	环境空气质量生态补偿实施办法（试行）

4.2　基于区域生态产品产出能力的综合性补偿机制

各地在区域生态产品产出能力的综合性补偿机制方面开展了积极的探索，形成了多种模式（表4-3）。浙江、福建、江西、广东等以水环境、森林生态、水资源等反映区域生态功能和环境质量的基本要素为分配依据，设置相关补偿因素和权重，建立生态环保财力转移支付资金。2017年9月，浙江省出台《关于建立健全绿色发展财政奖补机制的若干意见》，通过完善主要污染物排放财政收费制度，实施单位生产总值能耗财政奖惩制度，提高生态公益林分类补偿标准，实行"两山"建设财政专项激励政策等，形成更加综合、系统的绿色发展财政奖补机制。江苏、山东、海南等针对生态保护红线、自然保护区、非国家重点生态功能区等具有明确边界的生态功能重要区域建立了基于区域级别、类型、面积、人口以及地区财政保障能力为分配依据的财力转移支付资金。各省在开展森林、湿地等生态补偿时主要形成了基于面积的财力转移支付资金。

表4-3　基于生态环境因素的转移支付政策汇总表

资金分配类型	省份	文件名称	文号	补偿区域
反映区域生态功能和环境质量的基本要素	浙江	浙江省生态环保财力转移支付试行办法	浙政办发〔2008〕12号	主要水系源头
	福建	福建省重点流域生态保护补偿办法（2017年修订）	闽政〔2017〕30号	行政区内12条主要流域

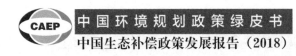
资金分配类型	省份	文件名称	文号	补偿区域
反映区域生态功能和环境质量的基本要素	江西	江西省流域生态补偿办法（试行）	赣府发〔2015〕53 号	境内流域生态补偿
	广东	广东省生态保护补偿办法	粤府办〔2012〕35 号	国家级和省级重点生态功能区
基于区域级别、类型、面积、人口以及地区财政保障能力	江苏	江苏省生态补偿转移支付暂行办法	苏政办发〔2013〕193 号	重点生态红线保护区
	山东	山东省省级及以上自然保护区生态补偿办法（试行）	鲁环发〔2016〕175 号	省级及以上自然保护区
	海南	海南省非国家重点生态功能区转移支付市县生态转移支付办法	琼府办〔2015〕113 号	尚未纳入国家重点生态功能区
	湖北	武汉市湿地自然保护区生态补偿暂行办法	武政规〔2013〕19 号	行政区域内湿地自然保护区

专栏 4-1　福建省建立覆盖 12 条主要流域的生态补偿长效机制①

2003 年，福建省在全国率先启动九龙江流域上下游生态补偿试点，之后试点范围逐步扩大到闽江、敖江等流域。按国家生态文明试验区建设要求，2017 年，福建省进一步建立了覆盖全省 12 条主要流域的全流域生态补偿长效机制，为可持续发展营造优质流域生态环境。

福建省 12 条主要流域范围内的所有市、县既是流域水生态的保护者，也是受益者，对加大流域水环境治理和生态保护投入承担共同责任。同时，综合考虑不同地区受益程度、保护责任、经济发展等因素，在资金筹措和分配上向流域上游地区、向欠发达地区倾斜。

重点流域生态补偿金由省市共筹，且筹措力度不断加大。2018 年，省财政厅、环保厅下达重点流域生态保护补偿资金13.36 亿元，比上年度增加2.32 亿元。按照省级与市县资金各翻一番和新增筹集资金30%、30%、40%

---

① 资料来源：http://www.fj.xinhuanet.com/toutiao/2018-07/17/c_1123135336.htm.

分三年逐步到位的原则，筹集补偿资金2020年预计将达到18.9亿元，比2015年翻一番。

此外，2018—2020 年，福建省还将通过安排小流域以奖促治 15 亿元、综合性生态补偿 8.2 亿元、实施总投资为 120 亿元的闽江流域山水林田湖生态保护修复项目，以及积极争取汀江—韩江跨省流域生态保护补偿政策延续实施等措施，加大对重点流域的生态治理和修复的支持力度。

在资金分配上，福建省充分利用已有的监测、考核数据，按照水环境质量、森林生态保护和用水总量等控制因素分别占 70%、20% 和 10% 的权重，实现科学化、标准化分配。2018 年，九龙江流域 11 个县市共获得补偿金 4.88 亿元，比上年增加近 1.57 亿元。

福建省建立的由省级政府牵头推动，责任共担、稳定增长的补偿资金筹集机制，以及奖惩分明、规范运作的补偿资金分配机制，较好解决了"钱怎么筹"和"钱怎么分"两大难题，有效促进了流域上下游关系的协调和水环境质量的改善。下一步，福建省持续创新财政支持流域生态补偿的体制机制，以调动全社会保护生态环境的积极性。

4.3 面向区域合作的补偿机制

面向区域合作的补偿机制与前面两种类型不同，是一种"造血型"补偿方式，通过将补偿资金转化为技术或产业项目形成造血机能与自我发展机制，使外部补偿转化为自我积累能力和自我发展能力。目前各地实践中比较成熟的做法有园区合作（异地开发）、对口协作、设立生态岗位等。浙江金华与磐安的园区合作是最早的园区合作探索，之后，浙江绍兴市也探索了类似做法，浙江绍兴市由环境容量资源相对丰富地区向环境敏感地区提供发展空间，建立"异地开发生态补偿试验区"，促进生产力合理布局，进一步增强环境敏感地区发展动能。南水北调中线工程受水区的北京市、天津市通过对口协作对丹江口库区及上游地区的湖北、河南、陕西等省进行补偿。2014 年起，重庆市优化主

城区和渝西片区对渝东北、渝东南片区的对口帮扶机制，明确 2017 年年底前，每年锁定帮扶资金实物量，通过年度结算方式补助受扶区县，探索建立生态产品受益区县对供给区县的横向生态补偿机制。青海省在国家草原生态保护奖补配套资金的基础上，率先在三江源探索草原生态管护公益岗位试点，每 2 000 hm^2 设置 1 名草原管护员，全省新增草原生态管护员 13 894 名。截至 2017 年年底，中国生态护林员已达 37 万人，带动 130 多万贫困人口稳定脱贫和增收，森林得到有效保护。

专栏 4-2　茅台集团探索生态补偿

　　资金支持。 从 2014 年起，茅台连续十年累计出资 5 亿元作为赤水河流域水污染防治生态补偿资金，用于赤水河保护事业。从 2015 年起连续三年义务植树，到 2017 年年底共建成"金奖百年纪念林""国酒共青林" 1 108 亩。2018 年 6 月，由茅台发起，赤水河沿线四家酒企以及中央电视台共同参与的"走进源头·感恩镇雄"活动在云南镇雄举行，活动现场捐赠 2 400 万元支持当地百姓脱贫攻坚。除了现场捐赠之外，茅台还将在相关乡镇分三年种植竹林、建设垃圾处理池、修建清洁厕所、资助贫寒学生。镇雄之行，除了助力赤水河源头的脱贫攻坚，欲在多方合力，构建赤水河流域立体生态保护圈，促进形成共抓大保护的格局。

　　扶持第一产业。 有机原料是茅台酒的第一生产车间，茅台集团历来重视有机原料基地建设，茅台集团相继在仁怀、习水、金沙和播州四个市（区、县）建立了有机高粱生产基地，取得有机认证面积达到 90 多万亩。茅台集团对基地的扶持投入不断增加，2016 年 2 800 万元，2017 年 3 600 万元，2018 年投入预算将达到 8 000 多万元。截至 2017 年年底，茅台集团对各基地的扶持总金额已达到 2.56 亿元。除了扶持，茅台集团主动提高有机高粱收购价。从 2018 年起，高粱收购价从每千克 7.2 元提高到 8.2 元，惠及 12 万农户。

　　公益助学。 茅台集团开展了"国酒茅台·国之栋梁"大型公益助学活动。2015 年以来，茅台集团累计投入近 5 亿元，帮助道真、务川、仁怀、金沙、习水等贵州境内、赤水河周边的贫困山村脱贫致富。

5

多种生态产品价值实现方式推进补偿市场化

市场化补偿机制是财政转移支付的补充，尽可能实现区域生态服务的价值化和有偿使用。

5.1 排污权、水权、碳排放权交易已具有良好工作基础

（1）排污权交易

2014 年，国务院办公厅印发《关于进一步推进排污权有偿使用和交易试点工作的指导意见》（国办发〔2014〕138 号）。我国实施排污权有偿使用和交易试点以来，国家组织 11 个省份开展试点工作，部分省份自行开展试点，已初步建立省级层面的排污权有偿使用和交易制度体系。截至 2017 年 8 月，全国共征收排污权有偿使用费 766 亿元，排污权交易额约 67 亿元。

（2）水权交易

2016 年 11 月，《水利部　国土资源部关于印发〈水流产权确权试点方案〉的通知》（水规计〔2016〕397 号）确定了 6 个水流产权确权试点地区。

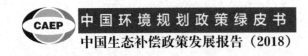

（3）碳排放权与碳汇交易

2011 年以来，北京、天津、上海、重庆、湖北、广东等 6 个省（直辖市）开展了碳排放权交易试点。截至 2018 年 3 月，试点省（市）碳市场覆盖电力、钢铁、水泥等多个行业近 300 家重点排放单位，累计配额成交量约 21 亿 t 二氧化碳当量，成交额约 48.5 亿元。2014 年 4 月，国家林业局印发了《国家林业局关于推进林业碳汇交易工作的指导意见》（林造发〔2014〕5 号），截至 2017 年 3 月，履行项目备案、减排量签发程序的林业碳汇项目 98 个，涉及全国 23 个省（自治区、直辖市）。

5.2 其他市场化生态补偿方式正在探索

绿色采购。政府绿色采购政策以发布政府采购节能产品清单和环保产品清单为基础，以强制采购和优先采购为手段，财政部会同有关部门共 23 次调整公布节能清单、21 次调整公布环保清单、清单产品范围不断扩大。

生态旅游。一些地区设立了资源保护专项基金用于生态补偿，一些地区通过探索社区共建共享，利用社区居民补充工作人员、利用社区资源补充生态教育，使社区获得经济收益、居民实现补偿。

生态产业。原质检总局、住房和城乡建设部、工业和信息化部、国家认监委、国家标准委联合印发《关于推动绿色建材产品标准、认证、标识工作的指导意见》（国质检认联〔2017〕544 号），拟在建材领域及浙江湖州等重点区域优先开展绿色产品认证试点。

绿色基金。自 2016 年中国人民银行、财政部等 7 部委联合印发《关于构建绿色金融体系的指导意见》提出发展绿色基金以来，绿色基金这一新的绿色金融业正在通过实施市场化运作、政府和社会资本合作等方式加速发展。目前财政部正牵头制定国家绿色发展基金设立方案。

专栏 5-1　太原西山修复案例①

　　太原西山是一个历史文化风景带，西山历史上植被茂密、文物古迹众多、文化积淀深厚，由南向北聚集了天龙山、龙山、太山、蒙山、崛山等名山秀川，拥有晋阳古城、晋祠、蒙山大佛、多福寺、傅山故里等一大批历史遗迹，国家、省、市级文物保护单位有 41 处。同时，它又是一个工业污染带，100 多年前，西山是山西省近代工业的发源地，中华人民共和国成立后，又是国家几个五年计划时期重点投资的区域，是煤炭、电力、化工、焦化、建材等能源重化工企业的聚集区。多年的过度开发，尤其是高强度的煤炭开采，西山的生态环境遭到了严重破坏，使这里成了太原市的重污染区和资源枯竭区。

　　2008 年，太原市做出了西山地区综合整治战略决策。几年来，在城区范围内退出地方煤炭产业，取缔西山采石行业，打击私挖乱采，关停小煤矿 76 座、小化工和小水泥 90 家，封堵 2 000 多个私挖乱采黑口子，清理煤炭堆场 350 处，关停了省市重点污染大型企业 8 家和近 100 个中小污染企业，治理一电厂粉煤灰池 1 000 余亩，清理各类垃圾数百万吨。

　　2011 年起，经过深入调研、反复酝酿，太原市委、市政府紧紧抓住国家资源型经济转型综合配套改革的历史机遇，出台了《关于促进西山城郊森林公园建设的实施意见（试行）》，大胆创新生态建设模式，充分发挥公司的力量，运用市场机制，将西山山水资源资本化、资产化、要素化，在太原西山破坏比较严重的前山地区规划了 30 万亩、21 个城郊森林公园，建设具有太原西山特色的城郊森林公园。总体思路是"政府主导、市场运作、公司承载、园区打造"，所谓政府主导，就是政府制定政策、做好规划、营造环境、主动服务和监督考核；市场运作，就是变过去的政府投资为企业投资，由过去的政府为发展主体变为企业作为投资主体，把西山的山水、山体作为市场要素配置，把山地作为资产去运作，形成山水生态资源的资本化、市场化和产业化，带动整个西山地区的产业转型和基础设施建设；公司承载，就是发挥公司力量，运用政策纽带，把产业资本、金融资本、山水资本、人文资本结合起来，统筹运作，协调推进，实施项目法人制，做到谁投资谁受益，谁受益谁负责；园区打造，就是一个园

① 资料来源：http://www.daynews.com.cn/.

区一个特色，一个公园一个品牌，规划定位各有特色，绿化景观主题明确、差异经营、互动发展，形成一个多元化、新型的、现代化的高端旅游服务业地区，把西山地区打造成太原的人文休闲旅游经济带。

太原市进行顶层设计，创新实施生态新政，并以"生态新政"招商引资，把生态绿化与适度开发建设结合起来，调动社会力量投资建设西山城郊森林公园的积极性。

目前，已引进13个国有、民营企业参与西山城郊森林公园建设，占地15.6万亩，计划总投资300亿元。经过两年多的实践，西山生态建设完成投资60亿元，其中，政府投资11亿元，企业投资49亿元，完成绿化6.5万余亩，栽植乔灌木1000多万株，配套建设了绿化防火、旅游通道和公园道路，实施了绿化用水西山工程和公园内部水网建设，实施了污染治理，过去的荒山荒坡、矸石和垃圾场披上了绿装，过去的污染源、粉煤灰池变成了景观湖，西山生态环境有了明显改观。

6

对引滦入津跨省生态补偿的观察

引滦工程是在党中央、国务院的直接关怀和领导下，为缓解天津和唐山两市水资源短缺，保证两地经济社会发展而采取的一项重要举措。引滦入津流域主要水源来自潘家口水库和大黑汀水库（统称潘大水库），自大黑汀水库分水闸后，通过暗渠和明渠流入黎河，在遵化平安城镇张家街村附近与沙河汇合，经果河流入天津市蓟州区境内于桥水库。根据流域流经区域，引滦入津上下游横向生态补偿的范围涉及河北省唐山市迁西县、遵化市以及承德市兴隆县、宽城县。

6.1　试点进展情况

6.1.1　引滦入津上下游横向生态补偿协议顺利签订

2016 年以来，河北省和天津市就引滦入津上下游横向生态补偿的跨界断面、水质标准、监测指标、补偿方案、治理重点等内容多次进行协商，基本确定了《引滦入津上下游横向生态补偿实施方案》（以下简称《实施方案》）、《引滦入津上下游横向生态补偿监测方案》；2017 年 6 月 12 日，河北省与天津市正式签署《关于引滦入津上下游横向生态补偿的协议》（以下简称《协议》）。

《协议》和《实施方案》明确了考核标准，对补偿资金的拨付给出了明确、可操作性强的判断依据。对断面水质按月监测，对全年平均浓度和月达标率进行考核，考核标准逐年提高，既体现了下游地区对水质达标的要求，又考虑到了上游地区由于降水等自然因素导致某一时段水质不达标的问题。

6.1.2 试点政策资金拨付基本到位，使用去向明晰

根据《协议》，河北、天津两省市 2016—2018 年每年各出资 1 亿元，中央财政依据考核目标完成情况确定奖励资金拨付给河北省。截至目前，中央财政 2016 年、2017 年引滦入津生态补偿奖励资金共 6 亿元，河北省 2016 年、2017 年配套资金共 2 亿元以及天津市 2016 年生态补偿金 1 亿元均已下达承德、唐山两市。河北省印发了《河北省财政厅 河北省环境保护厅关于下达 2016 年引滦入津上下游横向生态补偿资金省级预算的通知》《河北省财政厅关于下达 2017 年引滦入津上下游横向生态补偿资金的通知》，明确规定，2016 年引滦入津上下游横向生态补偿资金集中支持潘大水库网箱养鱼清理补助（不得用于养殖户生活补助、工作经费等支出事项）和沙河水环境综合治理。2017 年引滦入津生态补偿资金主要用于滦河生态安全调查与评估、潘大水库网箱养鱼清理补助以及滦河流域水污染防治和生态环境保护等（表 6-1）。

表 6-1 补偿资金分配情况　　　　　　　　　　　　　　　　单位：万元

	2016 年到位资金			2017 年到位资金			合计
	中央资金	河北省资金	天津市资金	中央资金	河北省资金	天津市资金	
承德市	10 000	9 800	0	15 000	0	4 110	38 910
唐山市	20 000	10 000	0	15 000	0	5 720	50 720
省本级	0	200	0	0	0	170	370
合计	30 000	20 000	0	30 000	0	10 000	90 000

6.1.3　集中力量解决网箱养殖问题，取得较好的示范效应

为切实加强滦河流域污染治理、改善潘大水库水质，河北省以壮士断腕的决心，加快实施潘大水库库区网箱养鱼清理工作，目前清理工作已基本完成。各县积极制定了依法取缔网箱养鱼工作实施方案，制定了详细的赔偿、补偿标准。截至 2017 年 5 月，潘大水库网箱清理工作已全部完成，共清理网箱 79 575 个、库鱼 0.865 亿 kg；遵化市也对沙河网箱养殖进行了全部清理（表 6-2）。

表 6-2　网箱养鱼清理情况

	截止时间	出鱼量/万 kg	其他
承德市宽城县	2017 年 5 月 20 日	4 336.375 7	清理网箱 27 462 个、网包 196 个、闸沟养鱼 37 处，依法取缔灯罩网、燕子网等非法网具 689 个，拆解船只 1 468 条，提前半年全面完成了依法取缔网箱养鱼工作任务
承德市兴隆县	截至目前	109.363 4	共投入资金 6 774 万元，其中鱼苗 57.395 6 万 kg；清理网箱 11 520 个，全部清理燕子、灯罩网、网包等非法渔具 870 个，提前半年全面完成了依法取缔网箱养鱼工作任务
唐山市迁西县	2017 年 3 月	4 198.3	共拆解网箱 40 705 个，其中，潘家口网箱 25 810 个，清鱼 2 085.8 万 kg；大黑汀网箱 14 895 个，清鱼 2 112.9 万 kg。网箱养鱼清理后，增殖放流滤食性鱼苗 360 万尾
唐山市遵化市	2016 年 11 月底	—	针对沙河网箱养殖进行了调查摸底并发布了取缔公告，组织水务、公安、环保等部门开展沙河网箱清理工作，截至 2016 年 11 月底已经全部完成 11 535 个网箱的拆除工作

除网箱养殖清理工作以外，其他污染治理工作也在加速推进。唐山市迁西县制定出台《潘大库区周边环境专项治理工作实施方案》，以库区周边工业企业、餐饮旅游、农村环境为重点，集中开展环境综合整治；目前，潘大库区周边 49 家矿选企业全部停产，30 家餐饮企业均已建设防渗池，杜绝生活污水直排。遵化市目前已完成了畜禽养殖禁养区、限养区和适养

区范围划定，禁养区内畜禽养殖全部取缔到位，全市 118 家规模化畜禽养殖场中，已有 93 家实现了粪污无害化处理，并实施了一批水环境治理项目，计划总投资 18.5 亿元。承德市宽城满族自治县与兴隆县也谋划和实施了一批生态环境治理项目以及生态修复项目，对产业项目开始实行严格的准入和淘汰机制。

6.2　试点实施的主要成效

6.2.1　潘大水库水质显著改善，再次供水入津

（1）滦河流域水质明显好转

河北省监测结果表明，2017 年 1—12 月，黎河桥、沙河桥 2 个跨界断面稳定达到《地表水环境质量标准》（GB 3838—2002）Ⅲ类标准。与 2015 年年底相比，滦河流域水质已明显改善。其中，潘家口水库、大黑汀水库 2017 年浓度均值达到Ⅲ类水质，黎河、沙河水质 2017 年全年稳定达标且浓度均值从 2016 年的Ⅲ类上升为Ⅱ类水质。同时，作为潘大水库上游地区的承德市域内滦河流域水质也有所提升。黎河断面 2017 年总磷浓度均值（0.086 mg/L）同比下降 21.8%；沙河断面 2017 年化学需氧量浓度均值（11.482 mg/L）同比下降 41.6%；氨氮浓度均值（0.317 mg/L）同比下降 48.2%，总磷浓度均值（0.083 mg/L）同比下降 44.7%。暂停一年多的引滦入津工程又正式恢复供水。

通过调研了解到，天津市和河北省均认可引滦入津上游地区水质明显改善的结论，潘大水库及跨省断面水质明显提升，氨氮浓度下降尤为显著。但多年投饵养殖导致潘大水库底泥污染物富集程度较高，水库开闸放水时无法避免扰动底泥、释放污染物存量，加之面源在流域污染源中仍占较大比例，降水过程往往导致冲刷河岸的农药、化肥等，带来总磷、总氮指标的短期升高，因此，尽管在全年来看试点地区的水质整体趋势改善明显，但在集中调水的时间段，往往因受到底泥和面源污染的影响，水质还未达到天津市期望的理想水平。滦河流域断面月度监测数据变化见图 6-1。

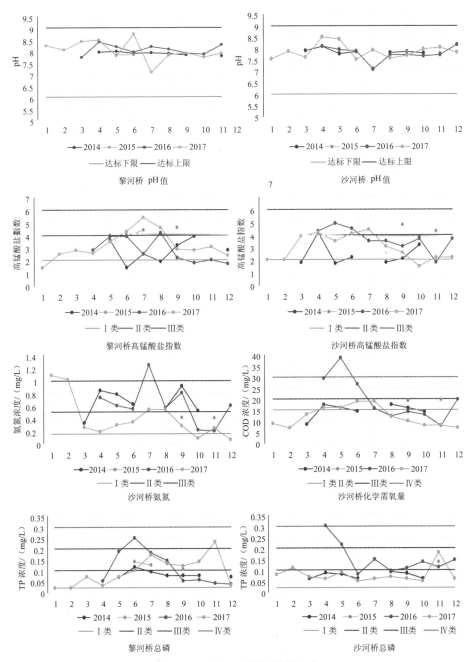

图6-1 断面月度监测数据变化

（2）流域生态服务功能持续提升

通过对引滦入津流域生态补偿实施前后两期 TM 影像数据进行处理分析，依据谢高地等提出的核算方法计算引滦入津流域生态服务价值。2015—2017 年，引滦入津流域生态服务价值呈现明显增长趋势，由 2015 年的 318.69 亿元增长到 2017 年的 365.30 亿元，增幅达 14.53%，生态服务功能水平得到大幅提升。流域内生态服务功能以水文调节和维持生物多样性功能为主，占流域生态服务价值总量的 16%以上。森林生态系统及水域生态系统提供生态服务价值增量明显，增幅分别为 26.22%和 29.11%。兴隆县和宽城县对流域生态服务价值总量的贡献度较高，分别占流域生态服务价值总量的 40%和 23%左右，遵化市生态服务价值增幅较大，增长率为 34.99%（图 6-2、表 6-3）。

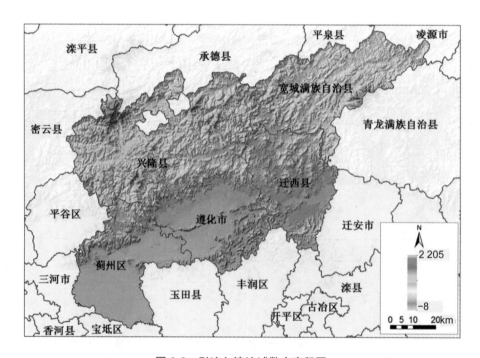

图 6-2　引滦入津流域数字高程图

表 6-3　引滦入津流域生态服务价值时空分布变化表

区县名称	生态服务价值/亿元		结构构成/%		变化率/%
	2015 年	2017 年	2015 年	2017 年	
蓟州区	36.18	43.85	11.34	12.00	21.20
宽城县	75.62	85.88	23.71	23.51	13.57
迁西县	47.07	46.05	14.76	12.61	−2.17
兴隆县	128.72	147.16	40.35	40.28	14.33
遵化市	31.38	42.36	9.84	11.60	34.99
合计	318.97	365.30	100.00	100.00	14.53

6.2.2　较理想的投资效率有助于推动两地政府长期合作

在试点政策实施过程中，为履行引滦流域生态环境保护责任，上游地区谋划和实施了一系列工作。根据成本—效益分析方法，核算遵化、迁西、宽城、兴隆四县以及河北省政府在 2016 年、2017 年为履行流域生态补偿政策而直接投入资金 13 亿元（其中迁西县有 0.182 1 亿元资金结余专项用于后续问题补偿），主要用于网箱养鱼清理，部分用于潘大水库及引滦输水沿线的生态环境保护和污染防治项目，以及相关规划编制。使用影子工程法对水资源纳污效益进行核算，按国务院分水文件（国办发〔1983〕44 号）规定的 19.5 亿 m³/a 计算，Ⅲ类水带来的水质净化功能相当于替代 36.4 亿元的污水处理设施投资。

可以认为，在 2016 年、2017 年两年间，试点政策的水资源纳污效益 36.4 亿元远大于其 13 亿元的直接成本。长期来看，各级各地区为保持滦河流域生态环境需要付出的成本包括各类水环境综合治理工程、污染防治设施的日常运营费用以及产业转型和库区居民就业安置等，加上各级政府和库区居民在就业和经济收入上损失的机会成本，投入将远不止 6.5 亿元/a，但是试点政策的长期收益实际上也远不止 18.2 亿元/a 的水资源纳污效益，流域水质好转还可提供向产业供水的效益、水产品生产效益、输沙效益以及逐渐体现的旅游效益，总体来说政策的环境效益会远远高于其直接成本，可以催生津冀两地政府共护绿水青山的内生动力，有利

于推动津冀两地政府达成共识，继续深化合作，长期共护绿水青山。

6.2.3 试点政策倒逼产业转型

试点政策倒逼上游地区加快推进产业转型。各县（市）目前计划动员库区移民发展以板栗为主的经济林产业，建设休闲采摘园、优质中药材种植示范园、发展中华蜂养殖产业；加强库区基础设施建设，强化道路、渔港码头建设；以自然养殖带动生态水产品生产；以保护为前提开发旅游资源等。试点政策也促使各县（市）加速完善体制机制改革，各县（市）目前已全面落实环评制度和"河长制"，遵化市、宽城县已全面执行排污许可制度，迁西县、兴隆县依法取得排污许可证的沿岸企业分别约为 67% 和 70%，并已经完成水质自动监测站点的选址，力争将源头把控、日常管理、评估监督有机结合起来，全过程管控引滦流域的生态环境保护工作。

6.2.4 全社会形成生态环保理念深入人心的局面

库区移民参与生态补偿意愿较高。大部分库区移民对试点政策的环境效益给予肯定，51.39% 的受访者表示自己愿意参与滦河流域的生态环境保护相关工作。虽然第一阶段尚未给受影响的移民配套"造血"性质的生计补偿，受访者还是希望引滦入津上下游横向生态补偿政策能长期实施，有针对性地、有阶段性地逐步解决突出问题，成为支撑流域保护的长效机制。

6.3 试点中存在的主要问题

6.3.1 地方政府自身财力难以承担后续资金缺口

虽然第一阶段生态补偿资金几乎全部用于网箱养鱼清理，地方政府仍然需要自筹大量资金来完成取缔工作，目前承德市政府已贷款近 4 亿元来解决取缔补偿问题。流域上游地区网箱养鱼得到彻底取缔只是试点政策的第一步，库区后续生态治理、岸上环境治理、库区移民生产生活条件改善等尚未纳入补偿范畴，流域环境治理工作任重道远。

一是库区后续生态治理困难。潘大水库投饵养鱼已经有 30 年历史，库底积存了大量含有饵料的淤积物，底泥仍会对水质造成一定影响，而水库底泥治理需要大量资金。

二是岸上环境治理任务艰巨。黎河、沙河两条河流傍水村庄较多、人口密度较大，河流沿岸面源污染严重，村庄生活垃圾收集、污水处理、农业面源污染等问题亟待解决。迁西、遵化、宽城、兴隆均为中国板栗之乡，但是树下除草剂使用对农业面源污染影响较大。此外，河流和沿岸多年堆积的尾矿需进行清淤和治理。

三是库区移民生产生活条件改善需求迫切。因库区居民绝大多数都是修建潘大水库时的后靠移民，迁西县库区移民人均耕地 0.28 亩，兴隆县人均耕地不足 0.2 亩，每年仅有 600 元生活补助，网箱养鱼一直是库区居民的主要经济来源。网箱养鱼取缔后，库区居民失去重要收入来源，特别是远迁移民带走山场 10 万亩，加剧了库区移民生产资料的短缺状况。此外，部分库区移民目前还依靠地下水打井取水，饮用水安全没有保证。

6.3.2　地方政府对资金使用理解不到位

目前唐山市、承德市涉及与环境治理相关的中央及省级专项资金有山水林田湖草资金、江河湖库水系综合整治资金、环境污染治理专项资金、水污染防治资金、农业资源及生态保护补助资金、水资源管理与保护专项资金、重点生态保护修复治理专项资金等，这些专项资金分头拨付，在项目安排和资金绩效考核方面既有交叉，又有可能产生工作缺位。地方政府没有充分理解国家关于专项资金统筹使用和河北省授权市、县（市、区）财政资金统筹先行先试等方面的政策；另外，调研中地方政府提出中央应给予地方使用财政资金更大的自主权、国家项目与实际需求不匹配等问题，机械使用专项资金，导致资金使用效益没有达到最大化。

6.3.3　水质监测等实施保障尚不到位

引滦入津跨省断面水质监测依靠现场手工监测，由两省监测人员按照双方约定时间在共同确认的跨界断面按照规范采集水样。2017 年 1—12 月两省监测数据显示，河北省监测结果为黎河桥、沙河桥 2 个跨界断面稳定的达到《地表水环境质量标准》（GB 3838—2002）Ⅲ类标准，天津市监测结果为两个协议断面月达标率均为 83.3%。两省监测结果存在不一致性。虽然与水质自动监测相比，手工监测具有监测指标可实现全覆盖、测定灵敏度高、采样点灵活等优点，在实际应用中仍是不可替代的监测手段，但是其低频率的手工采样分析（河北、天津市每月监测一次断面水质）也限制了对水质异常值和水环境质量变化趋势的判断，无法动态反映河流水质时空变化情况，缺少对水污染事件提前预警和跟踪能力。因此，引滦入津水质监测体系还需进一步优化完善。

6.3.4 水资源与流域水环境管理体制不顺

引滦工程是跨水系、跨行政区域的大型调水工程。按照相关规定，引滦分水闸以下引滦入津输水工程由天津市管理、引滦入唐工程由河北省管理，分水闸以上（含分水闸）潘大水库由水利部海委负责统一调度和管理，但对水面开发利用和水体污染并没有监督管理职责，库区及水库周边环境治理归当地环保部门负责。在供水收益上，潘大水库每年为天津供水 9 亿 m^3，水利部海委收取供水成本（0.26 元/m^3），上游地区作为水资源的保护方和治理方，没有任何收益，管理体制的不顺、职责不到位，很难有效保护引滦水资源。通过调研了解到，天津市和河北省都认为在现有体制下潘大水库的水资源与流域水环境管理存在"两张皮"现象，水利部海委并没有把水资源费返还用于引滦工程的生态环境保护，这也是导致引滦上游地区保护与发展矛盾的重要原因之一（图 6-3）。

6.4 完善试点工作的建议

引滦入津生态补偿第一阶段是以水上环境治理为主的应急救火式补偿，引滦流域水质得到有效改善，用优良的环境质量守住了绿水青山。随着流域网箱养鱼的全部取缔，第二阶段的补偿必须要由水上走向岸上，开展流域保护与治理阶段。因此，建议第二轮引滦入津生态补偿试点由水上补偿的 1.0 阶段升级为"水岸统筹保护、上下共享发展"的流域生态补偿 2.0 阶段。

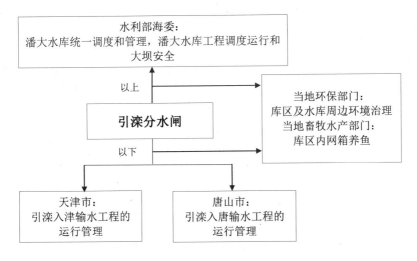

图 6-3　引滦工程现有管理体制现状

6.4.1　进一步整合资金，解决重大突出问题

目前，唐山市和承德市关于环保和扶贫方面的专项资金有 10 余项，这些专项资金都与生态补偿资金发挥着类似的作用，根据《国务院关于印发推进财政资金统筹使用方案的通知》（国发〔2015〕35 号）"推进节能环保资金优化整合"的要求，以及《河北省人民政府办公厅关于进一步加强财政资金统筹使用的通知》（冀政办发〔2015〕25 号）"通过对市、县（市、区）予以必要授权或修改相关预算资金管理办法，允许市、县（市、区）在推进财政资金统筹使用方面先行先试"等要求，被补偿的地区可以通过预算编制，按照"资金性质和用途不变、部门职能和责任不变"的原则，将不同层面、不同渠道、投入方向类同的专项资金统筹使用，将各自分散的专项资金适度集中整合，优先解决生态移民、岸边带面源污染治理、农村环境综合整治、底泥清淤试点等重大突出问题，提高资金的使用效益。对于还没有专项资金支持的生态补偿相关项目，地方政府要结合国家的战略部署和地方保护与发展的实际需求，坚持规划

引导，超前谋划，建立优先项目储备库，为对接国家政策打下基础。

6.4.2 进一步提高引滦入津水资源费，安排一定比例用于生态补偿

目前水利部海委引滦管理局每年向天津市收取的0.26元/t的水资源费仅为供水成本，根据调研了解，目前水利部海委正在申请生态补偿费，初步测算结果是0.4元/t，根据《取水许可和水资源费征收管理条例》"制定水资源费征收标准，应当遵循下列原则：（一）促进水资源的合理开发、利用、节约和保护；……"的要求，建议进一步提高引滦入津水资源费，安排一定比例用于生态补偿，以改善库区生态环境。

6.4.3 建议河北省、天津市及早协商谋划第二阶段生态补偿协议

调研中我们发现，由于协议实施后引滦流域水质得到明显改善，两省市均对继续第二阶段补偿有很高的意愿，但是水质目标又将是两省市谈判的焦点，天津市表示虽然目前上游来水按照协议是达标的，如果进行第二阶段补偿必须要提高标准。河北省表示虽然网箱养鱼清理工作完成后引滦流域水质明显好转，但是流域内仍然存在众多水污染问题和隐患，要实现整个流域水质根本性改善还需要一定时间，希望保持现有水质要求。建议两省市及早就补偿标准等细节进行协商，谋划签署第二阶段生态补偿协议，以保证资金的连续性。生态补偿1.0重点解决了网箱养鱼问题，到2.0阶段，比照新安江模式，两省市每年配套2亿元的资金，可将补偿资金扩大到岸上污染治理问题以及后靠移民增收等社会维稳问题。

6.4.4 着眼流域整体布局，建立上下游联动协作的工作机制

将引滦流域水源保护纳入京津冀协同发展战略中，加强对引滦管理局与属地、上下游跨地区之间的协调共管，确保各地区之间协同共管，形成上下游之间共建的长效机制。随着京津冀一体化进程的逐步深入，两省市要统筹考虑水污染防治、基础设施规划建设等问题，并共同制定引滦入津流域生态环境保护规划，从上游到下游全面落实责任。探索建立引滦入津流域县级河长联络办公

室，打破行政区划限制，联合开展全流域水环境巡查。建立统一的流域水环境质量监测数据库和水环境信息发布和信息共享机制，统一流域监测标准和评价标准，建立环境质量监测合作机制。建立综合性的流域污染源、水环境质量和水污染处置应急系统为一体的信息管理平台，减少水污染事故的发生，降低污染损失。

6.4.5 进一步丰富和完善生态补偿方式

一是将生态补偿与改善库区移民生产生活条件紧密结合，帮助库区群众发展增收产业，改善基础设施条件。充分发挥库区水资源及山场资源优势，积极动员库区移民发展以板栗为主的经济林产业，邀请高校或科研院所给予农户树下生草栽培模式等的技术培训，发展特色生态农业。同时回购远迁移民的山场所有权，增加库区群众生产资料。积极引导与鼓励具备服务实力的资源整合大型平台企业进行流域的综合治理与开发，从系统化推进整个流域的生态环境治理的角度出发，重点开展库区饮水等基础设施建设、保护性开发旅游资源等改善移民生产生活条件的项目，一方面有效解决政府对流域生态建设基础设施投入不足和运行效率不高的问题，另一方面促进流域生命共同体的建立。

二是借鉴新安江流域的资本运作模式，以绿色金融的思维放大资金的使用效率。根据中共中央、国务院《生态文明体制改革总体方案》"支持设立各类绿色发展基金，实行市场化运作"，成立引滦入津流域绿色发展基金，借助信托制度优势，放大试点资金的杠杆作用，深度发掘金融工具助力环保事业的巨大潜力，整合企业、社会、公益等方面的资源，让环境治理、产业投资、业务合作形成合力，重点投向生态治理和环境保护、绿色产业发展和文化旅游等领域，实现由原来的末端污染治理向源头控制转变、由优良的生态资源向生态资本转化。

7

新时代生态环境补偿改革与创新

在新时代下，生态环境保护成为实现经济高质量发展、人民对美好生活需求的重要支撑，这也对生态补偿工作提出了更高的目标和要求，目前我国生态补偿水平与经济社会发展不相适应，市场化、多元化的生态补偿机制有待建立等问题依然存在，2018 年机构改革之后，生态补偿利益相关方调整，补偿责任集聚，有条件走向大补偿时代，在这个背景下，提出未来我国生态补偿的变革方向要聚焦"四化"，即多元化、系统化、市场化和法治化。

7.1 多元化：多元主体参与生态补偿、多元方式

一是流域生态补偿已取得阶段性成果，要继续对已有经验提炼、总结、推广，有条件的试点地区可以试点由水上补偿的 1.0 阶段升级为"水岸统筹保护、上下共享发展"的流域生态补偿 2.0 阶段。要准确聚焦阶段任务，现阶段，我国部分区域流域水污染仍然较重，全国地表水国控断面中仍有 8.3%为劣 V 类，以流域跨省界断面水质考核为依据的生态补偿机制符合当前我国污染防治攻坚战的大背景和总体思路，要及时总结经验，进一步巩固试点成果，继续深化流域横向生态补偿试点工作。地方政府要切实提高政策执行力，用足用好国家政策。从依赖中央财政转向政府、市场、社会多渠道筹集资金。将生态补偿与

上游地区居民生产生活条件紧密结合，把"短期不减收，长期要增收"作为重要目标，杜绝饿着肚子守护绿水青山。着眼流域整体布局，建立上下游联动协作的工作机制。

二是大补偿时代应强化区位功能，探索形成多主体的区域合作和利益分配机制。以"三区三线"为依据，强化生态保护，确定生态补偿重点领域，剖析环境问题成因、环境问题格局和资源动态，合理划分不同生态建设者的地位、功能、作用和权益，最大限度地发挥其资源、环境及区位优势，在区域共建共享、产业融合发展、区域协同推进、联防共治等方面实现创新和深化，建立起生态资源与经济优势有机融合的协作联动机制，打通"绿水青山就是金山银山"的路径。

7.2 系统化：关注生态系统类型的综合系统补偿

一是以生态补偿推进山水林田湖草系统保护。山水林田湖草专项资金主要支持影响国家生态安全格局的核心区域、关系中华民族永续发展的重点区域和生态系统受损严重、开展治理修复最迫切的关键区域。截至目前，财政部、自然资源部、生态环境部已安排基础奖补资金 160 亿元。生态补偿主要解决"绿水青山"保护者与"金山银山"受益者之间的利益平衡。识别生态保护修复重点区域空间分布，核算生态服务价值增长情况，通过生态补偿机制整合相关资金各炒一盘菜、共办一桌席，同时利用市场机制，采取 PPP、特许经营权、政府购买服务等多元化市场化补偿方式，引入市场机制和社会投资，更好地推进生态修复的可持续性，降低生态修复的成本，提升区域生态系统的整体价值。

二是建立面向生态补偿的 GEEP 核算体系。GEEP 把"绿水青山"和"金山银山"统一到一个框架体系下，能全面反映区域的可持续发展状态，为生态补偿机制提出一个新的补偿标准核算依据。以区域内生态环境服务价值和自然资源价值为基础综合确定不同生态领域的生态补偿标准，结合国家编制自然资源资产负债表的要求，对区域内每一种自然资源环境制定区域内、外两种价格，

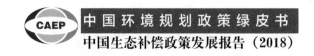

形成区域内既有统一又有差别的生态补偿标准。

7.3 市场化：发挥市场在长效机制构建中的作用

一是建立基于环境市场配置的生态激励机制。继续推动自然资源产权制度改革，建立健全归属清晰、权责明确、流转顺畅、保护严格、监管有效的自然资源产权制度，为多元化的生态保护效益补偿机制奠定产权基础。建立生态产品市场交易与生态保护补偿协同推进生态环境保护的新机制。生态产品市场交易需要健全的生态保护市场体系，包括建立统一的绿色产品标准、认证、标识等体系，建立健全反映外部性内部化和代际公平的生态产品价格形成机制，使保护者通过生态产品的市场交易获得生态保护效益的充分补偿。

二是探索基于土地资源功能置换的异地补偿机制。在长江经济带、京津冀等区域探索城乡建设用地指标跨省调剂机制，探索建立生态用地和建设用地功能置换补偿机制，优先考虑保护地区与贫困地区重合的地区，统筹土地资源的存量和流量，实现对口支援。

三是探索建立可持续市场化生态融资机制。建立生态基金，发挥财政投资引导带动和杠杆效应，并通过收益优先保障机制吸引金融机构以及社会资本，采用股权投资方式重点支持以 PPP 和第三方治理模式实施的长江经济带重大生态环境保护项目。搭建企业联盟联合保护平台，探索流域统筹规划的生态产业链，建立从生产、加工到销售的"绿色"链条。

7.4 法治化：通过法规固化成功模式和长效机制

我国还未形成专门的生态补偿立法，《意见》虽然为国家和地方深化生态补偿机制建设探索提供了指南和纲领，但属于规章制度范畴，缺少具有普遍指导意义的法律规则来规范生态补偿的运作。建议尽快出台生态补偿条例，明确生态保护补偿的适用范围、领域补偿、区域补偿、横向补偿、市场补偿、资金来源、相关利益主体的权利义务、监测评价、法律责任等相关要求。随着条件的成熟，制定生态补偿法，对生态补偿的基本原则、类型与种类、补偿方式、经费来源、基本标准、法律责任、基本程序和法律责任等做出规定。各相关单行法和部门法在修编过程中，应适时调整和纳入新的有关生态补偿的规定，例如，在长江法等制定时增加生态补偿的内容。

参考文献

[1] 中国生态补偿机制与政策研究课题组. 中国生态补偿机制与政策研究[M]. 北京：科学出版社，2007.

[2] 王金南，刘桂环，文一惠，等. 构建中国生态保护补偿制度创新路线图——《关于健全生态保护补偿机制的意见》解读[J]. 环境保护，2016（5）：14-18.

[3] 王金南，刘桂环，文一惠. 以横向生态保护补偿促进改善流域水环境质量——《关于加快建立流域上下游横向生态保护补偿机制的指导意见》解读[J].环境保护，2017，45（7）：13-18.

[4] 何军，刘桂环，文一惠. 关于推进生态保护补偿工作的思考[J]. 环境保护，2017，45（24）：7-11.

[5] 刘桂环，张彦敏，石英华. 建设生态文明背景下完善生态保护补偿机制的建议[J]. 环境保护，2015，43（11）：34-38.

[6] 刘桂环，文一惠，谢婧，等. 完善国家主体功能区框架下生态保护补偿政策的思考[J]. 环境保护，2015（23）：39-42.

[7] 刘桂环，文一惠. 关于生态保护红线生态补偿的思考[J]. 环境保护，2017（23）：31-35.

[8] 刘桂环，文一惠，王冀韬，等. 我国生态保护补偿实践进展评述[J]. 环境与可持续发展，2017（5）：14-19.

[9] 李国平，刘生胜. 中国生态补偿40年：政策演进与理论逻辑[J]. 西安交通大学学报（社会科学版），2018（6）：1-15.

[10] 邓晓兰，黄显林，杨秀. 积极探索建立生态补偿横向转移支付制度[J]. 经济纵横，2013（10）：47-51.

[11] 宏观经济研究院国地所课题组. 横向生态补偿的实践与建议[J]. 宏观经济管理，2015（2）：46-48.

[12] 胡雪萍. 完善我国生态补偿制度应注重顶层设计[J]. 桂海论丛，2015，31（2）：9-14.

第 2 篇

地 方 实 践

流 域 生 态 补 偿

武汉首次长江断面水质考核公布结果
黄陂区获百万元最高奖*

为贯彻落实长江经济带"不搞大开发、共抓大保护"发展战略，进一步加强长江武汉段生态保护和绿色发展，武汉市明确提出，实施安澜长江、清洁长江、绿色长江、美丽长江、文明长江等"五大行动"。2017年12月23日，武汉市政府办公厅印发《长江武汉段跨区断面水质考核奖惩和生态补偿办法（试行）》（以下简称《办法》），明确在长江武汉段左右岸共设置13个跨区监测断面进行水质考核，建立奖罚分明的跨区断面水质考核奖惩和生态补偿机制，确保一江清水向东流。

2018年1月4日，武汉市公布长江武汉段13个跨区断面水质监测结果，并按照水质考核核算原则对13个断面综合污染指数进行了预警核算和上下游

---

* 来源：http://hb.ifeng.com/a/20180105/6283451_0.shtml。

生态环境部环境规划院，《生态补偿简报》2018年1月3期总第707期转载。

对比。其中，黄陂区在首次考核中迎来开门红，考核断面窑头断面保护得力，获奖 100 万元。

武汉市作为长江经济带特大城市，在长江武汉段水质优良的情况下，全国首创市域内跨区断面水质考核奖惩和生态补偿机制，通过强化生态保护责任，调动各区保水治水积极性，形成共抓长江大保护的长效机制，对探索大江大河生态保护及生态补偿有效机制有着积极示范作用。

《办法》明确规定把长江武汉段水质按区分段监测、考核，每双月通报武汉市各辖区内长江武汉段水质状况，推动各区及时解决问题，不断提高环境治理水平和生态环境质量。以所属区的长江断面水质为考核依据，设置简明的考核指标，实行"水质改善的奖励""水质下降的扣缴"，并与干部绩效挂钩，推动建立"成本共担、效益共享、合作共治"的生态补偿机制。

根据核算原则，位于长江左岸的窑头监测断面为黄陂区考核断面，同时为新洲区对照断面。2018 年 1 月监测水质评价和预警结果显示，黄陂区本月水质为Ⅱ类，综合污染指数与对照断面相比变化下降（水质改善）10.6%，改善明显。这是武汉在全国大江大河中首创的长江水质考核奖惩和生态补偿机制的首次"水考"，黄陂区喜获百万奖金，为最高奖。

党的十九大报告指出，建设生态文明是中华民族永续发展的千年大计。黄陂是一个湖库众多的区域，水资源相对丰富的同时也给全区水环境保护工作带来了挑战，区委、区政府提出了"建设生态文明、打造美丽黄陂，创建国家级生态文明示范区"的奋斗目标。按照武汉市四水共治总布局和"水十条"具体要求，区环保局通过沿岸踏勘和乘船查勘等方式对全区 19 个水体进行了调查，并编制了相关水体达标方案和良好水体保护方案，计划通过 5 年整治，到 2020 年，7 个大中型水库中 4 个达到Ⅱ类水质，12 个重点湖泊中 9 个达到Ⅲ类水质，19 个水体平均提升一个水质等级。同时，针对群众所关心的饮用水安全问题，区环保局提出对前川饮用水水源地一级保护区进行生态修复，并获得区委、区政府批复立项，在前川取水口上游 3.3 km 范围内进行坡岸绿化和水生植物修复。同时，区环保局三措并举，抓好滠水河流域的综合整治、流域内的集镇生活污水治理、流域范围内临湖的畜禽养殖的退养，开展了环境保护"双护双促"综合执法行动，加大环境污染排查和巡察频次，严厉打击违法排污行为，对环境违法做到"有报必查、查必有果"。

2018 年，黄陂区将深入学习贯彻党中央和习总书记关于"绿水青山就是金山银山"的要求，深入实施"水、气、土"三大保卫战，让黄陂的天更蓝、山更青、水更绿，人民群众享受到更多的生态效果。

"水质对赌"生态补偿模式在安徽全省推行谁超标、谁赔付，谁受益、谁补偿*

安徽省探索生态补偿机制再迈新步伐。2018 年 1 月 10 日，省政府办公厅公布《安徽省地表水断面生态补偿暂行办法》（以下简称《办法》）。《办法》自 2018 年元旦起施行，由此，"实施生态补偿"这一业界呼吁多年的建议在更大范围内推广。

根据《办法》，断面水质超标时，责任市支付污染赔付金；反之，断面水质优于目标水质 1 个类别以上时，责任市获得生态补偿金，如月度断面水质优于年度目标 1 个类别的，责任市每次获得 50 万元生态补偿金。

生态补偿，是一种让生态环境保护者或受害者得到补偿的制度设计，以"谁超标、谁赔付，谁受益、谁补偿"为原则。2011 年起，全国首个跨省流域生态补偿机制试点在新安江流域实施。

2014 年，全省首个省级层面的水环境生态补偿机制落子大别山。

此次施行的生态补偿暂行办法，即借鉴新安江试点经验，采取"水质对赌"模式。《办法》明确，在全省建立以市级横向补偿为主、省级纵向补偿为辅的地表水断面生态补偿机制。将跨市界断面、出省境断面和国家考核断面列入补

* 来源：http://www.h2o-china.com/news/269315.html。
生态环境部环境规划院，《生态补偿简报》2018 年 1 月 5 期总第 709 期转载。

偿范围，实行"双向补偿"。

补偿金如何计算？省环保厅按照断面属性，以环保部、省环保厅确定的监测结果，每月计算各补偿断面的污染赔付和生态补偿金额。

污染赔付金额根据断面污染 3 个赔付因子超标情况进行加和计算。赔付标准暂定为：断面水质某个污染赔付因子监测数值超过标准限值 0.5 倍以内，责任市赔付 50 万元，超标倍数每递增 0.5 倍以内，污染赔付金额增加 50 万元。单因子指标污染赔付金每月最高为 300 万元。

生态补偿金额根据断面水质类别进行计算。断面水质类别优于年度水质目标类别的，由下游市或省财政对责任市进行生态补偿。生态补偿标准暂定为：月度断面水质优于年度目标 1 个类别的，责任市每次获得 50 万元生态补偿金；优于年度目标 2 个类别以上的，责任市每次获得 100 万元生态补偿金。

跨市界断面由上、下游市分别进行污染赔付和生态补偿，其余断面由责任市、省财政分别进行污染赔付和生态补偿。左右岸分属 2 个责任市的断面，污染赔付、生态补偿金额平均分配。污染赔付金、生态补偿金应专项用于水污染综合整治、水生态环境保护、监测能力建设等方面。

"'靠山不能吃山，靠水不能吃水'，面对上游保护水源的努力，推广生态补偿机制是大势所趋。"安徽大学环境资源专家张辉表示，此次办法施行，将推动各市强化水环境目标管理，从而改善全省水环境质量。

安徽省人民政府办公厅关于印发安徽省地表水断面生态补偿暂行办法的通知[*]

各市人民政府，省有关部门：

《安徽省地表水断面生态补偿暂行办法》已经省政府同意，现印发给你

---

* 来源：http://xxgk.ah.gov.cn/UserData/DocHtml/731/2018/1/10/531429836491.html。
生态环境部环境规划院，《生态补偿简报》2018 年 1 月 7 期总第 711 期转载。

们，请认真贯彻执行。

安徽省人民政府办公厅

2017 年 12 月 30 日

安徽省地表水断面生态补偿暂行办法

第一条　为进一步落实各市人民政府对本行政区域水环境质量的管理职责，强化水环境目标管理，改善安徽省水环境质量，根据《中华人民共和国环境保护法》《中华人民共和国水污染防治法》等法律、法规规定，以及《安徽省人民政府办公厅关于健全生态保护补偿机制的实施意见》（皖政办〔2016〕37 号）要求，制定本办法。

第二条　按照"谁超标、谁赔付，谁受益、谁补偿"的原则，在全省建立以市级横向补偿为主、省级纵向补偿为辅的地表水断面生态补偿机制。将跨市界断面、出省境断面和国家考核断面列入补偿范围，实行"双向补偿"，即断面水质超标时，责任市支付污染赔付金；断面水质优于目标水质一个类别以上时，责任市获得生态补偿金。

新安江流域生态补偿的新安江街口断面和大别山区水环境生态补偿的潨河总干渠罗管闸断面按照各自签订的协议执行，暂不列入本办法补偿范围。

第三条　省环保厅负责补偿断面的设置，按照国家要求组织开展断面水质监测工作，并根据环境管理需要调整断面设置和水质目标。补偿断面水质年度目标根据省政府与各市政府签订的《水污染防治目标责任书》确定；未列入目标责任书的断面，水质年度目标根据《全国重要江河湖泊水功能区划（2011—2030 年）》确定。

省财政厅负责污染赔付金和生态补偿金的转移支付工作。资金管理办法由省财政厅会同省环保厅另行制定。

第四条　按照断面属性，以环保部、省环保厅确定的监测结果，每月计算污染赔付、生态补偿金额。跨市界断面由上、下游市分别进行污染赔付和生态补偿，其余断面由责任市、省财政分别进行污染赔付和生态补偿。左右岸分属2个责任市的断面，污染赔付、生态补偿金额平均分配。

第五条 污染赔付金额根据断面污染赔付因子超标情况进行加和计算。断面污染赔付因子共3项，分别为高锰酸盐指数（适用水质年度目标达到或优于Ⅲ类的断面，其余断面采用化学需氧量）、氨氮和总磷，标准限值为水质年度目标类别对应的指标浓度。当断面污染赔付因子监测数值超过标准限值时，由责任市对下游市或省财政进行污染赔付，污染赔付金为3项因子指标污染赔付金之和。

污染赔付标准暂定为：断面水质某个污染赔付因子监测数值超过标准限值0.5倍以内（含0.5倍），责任市赔付50万元，超标倍数每递增0.5倍以内（含0.5倍），污染赔付金额增加50万元，单因子指标污染赔付金每月最高为300万元。

核算污染赔付金额时，河流上游入境的省（市）界断面及下游出境的省（市）界断面水质指标均超过目标值时，按上游入境断面指标影响系数计算下游出境断面的指标浓度值。计算公式如下：

$$C_{i\text{下游断面}} = C_{\text{下游断面}} / (1+k)$$

$$k = (C_{\text{上游断面}} - C_{io\text{ 上游断面}}) / C_{io\text{ 上游断面}}$$

式中，$C_{i\text{ 下游断面}}$——下游出境断面某项指标扣除上游入境断面影响后的核算浓度值；

$C_{\text{下游断面}}$——下游出境断面某项指标实测浓度值；

k——上游入境断面某项指标影响系数；

$C_{\text{上游断面}}$——上游入境断面某项指标实测浓度值；

$C_{io\text{ 上游断面}}$——上游入境断面某项指标目标值。

第六条 生态补偿金额根据断面水质类别进行计算。断面水质类别按照《地表水环境质量标准》（GB 3838—2012）表1中除水温、总氮、粪大肠菌群以外的21项指标确定。断面水质类别优于年度水质目标类别的，由下游市或省财政对责任市进行生态补偿。

生态补偿标准暂定为：月度断面水质优于年度目标1个类别的，责任市每次获得 50 万元生态补偿金；优于年度目标 2 个类别以上的，责任市每次获得 100 万元生态补偿金。

第七条　年度水质类别为劣 V 类、未达到年度水质目标或发生较大以上级别突发环境事件的断面，当年不予发放生态补偿金，污染赔付金正常收缴。突发环境事件等级按照《国家突发环境事件应急预案》分级标准确定。

遇特别重大、重大水旱、气象、地震、地质等自然灾害直接导致考核断面超标的，因城镇生活污水处理厂、工业污染治理设施、畜禽养殖粪污治理设施、生活垃圾渗滤液处理设施受到自然灾害严重破坏等造成无法达标排放导致断面超标的，职能部门提供相关证明材料后，可酌情将事件影响期内的相关月份水质数据剔除。

第八条　省环保厅每月计算各补偿断面的污染赔付和生态补偿金额，并会同省财政厅通报各市人民政府，同时向社会公布。省财政通过年终结算、直接收缴或支付等方式，对断面的污染赔付金和生态补偿金进行清算。

第九条　各市人民政府对通报结果有异议的，应于收到通报后 15 个工作日内以书面形式向省环保厅提出复核申请。省环保厅收到申请后及时组织调查复核，并在收到申请后 20 个工作日内提出最终核定意见。地表水断面生态补偿工作上、下游地区有关争议事项由省环保厅牵头负责协调、作出认定。

第十条　污染赔付金、生态补偿金应专项用于水污染综合整治、水生态环境保护、监测能力建设等方面，不得挪作他用。

第十一条　各市可参照本办法制定本辖区内的地表水断面生态补偿办法。

第十二条　本办法由省环保厅会同省财政厅负责解释。

第十三条　本办法自 2018 年 1 月 1 日起施行。

浙江 2020 年基本建成省内流域上下游
横向生态补偿机制*

近日，记者从浙江省财政厅获悉，浙江计划到 2020 年基本建成省内流域上下游横向生态补偿机制。

上述目标在《关于建立省内流域上下游横向生态保护补偿机制的实施意见》（以下简称《意见》）中提出。该《意见》由浙江省财政厅等四部门共同出台，旨在成功开展新安江流域上下游横向生态补偿的基础上，调动省内流域上下游地区生态保护积极性。

《意见》指出，浙江从 2018 年起在省内流域上下游县（市、区）探索实施自主协商横向生态保护补偿机制，到 2020 年基本建成。2018 年率先在钱塘江干流、浦阳江流域实施上下游横向生态保护补偿，鼓励其他饮用水水源保护等受益对象明确、双方补偿意愿强烈的相邻县（市、区）同时开展。

《意见》将流域交接断面的水质水量和上下游县（市、区）的用水总量和用水效率作为补偿基准，以交接断面水质自动监测系统数据为考核依据。流域跨界断面水质只能更好、不能更差。

根据《意见》，补偿方式除资金补偿外，流域上下游地区可根据当地实际需求及操作成本，探索开展对口协作、产业转移、人才培训、共建园区等补偿方式。鼓励流域上下游地区开展排污权交易和水权交易。

此外，《意见》还提出，流域上下游地区应当根据流域生态环境现状、保护治理和节约用水成本投入等因素，每年在 500 万～1 000 万元范围内协商确定补偿标准。流域上下游地区应当建立联席会议制度，按照流域水资源统一管理要求，协商推进流域保护与治理，联合查处跨界违法行为，建立重大工程项

---

* 来源：http://finance.ifeng.com/a/20180112/15924167_0.shtml。

生态环境部环境规划院，《生态补偿简报》2018 年 1 月 8 期总第 712 期转载。

目环评共商、环境污染应急联防机制。

据悉，财政部等四部委 2016 年出台的《关于加快建立流域上下游横向生态保护补偿机制的指导意见》指出，到 2020 年，各省（区、市）行政区域内流域上下游横向生态保护补偿机制基本建立。到 2025 年，跨多个省份的流域上下游横向生态保护补偿试点范围进一步扩大。

新安江保护没有"休止符" *

2017 年是新安江生态补偿机制第二轮试点的收官之年。未来，新安江是否延续生态补偿机制、一江清水能否持续？带着这个问题，记者日前走访相关部门。

两轮试点成效如何？

保住了新安江一江清水，试点工作入选全国十大改革案例。

新安江在安徽省是仅次于长江、淮河的第三大水系，也是浙江省最大的入境河流，其中安徽省境内流域面积占 58.8%，覆盖黄山市所有县（区）和宣城市绩溪县，平均出境水量占千岛湖年均入库水量的 60% 以上。

"新安江流域生态补偿机制试点工作由财政部、环保部牵头，皖浙两省从 2012 年起实施了为期 6 年的两轮试点。环保部公布的监测数据显示，这些年新安江流域总体水质为优，是目前全国水质最好的河流之一。"据黄山市新安江流域生态建设保护局局长聂伟平介绍，与首轮试点相比，第二轮试点的资金补助标准提高了，水质考核标准也提高了。目前，第二轮试点的绩效评估正在进行中。环保部环境规划院对首轮试点的绩效评估认为，千岛湖营养状态出现拐点，与新安江上游水质变化趋势保持一致。

---

* 来源：https://www.ah.gov.cn/UserData/DocHtml/1/2018/1/17/9647855478609.html。
生态环境部环境规划院，《生态补偿简报》2018 年 1 月 10 期总第 714 期转载。

为保一江清水，安徽省在 2011 年就把新安江综合治理作为生态强省建设的"一号工程"，把黄山列为全省唯一的四类市进行考核，降低 GDP 考核权重，加大生态环保考核权重。试点 6 年来，黄山市以项目为支撑，突出系列治理和绿色产业，完成投资 120.6 亿元（其中试点补助资金 35.8 亿元），加快实现末端治理向源头控制转变、项目推动向制度保护转变、生态资源向生态资本转变，促进流域产业结构调整和绿色发展，推进山水相济、人文共美的新安江生态经济示范区建设。

据聂伟平介绍，黄山市积极探索四级河长制、农药统一集中配送、严格项目环保准入、建设循环经济园、上下游联防联控、垃圾兑换超市等创新举措，扎实推进退耕还林、网箱退养、河面打捞、农村垃圾污水厕所一体化整治等基础性工程，试点工作在省内外产生良好反响，入选 2015 年中央改革办评选的全国十大改革案例，并写入中央《生态文明体制改革总体方案》。2017 年 7 月，中央第四环境保护督察组向安徽省反馈督察情况时，也充分肯定新安江试点为全国生态补偿工作提供了经验。

补偿机制是否延续？

推进生态环境联防联治，继续合力做好新安江流域生态保护。

新安江第二轮试点于 2017 年底收官。试点结束后国家部委将退出，皖浙两省是否会继续推进新安江流域生态补偿机制？如果继续推进，如何化解资金压力和协调压力？

记者梳理 2017 年下半年皖浙两省主流媒体涉及新安江流域生态补偿机制的相关报道，从中不难捕捉到一些令人振奋的消息。

2017 年 7 月，浙江省党政代表团赴皖考察。在两省经济社会发展座谈会上，皖浙两省主要领导把推进区域生态环境联防共治、推进新安江流域生态补偿试点作为交流合作的重要议题，双方就探索生态环境联合执法、深化新安江流域生态补偿试点、继续合力做好新安江流域生态保护各项工作等方面达成共识。

2017 年 10 月，皖浙两省财政厅主要负责人共同赴黄山市调研，深入新安江沿线实地考察，并就深化新安江上下游生态补偿机制合作进行磋商。两省财政厅主要负责人表示，将共同争取中央财政支持，持续推进生态补偿机制建设，建立新安江全流域环境同治、产业共谋、责权明确的共建共享长效机制，形成新安江流域生态保护的强大合力。

2017 年 10 月，黄山市政府负责人专程带队赴杭州市政府，就推进新安江流域生态补偿机制试点工作进行对接会商。杭州市政府负责人表示，新安江上下游是一个利益共同体，巩固试点成果、推进新安江治理，事关流域可持续发展和人民根本利益，双方要深化生态补偿机制建设，持续加大治理力度，加强产业合作、基础设施互联互通、人才交流等，促进区域一体化发展。"新安江流域生态补偿机制试点本身就是一项开创性探索，初衷就是为了建立一种可复制、可推广的流域性生态补偿长效机制。"黄山市财政局负责人说，任何试点终有结束的时候。目前，新安江试点工作是否延续尚没有明确的消息，但各方都在积极争取，希望能作为一种机制常态化固化下来。

长效机制如何建立？

环境同治、产业共谋、责权明确，建立互利共赢长效机制。

党的十九大报告将"建立市场化、多元化生态补偿机制"作为加大生态系统保护力度的重要举措，而在新安江上下游地区发展不平衡不充分的大背景下审视流域补偿机制，还存在资金来源单一、覆盖面窄、核算简单等问题。

"虽然有中央财政的支持和浙江的生态补偿，新安江上游的保护和发展仍然面临巨大的资金瓶颈。"黄山市财政局负责人说，2016 年 12 月，市里与国家开发银行、国开证券等共同发起新安江绿色发展基金，按照 1∶5 的比例放大，基金首期规模达到 20 亿元，主要投向生态治理和环境保护、绿色产业发展等领域。同时，与国开行达成新安江综合治理融资战略协议，获批贷款 56.5 亿元，申报亚行贷款项目，通过 PPP 模式推进全流域垃圾和污水治理，这些举措旨在发挥基金和政府资金与市场资金间的纽带作用，撬动更多社会资本参与新安江环境保护和生态建设。

在 2017 年 11 月举行的首届新安江绿色发展论坛上，中国工程院院士、环保部环境规划院院长王金南认为，要继续完善和加强新安江流域生态补偿制度顶层设计，引导生态保护补偿由单一性要素补偿向基于区域主体功能定位的综合性补偿转变；进一步健全新安江补偿长效机制，将新安江生态补偿机制常态化固化下来，并创新绿色产业投融资机制，通过上下游共建新安江绿色产业基金、PPP基金、融资贴息等方式，形成社会化、多元化、长效化的保护和发展模式。

"环境共治、产业共谋才是永葆新安江一江清水的根本之策。"聂伟平认为，从2018年起，将探索创新生态补偿合作方式和内容，开展多元化补偿，在资金补偿的基础上，着力推进黄山市与杭州市在产业、人才、文化、旅游等方面的合作，将以往由政府直接投入变为政府投资引导社会资本参与，实现共建共享、互利共赢，推动全流域一体化保护和发展。"保护新安江是上下游群众共同的责任。"聂伟平介绍说，不久前闭幕的黄山市七届人大一次会议审议通过的《政府工作报告》，提出了"深入实施新安江流域综合治理，积极构建市场化、多元化的生态补偿长效机制""落实最严格的环境保护制度和生态环境损害责任终身追究制"，这些都表明黄山市源头保护、系统治理新安江的决心。

谁超标、谁补偿，谁达标、谁受益
扬州试行水环境区域补偿*

自2016年起，扬州市探索建立横向水环境补偿机制，有效巩固了城区"清水活水"成果。为落实地方政府对本辖区水环境质量负责的主体责任，切实改善水环境质量，经市政府同意，从2018年1月开始，在全市范围内试行水环境区域补偿制度，列入监测的河流断面从5个增至21个。近日，

---

* 来源：http://www.ourjiangsu.com/a/20180118/1516263914918.shtml。
生态环境部环境规划院，《生态补偿简报》2018年1月11期总第715期转载。

扬州市环保局召开新闻发布会,对《扬州市水环境区域补偿工作方案(试行)》予以解读。

经济杠杆：倒逼地方政府加强域内河流污染治理

由于水具有流动性,流域生态环境保护和治理需要上下联动,而现行环境管理体制主要是属地监管,不少流域上下游沟通不畅,工作效率不高,严重制约了流域治理效果,也不利于提高财政资金使用绩效。

2015 年,中共中央、国务院《关于加快推进生态文明建设的意见》提出："建立地区间横向生态保护补偿机制,引导生态受益地区与保护地区之间、流域上游与下游之间,通过资金补助、产业转移、人才培训、共建园区等方式实施补偿。"

扬州市 2016 年起探索建立横向水环境补偿机制,出台了《扬州市城区河道水质交接补偿工作方案》,强化各级政府对域内河道水质的责任主体意识,倒逼其加强域内河流治理。

从 2016 年 7 月起,扬州市对 5 个城区河道开展水质交接补偿工作,截至 2017 年 9 月,共产生水质交接补偿资金 2 455.61 万元。通过经济杠杆方式,促进各地区开展水污染防治,在取得明显成效的同时,也积累了丰富的生态补偿经验。

监测断面：从 5 个增至 21 个，全市试行区域补偿

《扬州市水环境区域补偿工作方案(试行)》的制定实施,以"谁超标、谁补偿,谁达标、谁受益"为原则,在全市范围内开展水环境区域补偿工作。

断面考核指标仍然为高锰酸盐指数、氨氮、总磷 3 大项,以扬州市环境保护目标任务书或者 2020 年水质目标为准,但考核断面增加了 4 倍。

2016 年仅针对城区的七里河、新城河、小运河、瘦西湖 4 条河流,其中新城河有两个监测断面。而 2018 年的《方案》共布设断面 21 个,其中广陵区 2 个、邗江区 2.5 个、开发区 2 个、蜀冈—瘦西湖风景名胜区 1.5 个、生态科技新城 2 个、江都区 3 个、高邮市 3 个、宝应县 3 个、仪征市 2 个。

据市环保局污防处处长刘玉林介绍，2018 年的断面设置具有多个特点：首先是全面覆盖、突出重点，既考虑了京杭运河、古运河、长江等重要水体和清水廊道控制断面，又结合城区重要水体、内河控制断面，同时兼顾入湖控制断面。其次是兼顾实际、易于实施，优先选择河流较宽、水量较大、流向相对稳定的河流设立补偿断面。第三是责任明确、便于考核。

补偿方式：补偿标准按"超标倍数×补偿基数"核算

水环境区域补偿如何考核？据刘玉林介绍，采取"正向补偿、反向奖励"的方式，即当补偿断面的水质劣于水质目标时，由断面所在地补偿市财政；当补偿断面水质全年均达标时，由市财政对断面所在地予以奖励，资金来源为各地区缴纳的区域补偿资金。

由市环保局委托有资质的检测机构开展补偿断面水质监测活动，监测频次为每月监测 4 次。补偿资金按月核算，以市环保局组织监测及核定的水质、流向监测结果为依据，当补偿断面水质劣于水质目标时，以各超标考核因子浓度"超标倍数×补偿基数"核算补偿资金。

浓度超标 0.5 倍以下（含 0.5 倍）的，单次补偿基数为 1.25 万元；浓度超标 0.5 倍以上、1 倍以下（含 1 倍）的，单次补偿基数为 2.5 万元；浓度超标 1 倍以上的，单次补偿基数为 5 万元。补偿标准施行期限为 2018 年 1 月 1 日至 12 月 31 日。自 2019 年 1 月 1 日起，单次补偿标准分别调整为 2.5 万元、5 万元、10 万元。

江西 2018 年将安排 2 亿元
用于流域生态补偿*

正在南昌召开的江西"两会"聚焦生态保护。中新网记者获悉，该省 2018 年将安排 2 亿元用于流域生态补偿，主要用于推进国家生态文明试验区建设，引导和支持市县绿色发展、保护生态，打造美丽中国"江西样板"。

江西是长江中下游地区重要水源地，也是为粤港供水的东江流域上游重要水源涵养地。其中，鄱阳湖流域占全省辖区面积的 97%，全省五条主要河流全部汇入鄱阳湖，调蓄后经湖口汇入长江，流域具有完整的生态系统。保护好鄱阳湖"一湖清水"，探索建立流域生态保护机制，对保障长江中下游和东江流域水生态安全具有重要意义。

为调动各地保护生态环境的积极性，2016 年江西在全国率先建立全境流域生态补偿机制，并于当年首期筹集补偿资金 20.91 亿元，分配到各地由各地方政府统筹安排，用于生态保护、水环境治理、森林质量提升、水资源节约保护和与生态文明建设相关的民生工程等。

经过改革实践，江西省成为流域生态补偿覆盖范围最广、贫困地区补偿资金筹集量最大的省份，在实现生态优先、绿色发展、推进生态文明建设方面取得初步成效。

江西省省长刘奇在今年的政府工作报告中提到，2018 年，要加快生态文明制度建设，着力健全生态保护补偿制度体系，推进鄱阳湖湿地生态补偿试点，逐步实现森林、湿地、水流、耕地四个重点领域生态保护补偿全覆盖，探索生态产品价值实现机制。

刘奇强调，要着力完善环保监管制度体系，加快推进省以下环保机构垂直

---

* 来源：http://jx.sina.com.cn/news/b/2018-01-26/detail-ifyqyuhy6580372.shtml。
生态环境部环境规划院，《生态补偿简报》2018 年 1 月 12 期总第 716 期转载。

管理体制改革。着力完善生态文明考核评价制度，严格落实生态环境损害责任追究制度，全面推行领导干部自然资源资产离任审计。

位于江西南部的赣州市是中国南方地区重要的生态屏障，是东江源头和赣江源头。江西省人大代表、赣州市委书记李炳军在"两会"期间表示，赣州会当好生态文明试验区建设排头兵，继续推进山水林田湖生态保护修复、东江源生态补偿、低质低效林改造三大生态工程，设立专门机构加强赣江源头的保护工作，让江西的母亲河青山常在、碧水长流。

粤桂联手治理九洲江
成跨省区流域环境治理典范*

一度威胁到广东湛江市 380 万人口饮水安全、跨越广西和广东两省区的九洲江流域水污染治理取得明显成效。广西壮族自治区政府主席陈武在广西十三届人大一次会议上表示，九洲江污染治理成为跨省区流域环境治理的典范。

广西壮族自治区十三届人大一次会议于 1 月 25 日至 31 日在南宁召开。广西人大代表、陆川县县长刘启 28 日接受中新网记者采访介绍，2017 年九洲江全年达地表Ⅲ类水标准，年均值达到地表Ⅱ类水标准，水质不断趋优。

九洲江发源于广西玉林市陆川县，全长 162 km，流经陆川县、博白县，注入粤桂两省区交界处的鹤地水库，后者是广东湛江市 380 万人口最重要的饮用水水源。受生猪养殖、工业排放污水影响，九洲江水质恶化，影响了下游鹤地水库水质。

2014 年 8 月，广东省政府与广西壮族自治区政府签署《粤桂九洲江流域跨界水环境保护合作协议》，携手治理九洲江。

刘启介绍，九洲江主干流主要在陆川县境内，长度为 81 km。该县最近 4

---

* 来源：http://finance.ifeng.com/a/20180128/15953441_0.shtml。
生态环境部环境规划院，《生态补偿简报》2018 年 1 月 14 期总第 718 期转载。

年共筹措九洲江污染治理资金 10.95 亿元人民币，大力推进养殖、生活、工业、河道"四大"污染治理，全力推进流域内产业转型升级。

目前，陆川县累计清拆养殖场 1 553 家，建成"益生菌+高架网床"生态养殖模式养殖场 306 家，淘汰关停企业 27 家，同时规划建设九洲江环保产业园，调整九洲江流域种植业产业结构，大力发展中药材产业，打造"一江清水蓝，两岸百花艳"。

根据监测，2014—2016 年三年，跨省区考核断面水质年均值均达地表水Ⅲ类标准，2017 年有 5 个月水质达地表水Ⅱ类标准，九洲江水质明显好转。

"九洲江的问题，表现在水里，问题在岸上，根子在产业。"刘启称，目前，九洲江治埋已转向产业转型升级、打造治理升级版的关键阶段。

刘启介绍，下一步，陆川县将建立九洲江流域横向生态补偿长效机制，推进流域内一、二、三产业融合发展。当地还将加快秦镜、石硖、六潘、陆选等生态补水工程建设，确保九洲江枯水期水质得到有效改善。

有业内人士称，九洲江污染治理行动在短短数年内取得显著改观，提供了一个观察中国跨界河流流域治理的现实窗口。

中山：饮用水水源保护区
首次纳入生态补偿体系*

日前，《中山市人民政府关于进一步完善生态补偿工作机制的实施意见》（以下简称《实施意见》）在中山市政府网站发布。作为全省首个探索实施"统筹型"生态补偿政策的地级市，从 2015 年开始，中山将各镇区的公益林和耕地与镇区面积的比例总体考虑，计算生态补偿资金，其中公益林和耕地较少的镇区做出补偿，反之则接受补偿。

---

* 来源：http://news.sina.com.cn/c/2018-02-02/doc-ifyremfz3633203.shtml。
生态环境部环境规划院，《生态补偿简报》2018 年 2 月 2 期总第 720 期转载。

据悉，2015—2017 年，该市每年生态补偿资金投入总额分别是 1.04 亿元、1.41 亿元、1.71 亿元，资金规模连续三年递增，有效地缓解区域发展与生态保护的矛盾。此次《实施意见》将进一步完善该市生态补偿制度，首次将饮用水水源保护区纳入生态补偿体系，并制定了 2018—2022 年耕地、生态公益林及饮用水水源保护区的生态补偿标准。

实施动态评估，逐步扩大生态补偿范围

2016 年，国家和广东省分别出台了《国务院办公厅关于健全生态保护补偿机制的意见》和《广东省人民政府办公厅关于健全生态保护补偿机制的实施意见》，均提出"到 2020 年，实现森林、湿地、荒漠、海洋、水流、耕地重点领域和禁止开发区域、重点生态功能区等重要区域生态保护补偿全覆盖，补偿水平与经济社会发展状况相适应"的目标要求。

在中山市层面，2016 年批准通过了《中山市城市生态控制线划定规划》，该规划第 21 条提出"市政府和各镇（区）需制定生态补偿政策，保障线内受控村组的社会事务管理支出和基本生活生产需要"。

在此背景下，根据动态调整原则，该市生态补偿政策需周期性开展评估，调整后滚动实施，确保生态补偿政策契合区域生态环境保护需求。中山市环境保护局副局长杜敏早前在接受媒体采访时表示，为扩展评估范围和完善补偿体系，在政策制定之初施行了动态评估和滚动实施机制，初期 3 年开展一次，后期 5 年开展一次。评估政策在执行过程中所遇到的问题，需要调整和完善的地方，让政策体系始终处于开放更新的状态。

经过近一年的动态评估，目前技术单位已对现行耕地、生态公益林的生态补偿政策进行优化完善，同时制定饮用水水源生态补偿政策，并编制完成《中山市生态补偿动态评估与调整研究报告》和《关于进一步完善生态补偿机制工作的实施意见（2017 年修订版）》。

因此在最新发布的《实施意见》中，也首次将饮用水水源保护区纳入生态补偿体系，包括全市饮用水水源一、二级保护区。根据规定，饮用水水源保护区生态补偿对象即因饮用水水源保护区划定和管理造成合法权益受损和因履

行饮用水水源保护区属地管理责任付出额外成本的镇区、村（社区）、所在地的单位和个人；2018—2022 年，饮用水水源一、二级保护区生态补偿分别执行 500 元/（a·亩）、250 元/（a·亩）标准。

耕地和生态公益林补偿标准即将"五连增"

"以前守着林地却不能增收，现在每年都有生态补偿金，并且一年比一年多！"作为五桂山桂南村人，根据该村 2017 年生态公益林补偿分配办法，阿峰一家 4 口可以分到 2 440 元的补偿款，这个数字已经连续 3 年保持增长。

而在最新发布的《实施意见》中，耕地和生态公益林补偿标准即将实现"五连增"。《实施意见》显示，2018—2022 年，耕地和生态公益林生态补偿标准与全市经济社会发展状况相适应。2018—2022 年，基本农田生态补偿分别执行 212 元/（a·亩）标准、225 元/（a·亩）标准、239 元/（a·亩）标准、253 元/（a·亩）标准和 268 元/（a·亩）标准，其他耕地生态补偿分别执行 106 元/（a·亩）标准、112 元/（a·亩）标准、119 元/（a·亩）标准、126 元/（a·亩）标准、134 元/（a·亩）标准；生态公益林生态补偿分别执行 127 元/（a·亩）标准、135 元/（a·亩）标准、143 元/（a·亩）标准、152 元/（a·亩）标准、161 元/（a·亩）标准。

据了解，为贯彻实施"谁受益、谁补偿，谁保护、谁受偿"原则，体现生态补偿政策的公平公正属性，在补偿资金的筹集与分配方面，中山市仍然坚持"市财政主导、镇区财政支持"的纵横向结合的生态补偿资金筹集模式。

具体而言，市、镇区两级政府实行均一化生态服务付费，各镇区根据其生态补偿责任上缴生态补偿资金至市财政，纳入市生态补偿专项资金，专门用于全市生态补偿支出。市、镇区生态补偿资金筹集采用基于区域综合平衡的生态补偿资金筹集模式，并按比例分担耕地、生态公益林和饮用水水源保护区生态补偿资金。

对于省级生态公益林和基本农田的生态补偿资金，市财政按照 1∶1 配套省财政生态补偿资金，并填补省财政下发资金中用于竞争性分配及省统筹管理缺口，剩余部分市、镇区财政按照 4∶6 比例分担；对于市级生态公益林、其他耕地、饮用水水源保护区的生态补偿资金，市、镇区财政按照 4：6 比例分担。

其中，火炬开发区自行负担，五桂山由市财政全额负担，镇区应支付生态补偿资金按镇区生态补偿综合责任分配系数核算。

云南省、贵州省、四川省签订赤水河流域横向生态保护补偿协议[*]

近日，财政部、环境保护部等四部委在重庆召开工作会议，启动实施长江经济带生态修复奖励政策，到 2020 年，中央财政拟安排 180 亿元促进形成共抓大保护格局。

受四川省政府主要领导委托，省政府副秘书长黄小平代表四川省与云南、贵州签订了赤水河流域横向生态保护补偿协议，决定四川、贵州、云南三省每年共同出资 2 亿元设立赤水河流域水环境横向补偿资金，作为长江经济带生态修复奖励政策实施后的首个在长江流域多个省份间开展的生态保护补偿试点，中央财政资金将给予重点支持。

环保部副部长赵英民出席会议并作重要讲话。赵英民指出，流域横向生态保护补偿是生态文明体制改革由总体设计图变为具体施工图的具体途径，要充分认识长江经济带生态修复暨生态保护补偿的重要性。赵英民强调，要狠抓落实，强化生态保护补偿的基础能力保障，不断探索市场化、多元化的补偿方式，将生态保护补偿纳入环保督察内容，实现生态保护补偿的固定化和稳定化。

下一步，四川省环境保护厅将联合有关部门，认真贯彻实施好长江经济带生态修复奖励政策，合力推动赤水河流域横向生态保护补偿尽快实施，不断深化试点内容，并继续扩大试点范围，更好地完成生态保护修复目标任务。

---

* 来源：http://www.cfej.net.cn/archives/855。
生态环境部环境规划院，《生态补偿简报》2018 年 2 月 4 期总第 722 期转载。

璧山、江津、永川在全市率先建立璧南河流域横向生态保护补偿机制[*]

2018 年 2 月 1 日，璧山、江津、永川签署了璧南河流域横向生态保护补偿协议，在全市率先建立了河流流域横向生态保护补偿机制，以期加快推进区域内生态文明建设，落实联防联控、联合执法、合力治污机制，实现保护水质、共同发展的目标。

璧南河

➤ 长江左岸支流

➤ 河流总长 91 km

➤ 流域面积 1 058.9 km^2

➤ 主要涉及璧山、江津及永川 3 个区

璧山区副区长万永生介绍，近年来，通过河外截污、河内清淤、外域调水、生态修复等技术手段，璧南河重现碧波清影，取得了明显的生态效益。秀湖公园、观音塘湿地公园，以及以璧南河城区段为骨干的城市河湖型水利风景区，已初步形成。2017 年，璧南河获得首届全国"最美家乡河"荣誉称号。

但是，要想使璧南河永葆"最美"的风貌，则需要河流上下游区县按照全市统一规划共同努力。

➤ 将建立长江流域横向生态保护补偿机制，各区县作为实施流域横向生态保护补偿的责任主体，承担流域生态补偿义务，行使受偿权利。

➤ 补偿机制由流域上下游区县自主协商、自主建立，流域上游的区县承担保护生态环境的责任，同时享有出境断面水质改善带来利益的权利；流域下游区县对上游区县为改善生态环境付出的努力作出补偿，同时享有入境断面水

---

* 来源：http://www.sohu.com/a/221107372_355578。

生态环境部环境规划院，《生态补偿简报》2018 年 2 月 5 期总第 723 期转载。

质恶化的受偿权利。

为此，璧山、江津、永川三区签署了璧南河流域横向生态保护补偿协议，建立流域生态补偿机制，并将在此基础上，积极采取工程、经济、科技等措施，加强合作，增进交流，和谐发展、协力治污，共同维护璧南河流域生态环境安全，确保水环境质量达到水环境功能要求且"只能更好，不能变差"。

四部委共同启动实施长江经济带
生态修复奖励政策*

财政部、环境保护部、发展改革委、水利部日前在重庆市联合召开长江经济带生态保护修复暨推动建立流域横向生态补偿机制工作会议，启动实施长江经济带生态修复奖励政策，促进形成"共抓大保护"格局。发改委范恒山副秘书长出席会议并讲话，他强调，推进长江经济带横向生态保护补偿工作，遵规守律是实现补偿机制科学运转的基础，公平公正是机制有序运转的保障，赏罚分明是机制高效运转的手段，与时俱进是机制持续运转的源泉。

范恒山在讲话中指出，建立长江经济带横向生态保护补偿机制，是贯彻习近平总书记关于长江经济带要共抓大保护的指示的重大举措，是落实长江经济带发展规划纲要和健全生态保护补偿机制的意见的具体行动，是长江经济带共抓大保护制度建设的重要一环。有利于规范各方行为，明确各方责任，平衡利益关系。范恒山同志强调，推进长江经济带横向生态保护补偿工作，遵规守律是实现补偿机制科学运转的基础，公平公正是机制有序运转的保障，赏罚分明是机制高效运转的手段，与时俱进是机制持续运转的源泉。发展改革系统要积极履职尽责，在长江经济带大保护格局中推动生态保护补偿工作，统筹协调做好涉及发展改革系统的各项工作，加强跟踪调研，协调解决长江经济带发展和

---

* 来源：http://www.chinadevelopment.com.cn/fgw/2018/02/1234027.shtml。

生态环境部环境规划院，《生态补偿简报》2018 年 2 月 6 期总第 724 期转载。

横向生态保护补偿机制实施过程中的重大问题，按照职责分工，积极做好配合工作，为加快建设美丽长江、美丽中国而不懈努力。

会上，云南省、贵州省、四川省签订了赤水河流域横向生态保护补偿协议。江苏省无锡市和常州市，浙江省开化县和常山县，重庆市永川区、璧山区和江津区分别签署了跨界水环境横向生态保护补偿协议。

会议强调，目前，长江经济带生态保护补偿工作目标任务已明确，关键在于狠抓落实。一是要提高政治站位，强化组织领导，落实各方责任。各地要把生态补偿实施情况纳入环保督察内容，以环境质量改善目标完成情况作为刚性要求。二是要健全补偿机制，聚焦重点任务，改善环境质量。2018 年，各地环保部门要实施切实可行的硬措施，推动《长江经济带生态环境保护规划》和"水十条"的有效落实，促进流域生态环境质量的全面改善。三是要强化基础工作，严格空间管控，严守生态红线。各省市要系统构建长江经济带的区域生态安全格局，强化"生态保护红线、环境质量底线、资源利用上线、环境准入负面清单"硬约束，积极推进长江经济带战略环评，统筹环境质量与自然生态的关系。同时，要坚持开拓创新，深化机制改革，探索多元化补偿方式，加强体制机制创新，加强补偿方式创新。

开化、常山签订上下游横向生态保护补偿协议*

2018 年 2 月 1 日，在重庆召开的长江经济带生态保护修复暨推动建立流域横向生态补偿机制工作会议上，开化县与常山县正式签订了《钱塘江（上游）流域横向生态保护补偿协议》（以下简称《协议》），这也是浙江省内率先签订上下游横向生态保护补偿协议的两个县。

* 来源：http://news.qz828.com/system/2018/02/06/011455346.shtml。
生态环境部环境规划院，《生态补偿简报》2018 年 2 月 8 期总第 726 期转载。

党的十九大报告中明确指出，要加大生态系统保护力度，建立市场化、多元化生态补偿机制。为此，浙江省在全国率先制定出台了《关于建立省内流域上下游横向生态保护补偿机制的实施意见》，按照要求，该补偿机制将在2020年基本建成，2018年，将率先在钱塘江干流、浦阳江流域实施，鼓励其他饮用水水源保护等受益对象明确、双方补偿意愿强烈的相邻县（市、区）同时开展。

根据《协议》内容，开化县、常山县共同设立钱塘江流域上下游横向生态补偿资金。2018—2020年，开化县、常山县每年各出资800万元。并按照2015—2017年三年建两地交接断面地表水环境自动监测站的监测结果，测算补偿指数（P），若$P \leqslant 1$，下游常山县在800万元以内根据指标情况分段拨付生态补偿资金给上游开化县；若$P > 1$或上游开化县出现重大水污染事故，上游开化县在800万元以内根据指标情况分段拨付生态补偿资金给下游常山县。

"协议签订后，开化和常山就能实现'成本共担、效益共享、合作共治'，这对于维护钱塘江流域上游生态环境安全具有极其重要的意义。"开化县环保局副局长方力介绍，两地经过协商确定以上下游跨界的文图省控断面作为考核监测断面，以高锰酸盐指数、氨氮、总磷、上游县用水总量和用水效率补偿指标作为考核指标，补偿资金也将专项用于钱塘江流域产业结构调整和产业布局优化、流域综合治理、水污染防治、生态环境保护等方面。

近年来，开化持续深入推进"五水共治"工作，不断深化河长制，开展"垃圾革命"，提出"冲刺全省最优水质"的目标，并在全省率先完成了"剿劣"任务。2017年，开化出境水Ⅱ类水质以上占99.2%，同比增加13 d，其中Ⅰ类水天数同比增加94 d，增加25.8个百分点，Ⅲ类水减少13 d，减少3.6百分点，未出现Ⅲ类以下出境水。

芜、马、铜签订协议共同维护长江流域
生态环境安全*

　　为贯彻党中央、国务院关于建立长江经济带生态补偿与保护长效机制的要求，落实以共抓大保护、不搞大开发为导向推动长江经济带发展的决策部署，根据相关法律法规及《长江经济带生态补偿方案》《安徽省人民政府办公厅关于健全生态保护补偿机制的实施意见》《安徽省地表水断面生态补偿暂行办法》精神，日前，芜湖市政府与铜陵市政府、马鞍山市政府签订了《关于长江流域地表水断面生态补偿的协议》。

　　保护长江流域生态环境是上下游各级政府的共同责任，协议的签订将促进三市加强合作、增进交流、和谐发展，共同维护长江流域生态环境安全，积极采取工程、经济、科技等措施，落实对本行政区域水环境质量的管理职责，加强长江流域水环境保护工作，改善流域水环境质量。

天津实施水环境区域补偿办法
奖励治水见效区*

　　2018 年 2 月 7 日，天津市环保局对《天津市水环境区域补偿办法》进行解读，强调生态补偿是用经济手段激励各区治水的环境政策，促进上下游各区

---

* 来源：http://www.xwhrcw.com/n6461.html。
生态环境部环境规划院，《生态补偿简报》2018 年 2 月 9 期总第 727 期转载。
* 来源：http://www.h2o-china.com/news/270630.html。
生态环境部环境规划院，《生态补偿简报》2018 年 2 月 11 期总第 729 期转载。

联防联控解决水污染问题。

"生态补偿是以保护生态环境为目的、以经济手段为主调节相关者利益关系、调动生态保护积极性的一种制度安排，也是一项具有经济激励作用的环境经济政策，核心是环境保护受益者向因环境保护而损失者支付费用。"天津市环保局水处副处长赵文喜说，水环境区域补偿是生态补偿重要领域之一，在流域水环境治理工作中发挥了重要作用，通过下游向上游支付费用，与上游约定治理要求和环境目标，推动上游不断实施水污染防治，保持或改善出境水环境质量。

赵文喜说："水的污染治理涉及上下游和跨行政区，上游水质超标排到下游，对其造成影响一直是水环境管理中的一个难点。拿天津来说，有些区水污染防治工作力度大，但是效果不明显，原因在于上游水污染。上游水质进来的时候就已经超标，即使投入再大的精力和资金也不能实现水环境质量达标。天津市今年投入很大，上游入境来水超标率高，造成投入很多也不见效。针对这种情况，市环保局会同市财政局，积极开展调研。按照'谁污染、谁治理，谁污染、谁付费补偿'的原则，结合本市流域特点及水环境现状，制定了《天津市水环境区域补偿办法》（以下简称《补偿办法》）。"

据介绍，《补偿办法》共 7 条，主要包括适用范围、补偿原则、评价指标方法、奖惩标准等内容。在指标设置上，充分考虑各区流域上下游关系、水环境质量现状和入境河流影响等因素，以水环境质量综合污染指数、同比变化率和出入境浓度比值三项指标作为评价指标，综合评价各区水环境保护工作。在评价方法上，采用综合排名法，先对单项指标进行排名，然后进行三项指标的综合排名，按照综合排名位次，作为核算各区奖惩资金的依据。

全市各区水环境区域补偿经济奖惩标准为排名第 8 位和第 9 位的区不予奖惩；排名第 7 位的区，奖补 20 万元，排名每靠前一位，奖补资金增加 20 万元；排名第 10 位的区，扣减 20 万元，排名每靠后一位，多扣减 20 万元。

《补偿办法》自 2018 年 1 月起，按月进行评价，核定金额、实施奖补，并按月公开奖补情况。

实施水环境区域补偿将有效压实各区水污染防治责任，充分调动各区水污染防治工作的积极性。通过经济奖惩方法，水环境保护落后的区将掏出"真金白银"补偿水环境保护工作好的区，不仅激励了水环境较好的区继续加大投入开展水污染防治，也倒逼水质较差的区加强水污染治理，进而促进上下游各区联防联控解决水污染问题，不断改善本市水环境质量。

《江西省流域生态补偿办法》印发[*]

目前，江西省政府印发《江西省流域生态补偿办法》，按照建立生态补偿长效机制的要求，用标准化方式筹措、因素法公式分配流域生态补偿资金，明确资金筹集标准、分配方法、使用范围、管理职责分工等。

根据办法，江西省主要采取整合国家重点生态功能区转移支付资金和省级专项资金，设立全省流域生态补偿专项资金。实行各级政府共同出资，社会、市场募集资金等方式，并视财力情况逐步增加，努力探索建立科学合理的资金筹集机制。

在保持国家重点生态功能区各县转移支付资金分配基数不变的前提下，采用因素法结合补偿系数对流域生态补偿资金进行两次分配，选取水环境质量、森林生态质量、水资源管理因素，并引入"五河一湖"及东江源头保护区、主体功能区、贫困地区补偿系数，通过对比国家重点生态功能区转移支付结果，采取"就高不就低，模型统一，两次分配"的方式，计算各县（市、区）生态补偿资金。

分配到各县（市、区）的流域生态补偿资金由各县（市、区）政府统筹安排，主要用于生态保护、水环境治理、森林质量提升、森林资源保护、水资源节约保护、生态扶贫和改善民生等。各县（市、区）政府在每年7月底前向省发改委、省财政厅报送本地区上年度流域生态补偿资金使用情况及效果报告。

---

* 来源：http://jxfzb.jxnews.com.cn/system/2018/02/13/016755568.shtml。

生态环境部环境规划院，《生态补偿简报》2018 年 2 月 13 期总第 731 期转载。

对资金使用中出现的重大问题，应当及时专题报告。

江西将对境内鄱阳湖流域等实施生态补偿[*]

江西省近日印发《江西省流域生态补偿办法》（以下简称《办法》）。依据《办法》，江西将对境内鄱阳湖和赣江、抚河、信江、饶河、修河等，以及东江流域等实施生态补偿。

据了解，这是江西为加快推进国家生态文明试验区建设，建立合理的生态补偿机制，加强全省流域水环境治理和生态保护力度，不断提升水环境质量，保障长江中下游水生态安全的新探索。

为落实补偿资金，江西把流域生态补偿与国家生态文明试验区建设、鄱阳湖生态经济区建设、赣南等原中央苏区振兴发展等有机结合。采取中央财政争取一块、省财政安排一块、整合各方面资金一块、设区市与县（市、区）财政筹集一块、社会与市场募集一块的方式筹措流域生态补偿资金。

根据《办法》，江西将在保持国家重点生态功能区各县转移支付资金分配基数不变的前提下，采用因素法结合补偿系数对流域生态补偿资金进行两次分配，并将水质作为主要因素，同时兼顾森林生态保护、水资源管理因素，对水质改善较好、生态保护贡献大、节约用水多的县（市、区）加大补偿力度。

《办法》同时规定，流域范围内所有县（市、区）对促进全省流域可持续发展和水环境质量的改善承担共同责任。综合考虑流域上下游不同地区受益程度、保护责任、经济发展等因素，在资金分配上向连片特困区、"五河一湖"及东江源头保护区等重点生态功能区倾斜，体现共同但有区别的责任。

---

[*] 来源：http://www.gov.cn/xinwen/2018-02/22/content_5268113.htm。
生态环境部环境规划院，《生态补偿简报》2018 年 2 月 16 期总第 734 期转载。

九洲江生态补偿试点任务顺利完成[*]

　　广西玉林市以大力开展中央环保督察问题整改为契机，紧扣"一年打基础、两年见成效、三年水达标、四年保长效"的总目标，累计筹集资金 17.2 亿元用于九州江流域水环境治理，经过 4 年多的努力，2017 年九洲江粤桂两省区跨界考核断面的主要水质指标已全年达到地表水III类标准，顺利完成了九洲江生态补偿试点任务。

　　2016 年以来，为完成中央环保督察整改目标任务，保障九洲江水质持续稳定，玉林市对北豆河、石㶟河、宁潭河、圭地河等九洲江支流禁养区 200 m 范围内的养殖场进行清拆，同时大力推广生态养殖模式。针对重点支流养殖污染情况，该市还大力推广第三方治理试点工作，聘请第三方对河道进行水体修复和治理。通过几方面的工作，石㶟河、圭地河、下㶟河、宁潭河等九洲江主要支流，从原来的Ⅴ类甚至劣Ⅴ类的水质，经过逐步改善，现在主要指标基本上可常年达到III类水标准。

---

* 来源：http://www.tibet.cn/cn/ecology/201802/t20180224_5485103.html。

生态环境部环境规划院，《生态补偿简报》2018 年 2 月 17 期总第 735 期转载。

关于建立健全长江经济带生态补偿与保护长效机制的指导意见*

财预〔2018〕19号

上海、江苏、浙江、安徽、江西、湖北、湖南、重庆、四川、云南、贵州省（直辖市）财政厅（局）：

为全面贯彻落实党的十九大精神，积极发挥财政在国家治理中的基础和重要支柱作用，按照党中央、国务院关于长江经济带生态环境保护的决策部署，推动长江流域生态保护和治理，建立健全长江经济带生态补偿与保护长效机制，制定本意见。

一、总体要求

（一）指导思想

高举中国特色社会主义伟大旗帜，全面贯彻落实党的十九大精神，以习近平新时代中国特色社会主义思想为指导，坚持稳中求进工作总基调，坚持新发展理念，紧扣我国社会主要矛盾变化，按照高质量发展的要求，统筹推进"五位一体"总体布局和协调推进"四个全面"战略布局，牢固树立和践行"绿水青山就是金山银山"的理念，把修复长江生态环境摆在压倒性位置，推动形成"共抓大保护、不搞大开发"的工作格局，强化财政职能作用，加强顶层设计，创新体制机制，促进长江经济带生态环境质量全面改善。

---

* 来源：http://yss.mof.gov.cn/zhengwuxinxi/zhengceguizhang/201802/t20180224_2817575.html。
生态环境部环境规划院，《生态补偿简报》2018年2月18期总第736期转载。

（二）基本原则

生态优先，绿色发展。把长江经济带生态补偿与保护摆在优先位置，强化宏观与系统的保护，加快环境污染治理，加快改善环境质量，推动长江经济带高质量发展，以绿色发展实现人民对美好生活的向往。

统筹兼顾，有序推进。以建立完善全流域、多方位的生态补偿和保护长效体系为目标，优先支持解决严重污染水体、重要水域、重点城镇生态治理等迫切问题，着力提升生态修复能力，逐步发挥山水林田湖草的综合生态效益，构建生态补偿、生态保护和可持续发展之间的良性互动关系。

明确权责，形成合力。中央财政加强长江流域生态补偿与保护制度设计，完善转移支付办法，加大支持力度，建立健全激励引导机制。地方政府要采取有效措施，积极推动建立相邻省份及省内长江流域生态补偿与保护的长效机制。

奖补结合，注重绩效。以生态环境质量改善为核心，根据生态功能类型和重要性实施精准考核，强化资金分配与生态保护成效挂钩机制。让保护环境的地方不吃亏、能受益、更有获得感，充分调动市县级政府加强生态建设的积极性、主动性和创造性，用制度保护生态环境。

（三）目标任务

通过统筹一般性转移支付和相关专项转移支付资金，建立激励引导机制，明显加大对长江经济带生态补偿和保护的财政资金投入力度。到 2020 年，长江流域保护和治理多元化投入机制更加完善，上下联动协同治理的工作格局更加健全，中央对地方、流域上下游间生态补偿效益更加凸显，为长江经济带生态文明建设和区域协调发展提供重要的财力支撑和制度保障。

二、中央财政加大政策支持

（一）增加均衡性转移支付分配的生态权重。中央财政增加生态环保相关因素的分配权重，加大对长江经济带相关省（市）地方政府开展生态保护、污染治理、控制减少排放等带来的财政减收增支的财力补偿，进一步发挥均衡性转移支付对长江经济带生态补偿和保护的促进作用，确保地方政府不因生态保护增加投入或限制开发降低基本公共服务水平。

（二）加大重点生态功能区转移支付对长江经济带的直接补偿。增加重点生态功能区转移支付预算安排，调整重点生态功能区转移支付分配结构，完善县域生态质量考核评价体系，加大对长江经济带的直接生态补偿，重点向禁止开发区、限制开发区和上游地区倾斜，提高长江经济带生态功能重要地区的生态保护和民生改善能力。

（三）实施长江经济带生态保护修复奖励政策。支持流域内上下游邻近省级政府间建立水质保护责任机制，鼓励省级行政区域内建立流域横向生态保护责任机制，引导长江经济带地方政府落实好流域保护和治理任务，对相关工作开展成效显著的省市给予奖励，进一步调动地方政府积极性。

（四）加大专项对长江经济带的支持力度。在支持开展森林资源培育、天然林停伐管护、湿地保护、生态移民搬迁、节能环保等方面，中央财政将结合生态保护任务，通过林业改革发展资金、林业生态保护恢复资金、节能减排补助资金等向长江经济带予以重点倾斜。把实施重大生态修复工程作为推动长江经济带发展项目的优先选项，中央财政将加大对长江经济带防护林体系建设、水土流失及岩溶地区石漠化治理等工程的支持力度。

三、地方财政抓好工作落实

（一）统筹加大生态保护补偿投入力度。省级财政部门要完善省对下均衡性、重点生态功能区等一般性转移支付资金管理办法，不断加大对长江沿岸、径流区及重点水源区域的支持。省以下各级财政部门要加强对涉及生态环保等领域相关专项转移支付资金的管理，引导各责任部门协调政策目标、明确任务职责、统筹管理办法、规范绩效考核，形成合力明显增加对长江经济带生态保护的投入。探索建立长江流域生态保护和治理方面专项转移支付资金整合机制。对相关中央专项转移支付的结转资金，地方可以制定更加严格的资金统筹办法，切实提高财政资金使用效益。

（二）因地制宜突出资金安排重点。省以下各级财政部门要紧密结合本地区的功能定位，集中财力保障长江经济带生态保护的重点任务。水源径流地区要以山水林田湖草为有机整体，重点实施森林和湿地保护修复、脆弱湖泊综合治理和水生物多样性保护工程，增强水源涵养、水土保持、水质修复等生态系统服务功能。排放消耗地区要以工业污染、农业面源污染、城镇污水垃圾处置为重点，构建源头控污、系统截污、全面治污相结合的水环境治理体系。工业化城镇化集中地区要加快产业转型升级，优化水资源配置，强化饮用水水源保护，推动节水型社会建设，满足生态系统完整健康的用水需求。对岸线周边、生态保护红线区及其他环境敏感区域内落后产能排放、整改或搬迁、关停要给予一定政策性资金支持。

（三）健全绩效管理激励约束机制。省级财政部门要积极配合相关部门，推动建立有针对性的生态质量考核及生态文明建设目标评价考核体系，综合反映各地生态环境保护的成效。考核结果与重点生态功能区转移支付及相关专项转移支付资金分配明显挂钩，对考核评价结果优秀的地区增加补助额度；对生态环境质量变差、发生重大环境污染事件、主要污染物排放超标、实行产业准入负面清单不力和生态扶贫工作成效不佳的地区，根据实际情况对转移支付资金予以扣减。

（四）建立流域上下游间生态补偿机制。按照中央引导、自主协商的原则，鼓励相关省（市）建立省内流域上下游之间、不同主体功能区之间的生态补偿机制，在有条件的地区推动开展省（市）际间流域上下游生态补偿试点，推动上中下游协同发展、东中西部互动合作。中央对省级行政区域内建立生态补偿机制的省份，以及流域内邻近省（市）间建立生态补偿机制的省份，给予引导性奖励。同时，对参照中央做法建立省以下生态环保责任共担机制较好的地区，通过转移支付给予适当奖励。

（五）完善财力与生态保护责任相适应的省以下财政体制。省级财政部门要结合环境保护税、资源税等税制改革，充分发挥税收调节机制，科学界定税目，合理制定税率，夯实地方税源基础，形成生态环保的稳定投入机制。推进生态环保领域财政事权和支出责任划分改革，明确省以下流域治理和环保的支出责任分担机制，对跨市县的流域要在市县间合理界定权责关系，充分调动市、县积极性。

（六）充分引导发挥市场作用。各级财政部门要积极推动建立政府引导、市场运作、社会参与的多元化投融资机制，鼓励和引导社会力量积极参与长江经济带生态保护建设。研究实行绿色信贷、环境污染责任保险政策，探索排污权抵押等融资模式，稳定生态环保 PPP 项目收入来源及预期，加大政府购买服务力度，鼓励符合条件的企业和机构参与中长期投资建设。探索推广节能量、流域水环境、湿地、碳排放权交易、排污权交易和水权交易等生态补偿试点经验，推行环境污染第三方治理，吸引和撬动更多社会资本进入生态文明建设领域。

各级财政部门要积极会同相关部门，健全工作机制，完善相关领域配套措施办法。省级财政部门要做好统筹协调，加强对市县财政部门的工作指导。市县财政部门要结合自身实际，明确本地区工作重点，切实抓好落实。要做好信息发布、宣传报道、舆情引导等工作，形成人人关心长江生态保护的良好氛围，有效调动全社会参与生态环境保护的积极性。

财政部

2018 年 2 月 13 日

浙江省财政厅等四部门发布《关于建立省内流域上下游横向生态保护补偿机制的实施意见》*

浙财建〔2017〕184 号

各市、县（市、区）财政局、环保局、发展改革委、水利局（宁波不发）：

为贯彻落实财政部等四部委《关于加快建立流域上下游横向生态保护补偿机制的指导意见》（财建〔2016〕928 号）和《浙江省人民政府办公厅关于建立健全绿色发展财政奖补机制的若干意见》（浙政办发〔2017〕102 号）精神，调动流域上下游地区生态保护积极性，加快建立省内流域上下游横向生态保护补偿机制，推进生态文明体制建设和国家节水行动，现提出以下实施意见。

一、指导思想

全面贯彻落实党的十九大精神，深入贯彻习近平新时代中国特色社会主义思想，以"四个全面"战略布局为统领，以"创新、协调、绿色、开放、共享"五大发展理念为指导，坚定不移走"绿水青山就是金山银山"的绿色发展之路。按照党中央、国务院决策部署，围绕浙江省生态环境现状，强化节水减污理念，以省内流域上下游地区经济社会协调可持续发展为主线，以流域水资源保护和水质改善为主要目标，实施水资源消耗总量和强度双控行动，强化政策引导和沟通协调，充分调动流域上下游地区的积极性，形成"成本共担、效益共享、合作共治"的流域保护和治理长效机制，促进流域生态环境质量改善。

---

* 来源：http://www.zjczt.gov.cn/art/2018/1/9/art_1164176_15019345.html。
生态环境部环境规划院，《生态补偿简报》2018 年 2 月 19 期总第 737 期转载。

二、基本原则

（一）权责对等，合理补偿。流域上游地区应妥善处理经济社会发展与资源节约、环境保护的关系，在发展的过程中充分考虑上下游共同利益，坚持节约用水、保护优先的原则，同时享有水质改善、水量保障带来利益的权利；下游地区应充分尊重上游地区为保护水环境而付出的努力，并在省级相关部门的组织协调下，对上游地区予以合理的资金补偿，同时享有水质恶化、上游过度用水的受偿权利。

（二）市县为主，省级引导。流域上下游县（市、区）政府作为责任主体，通过自主协商，建立"环境责任协议制度"，通过签订协议明确各自的责任和义务。省级相关部门作为第三方，对生态保护补偿政策实施给予指导，并对协议履行情况实施监管，同时对重点流域的横向生态保护补偿给予引导支持，推动建立长效机制。

（三）分年实施，全面推广。根据建立健全绿色发展财政奖补机制的若干意见，从 2018 年起，在省内流域上下游县（市、区）探索实施自主协商横向生态保护补偿机制，到 2020 年基本建成。2018 年率先在钱塘江干流、浦阳江流域实施上下游横向生态保护补偿，相关县（市、区，具体名单详见附件）在 2018 年 9 月底前签订补偿协议，并报省级相关部门备案。鼓励其他饮用水水源保护等受益对象明确、双方补偿意愿强烈的相邻县（市、区）同时开展。

三、主要内容

（一）明确补偿基准。将流域交接断面的水质水量和上游县（市、区）的用水总量和用水效率作为补偿基准，以浙江省交接断面水质自动监测系统数据为考核依据。流域跨界断面水质只能更好、不能更差，国家或省里已确定断面水质目标的，补偿基准应高于国家或省里要求；上游县（市、区）用水总量和用水效率应优于省、市下达的水资源消耗双控指标。各地可选取高锰酸盐指数、氨氮、总氮、总磷以及用水总量、用水效率、流量、泥沙等监测指标，也可根据实际情况，选取其中部分指标，以签订补偿协议前 3 年平均值作为补偿基准，具体由流域上下游地区双方自主协商确定。

（二）科学选择补偿方式。除资金补偿外，流域上下游地区可根据当地实际需求及操作成本，探索开展对口协作、产业转移、人才培训、共建园区等补偿方式。鼓励流域上下游地区开展排污权交易和水权交易。

（三）合理确定补偿标准。流域上下游地区应当根据流域生态环境现状、保护治理和节约用水成本投入、水质改善的收益、下游支付能力、下泄水量保障等因素，每年在 500 万～1 000 万元范围内协商确定。

（四）建立联防共治机制。流域上下游地区应当建立联席会议制度，按照流域水资源统一管理要求，协商推进流域保护与治理，联合查处跨界违法行为，建立重大工程项目环评共商、环境污染应急联防机制。流域上游地区应有效开展节约用水、农村环境综合整治、水源涵养建设和水土流失防治，加强工业点源污染防治，实施河道清淤、疏浚等工程措施。流域下游地区也应当积极推动本行政区域内的生态环境保护治理和节约用水，并对上游地区开展的流域保护治理和节约用水工作、补偿资金使用等进行监督。

（五）签订补偿协议。上述补偿基准、补偿方式、补偿标准、联防共治机制等，应通过流域上下游县（市、区）政府签订具有约束力的协议等方式进行明确。

（六）省级资金引导。对达成协议的流域地区，省财政通过水质考核奖惩、"绿色指数"给予引导支持，鼓励早建机制。

四、组织实施

（一）做好工作指导。省财政厅会同省环保厅、省发展改革委和省水利厅等部门强化对流域上下游横向生态保护补偿机制建设的业务指导，加强监督考核，及时跟踪机制建设情况，积极协调出现的新问题，不断丰富和完善补偿机制内容，确保工作有序开展。省环保厅、省发展改革委和省水利厅等部门负责开展浙江省流域环境保护和治理、流域相关规划编制、水质水量监测、用水总量和效率统计、节约用水、水源涵养建设等工作。

（二）加强组织实施。各市要明确工作任务及时间表，积极推动本行政区域内流域上下游地方政府尽快达成横向生态保护补偿协议。对跨市域的流域，加强与上下游地方政府的协调沟通，探索适合本流域实际的补偿模式。各地财政、环保、发展改革、水利部门按照各自职责，做好相应工作。

（三）完善绩效考核。对纳入横向生态保护补偿机制的流域地区，省级财政部门将会同有关部门对相关地区流域上下游横向生态保护补偿工作开展情况进行绩效评估，其结果将作为省级奖励资金的重要依据。

附件：2018 年实施省内流域上下游横向生态保护补偿市县名单

2018 年实施省内流域上下游横向生态保护补偿市县名单

一、钱塘江流域干流

开化县（上游）、常山县（下游）

常山县（上游）、衢州市（下游）

衢州市（上游）、龙游县（下游）

龙游县（上游）、兰溪市（下游）

兰溪市（上游）、建德市（下游）

建德市（上游）、桐庐县（下游）

桐庐县（上游）、富阳区（下游）

二、浦阳江流域

浦江县（上游）、诸暨市（下游）

诸暨市（上游）、萧山区（下游）

浙江省财政厅　　浙江省环境保护厅

浙江省发展和改革委员会　　浙江省水利厅

2017 年 12 月 22 日

《关于建立浙江省流域上下游横向生态保护补偿机制的实施意见》政策解读*

根据《浙江省人民政府办公厅关于做好行政规范性文件政策解读工作的通知》要求，现就省财政厅等四部门联合制定的《关于建立我省流域上下游横向生态保护补偿机制的实施意见》（以下简称《实施意见》）有关政策解读如下：

一、制定背景

《财政部等四部委关于加快建立流域上下游横向生态保护补偿机制的指导意见》（财建〔2016〕928 号）明确"开展横向生态保护补偿，是调动流域上下游地区积极性，共同推进生态环境保护和治理的重要手段，是健全生态保护补偿机制的重要内容"，同时要求"到 2020 年，各省（区、市）行政区域内流域上下游横向生态保护补偿机制基本建立"。

《浙江省人民政府办公厅关于建立健全绿色发展财政奖补机制的若干意见》（浙政办发〔2017〕102 号）也明确要求"建立省内流域上下游横向生态保护补偿机制。从 2018 年起，在省内流域上下游县（市、区）探索实施自主协商横向生态保护补偿机制，到 2020 年基本建成"。

为贯彻落实上述文件精神，调动流域上下游地区生态保护积极性，加快建立浙江省流域上下游横向生态保护补偿机制，推进生态文明体制建设，我们起草了本《实施意见》。从 2018 年起，在省内流域上下游县（市、区）探索实施自主协商横向生态保护补偿机制，到 2020 年基本建成。2018 年率先在钱塘江干流、浦阳江流域实施上下游横向生态保护补偿，鼓励其他饮用水水源保护等受益对象明确、双方补偿意愿强烈的相邻县（市、区）同时开展。

---

* 来源：http://jc.hb114.cc/newsInfo_199584.html。

生态环境部环境规划院，《生态补偿简报》2018 年 2 月 20 期总第 738 期转载。

二、主要内容

《实施意见》分为四个部分：

1. 第一部分是指导思想，主要内容是：全面贯彻落实党的十九大精神，深入贯彻习近平新时代中国特色社会主义思想，以"四个全面"战略布局为统领，以"创新、协调、绿色、开放、共享"五大发展理念为指导，坚定不移走"绿水青山就是金山银山"的绿色发展之路。按照党中央、国务院决策部署，围绕浙江省生态环境现状，强化节水减污理念，以省内流域上下游地区经济社会协调可持续发展为主线，以流域水资源保护和水质改善为主要目标，实施水资源消费总量和强度双控行动，强化政策引导和沟通协调，充分调动流域上下游地区的积极性，形成"成本共担、效益共享、合作共治"的流域保护和治理长效机制，促进流域生态环境质量改善。

2. 第二部分是基本原则，主要有三条原则：一是权责对等，合理补偿；二是地方为主，省级引导；三是分年实施，全面推广。

3. 第三部分是主要内容，主要有六个方面：一是明确补偿基准。将流域交接断面的水质水量和上下游县（市、区）的用水总量和用水效率作为补偿基准，以浙江省交接断面水质自动监测系统数据为考核依据。二是科学选择补偿方式。流域上下游地区可根据当地实际需求及操作成本，除资金补偿外，可探索开展对口协作、产业转移、人才培训、共建园区等补偿方式。三是合理确定补偿标准。流域上下游地区应当根据流域生态环境现状、保护治理和节约用水成本投入、水质改善的收益、下游支付能力、下泄水量保障等因素，每年在500 万～1 000 万元范围内协商确定。四是建立联防共治机制。流域上下游地区应当建立联席会议制度，按照流域水资源统一管理要求，协商推进流域保护与治理，联合查处跨界违法行为，建立重大工程项目环评共商、环境污染应急联防机制。五是签订补偿协议。补偿基准、补偿方式、补偿标准、联防共治机制等，应通过流域上下游地方政府签订具有约束力的协议等方式进行明确。六是省级资金引导。对达成协议的流域地区，省财政通过水质考核奖惩、"绿色指数"给予引导支持，鼓励早建机制。

4. 第四部分是组织实施，主要有三项内容：一是做好工作指导，省级部门强化对流域上下游横向生态保护补偿机制建设的业务指导；二是加强组织实施，各市要明确工作任务及时间表，积极推动本行政区域内流域上下游地方政府尽快达成横向生态保护补偿协议；三是完善绩效考核，对纳入横向生态保护补偿机制的流域地区，省级财政部门将会同有关部门对相关地区流域上下游横向生态保护补偿工作开展情况进行绩效评估。

三、《实施意见》制定依据

1. 《财政部等四部委关于加快建立流域上下游横向生态保护补偿机制的指导意见》（财建〔2016〕928 号）；

2. 《浙江省人民政府办公厅关于建立健全绿色发展财政奖补机制的若干意见》（浙政办发〔2017〕102 号）。

四、解读机关和联系方式

《实施意见》由省财政厅、省环保厅、省发展改革委、省水利厅负责解读，具体联系处室为省财政厅经建处，联系电话：0571-87058454；省环保厅规财处，联系电话：0571-28869105；省发展改革委地区处，联系电话：0571-87059390；省水利厅水资源水保处，联系电话：0571-87826635。

江西流域生态补偿资金 3 年超 75 亿元*

记者从江西省发改委最新获悉，流域生态补偿覆盖范围全国最广的江西省，2018 年将再筹集超过 28.9 亿元实施补偿，至此，江西 3 年流域生态补偿资金规模将超过 75 亿元。

---

* 来源：http://www.gov.cn/xinwen/2018-03/03/content_5270397.htm。
生态环境部环境规划院，《生态补偿简报》2018 年 3 月 1 期总第 739 期转载。

2016 年起，江西在全省 100 个县市区全面推开流域生态补偿，鄱阳湖和赣江、抚河、信江、饶河、修河等五大河流以及长江九江段和东江流域等全部纳入补偿范围。2016 年、2017 年两年共投入流域生态补偿资金 47.81 亿元。

为加快推进国家生态文明试验区建设，今年江西省级又新增安排流域生态补偿资金 2 亿元，并将 2015 年及以后年度中央新增安排给江西省的国家重点生态功能区转移支付资金纳入筹资范围，资金规模总计超过 28.9 亿元。

江西省日前印发《江西省流域生态补偿办法》，强调严格资金监管，强化跟踪问效，各地每年 7 月底向省发改委、省财政厅报送资金使用及效果情况，对资金使用中发现的重大问题要专题报告，并建立监督检查、审计检查制度。

刘志仁：国家应建三江源流域生态补偿机制[*]

全国人大代表、湖南郴州市人民政府市长刘志仁 11 日在接受中国网记者专访时表示，国家应建立湘江、赣江、珠江"三江源"流域生态补偿机制。调动各方积极性，切实加大"三江源"生态系统保护力度，统筹山水林田湖草系统治理，率先实现生态环境根本好转，确保三江清水绵延后世。

刘志仁说，"三江源"在行政区划上涵盖湖南郴州的资兴市、汝城县、桂东县、宜章县、临武县等 11 个县市区，以及江西吉安的遂川县、赣州的崇义县和广东韶关的乐昌市等，国土面积约 2.6 万 km^2，人口约 600 万，这里既是革命老区，又是贫困山区，经济基础薄弱，发展与保护矛盾突出。亟须建立健全公正公平的生态补偿机制。

"三江源"生态安全战略地位突出。"三江源"作为长江流域和珠江流域的分水岭，在中国主体功能区区划中，属于国家重点生态功能区中的南岭山地森林及生物多样性生态功能区，森林覆盖率高达 75%，郴州市生态保护红线面

---

[*] 来源：http://www.h2o-china.com/news/271741.html。
生态环境部环境规划院，《生态补偿简报》2018 年 3 月 2 期总第 740 期转载。

积 4 492 km², 占国土面积的 23.17%（其中桂东县占比最高，达 49.32%）。同时，"三江源"每年给湘江贡献了超过 120 亿 m³ 的水量，给赣江贡献了超过 8 亿 m³ 的水量，给珠江贡献了约 32 亿 m³ 的水量，尤其是区域内的东江湖库容达到 97.4 亿 m³，相当于半个洞庭湖，水库出水长期稳定在 I 类水水质，是长株潭城市群的战略水源地和长江流域防洪抗旱的调蓄池。

近年来，"三江源"生态环境保护形势严峻。部分区域山洪等自然灾害多发，矿山生态破坏未得到根本遏制，水土流失加剧，环境保护基础设施不完善，水污染问题突出，生物多样性降低，生态系统服务功能受损。同时，"三江源"区域发展方式较为粗放，绿色发展格局尚未形成，生态优势难以转化为经济优势，区域经济社会发展明显滞后于周边地区，湖南省在地方财力薄弱前提下实施了湘流域生态补偿（水质水量奖罚）的考核等工作，现有生态补偿杯水车薪，难以保障生态环境保护的持续足额投入。

刘志仁说，国家应建立"三江源"生态补偿机制。

一是推进"三江源"流域生态的顶层设计。建议把"三江源"整体纳入国家重点流域水资源生态补偿和山水林田湖草生态修复工程试点，由中央相关部门牵头，协调湘、粤、赣三省制定《"三江源"生态补偿试点方案》，明确各区域生态补偿的具体责任与标准、办法、措施，强化可操作性，共同推进区域生态环境保护。

二是加大对"三江源"生态补偿的财政转移支付和政策扶持力度。建议中央财政设立"三江源"流域生态补偿专户，加大对流域内国家重点生态功能区转移支付的支持力度，建立科学合理补偿机制，对因保护生态环境造成地方财政减收、发展受限、生活受损的，加大补偿权重，增强各地对流域水生态环境的保护能力。

设立生态补偿基金，建议由中央财政出资一部分，协调湘、粤、赣三省财政出资一部分，建立"三江源"流域生态补偿资金，通过项目支持、合作开发、信贷担保贴息等方式进行生态补偿。建议不断完善流域资源有偿使用税费征收管理制度，细化水资源有偿使用费、风景名胜资源保护费等的收缴比例纳入生态补偿基金，探索建立生态环境财政奖惩制度。

三是建立"三江源"流域生态补偿的区域协调机制。建议成立国家"三江源"流域生态保护协调机构，每年至少召开一次工作协调会议，由中央相关部委牵头，协调湘、粤、赣三省对"三江源"流域生态环境保护与生态补偿的有关事宜，并成立湘、粤、赣三省"三江源"流域生态保护协调机构，加强流域生态保护、污染防治跨省联防联控协作。

周潮洪代表：建议实施生态补偿机制
加快推进南水北调东线建设*

2018 年全国"两会"正在北京召开。"两会"期间，津云新媒体邀请到了全国人大代表、天津市水务局副总工程师周潮洪做客设在北京的演播室，围绕水源保护和水污染治理等问题展开讨论。

"今年政府工作报告着重提了生态环境，'五年来，生态环境状况逐步好转'，并提出'2018 年将推进污染防治取得更大成效'，将深入推进水污染防治，实施重点流域和海域综合治理，全面整治黑臭水体，加大污水处理设施建设力度……"周潮洪代表说，这些体现了政府对水利工作、对水污染防治的高度重视，作为水利人觉得非常振奋，也觉得责任重大。这些事情都要靠我们一件一件去做。

2018 年"两会"周潮洪代表带来两个建议，"关于加快南水北调东线二期工程的实施"和"关于通武廊地区水资源水环境的协同治理"。

"京津冀地区是水资源非常紧缺的区域，特别是天津，生产生活用水全部靠外调水源。天津目前有引滦水、南水北调中线水，两个水源也存在风险。引滦上游存在污染，南水北调中线的水走了 1 000 km，中途也会有不可预见的风险，所以天津需要第三种水源保障供水安全。"周潮洪代表说，南水北调东线

---

* 来源：https://baijiahao.baidu.com/s？id=1595434613960207844&wfr=spider&for=pc&sa=vs_ob_realtime。
生态环境部环境规划院，《生态补偿简报》2018 年 3 月 9 期总第 747 期转载。

工程是从长江下游引水，一期工程已经通水到山东黄河边上了，建议尽快实施二期工程，三个水源保障天津市的供水安全。

周潮洪代表针对京津冀水污染治理提出建议，她说："通武廊地区是京津冀三地的交界处，目前水污染比较严重，个别企业存在偷排污水的情况，上游水受到污染流到天津，也导致天津水污染。希望在通武廊地区建立水污染、水环境联防联控机制，统一标准，实现信息共享，共同治理突发水污染事件。另外，建议实施生态补偿机制，如果上游水合格，下游给上游补偿，如果上游水污染，上游给下游补偿，上下游互相协作共同治理。此外，建议成立京津冀水污染协同治理基金，用于三地水污染治理以及突发事件的处理。"

周潮洪一直关注引滦水上游污染的问题，为了撰写"加强引滦水源保护的建议"，她连续四天深入到蓟州、迁西、遵化的农户家中，倾听他们的心声。"我们去的时候，蓟州区要求清理于桥水库周边的鱼池，农户正用推土机把鱼池填平。他们说，'我们支持政府的决定，为了天津的大水缸，做出自己的贡献，积极配合。'对于以后的生计，他们说，'政府有生态补偿，资金已经到位，很高兴，可以做别的事情，唯一担心的就是养老问题。'而在迁西、遵化的上游潘家口和大黑汀水库附近的农户家里，他们非常支持政府决定，但是担心孩子上学、养老问题。这让我很感动，百姓的要求并不高，所以我建议建立横向补偿机制，解决他们的后顾之忧。"

2017年，天津市与河北省签订了《关于引滦入津上下游横向生态补偿的协议》，财政部、天津市、河北省共同出资，用于潘家口和大黑汀的网箱养鱼清理，截至2017年6月已经全部清理完毕，横向补偿机制对推动环境改善非常有利。"既要让人民喝上放心水，又要让农民致富。今年政府工作报告中提出'推行生态环境损害赔偿制度，完善生态补偿机制'，政府在生态补偿方面下的力度很大，我觉得，不仅是财政资金的补偿，应该是全方位的补偿，从医疗、教育、培训、就业等方面提高他们的生活质量。"周潮洪代表说。

关于"河长制"，周潮洪代表表示："天津是全国第一批试点城市，建立市、区、镇、村四级河长制，鼓励河长亲自巡河。'河长制'实施以来，凡是纳入河长制的河道，劣V类水质下降了11%，效果非常明显。下一步要开展全市范围内河、湖水环境大普查，通过发现问题，建立问题清单、责任清单、解决措施、效果清单，使全市水环境面貌得到改善。"

对于湿地保护，周潮洪代表表示："天津为了保护湿地，出台了《天津市湿地保护条例》，做了'1+4'的规划，即天津市总体规划和 4 大湿地的专项规划，四大湿地是指大黄堡湿地、七里海湿地、黄庄洼湿地、北大港湿地。现在湿地保护取得了一定成绩，鸟类增加了很多，珍稀鸟类东方白鹳等也飞到这里。但是，湿地面临水资源不足、缺水、退化等问题，需要给湿地补充水源。2017年给 4 大湿地补充 2.26 亿 m^3。下一步将建立一些补水工程。"

川滇黔三省设立赤水河生态补偿资金*

为加强赤水河流域生态环境保护，贵州省、四川省、云南省共同出资 2 亿元设立赤水河流域水环境横向补偿资金，三省将依据考核断面水质达标等情况，获取相应的生态补偿资金。

记者从日前召开的赤水河流域跨省生态补偿工作推进会上了解到，云南、贵州、四川出资比例为 1∶5∶4，补偿资金分配比例为 3∶4∶3。生态补偿目标是保持赤水河流域水质稳定、不恶化。其中，清水铺、鲢鱼溪等干流国控断面水质年均值达到Ⅱ类标准。

根据协议，三省将依据各段补偿权重及考核断面水质达标情况，分段清算生态补偿资金。例如，若赤水河清水铺断面水质部分达标或完全未达标，云南省扣减相应资金拨付给贵州省和四川省，两省分配比例均为 50%；若鲢鱼溪断面部分达标或完全未达标，贵州省扣减相应资金拨付给四川省；茅台镇上游新增断面水质考核部分达标或完全未达标，贵州省和四川省各承担 50%的资金扣减任务。

---

* 来源：http://www.ce.cn/xwzx/gnsz/gdxw/201803/25/t20180325_28596976.shtml。
生态环境部环境规划院，《生态补偿简报》2018 年 3 月 10 期总第 748 期转载。

此次生态补偿范围为川滇黔三省的赤水河流域，补偿实施年限暂定为2018—2020年。水质考核监测指标为《地表水环境质量标准》（GB 3838—2002）表1中的高锰酸盐指数、氨氮、总磷等3项指标。考核依据将以中国环境监测总站组织的采测分离、自动监测站或者相关省份联合监测数据结果为准。

水质对赌"赢" 250 万元　阜阳做对了什么[*]

近日，安徽省环保厅会同省财政厅向各市人民政府通报2018年1月安徽省地表水断面生态结果，因断面水质改善，阜阳市获得生态补偿250万元，为全省最多。曾几何时，作为人口大市的阜阳为"水"所累，中清河、一道河等城市内河河道堵塞，黑臭不堪。从水质"老大难"到对赌夺魁，阜阳做对了什么？

今年初，《安徽省地表水断面生态补偿暂行办法》正式落地，全省建立了以市级横向补偿为主、省级纵向补偿为辅的地表水断面生态补偿机制。

对赌的规则很简单："谁超标、谁赔付，谁受益、谁补偿"。污染赔付标准为：断面水质某个污染赔付因子监测数值超过标准限值0.5倍以内，责任市赔付50万元，超标倍数每递增0.5倍以内，污染赔付金额增加50万元；生态补偿标准为：月度断面水质优于年度目标1个类别的，责任市每次获得50万元生态补偿金；优于年度目标2个类别以上的，责任市每次获得100万元生态补偿金。

经计算，1月份，全省121个地表水生态补偿断面中，水质超标的断面共22个，需要支付污染赔付金合计2 250万元。水质提升的断面共26个，获得生态补偿金合计1 550万元。在全省16个地市中，因断面水质改善获得补偿最多的是阜阳市，收入250万元。

---

* 来源：http://ah.people.com.cn/GB/n2/2018/0331/c358266-31408395.html。

生态环境部环境规划院，《生态补偿简报》2018年4月2期总第751期转载。

日前，记者来到阜阳市中清河中段，小桥下的河流清冽，两岸生态护坡和景观绿地俨然公园，撑船经过的环卫工不时捞起河里的生活垃圾。难以想象，仅在一年前，这里是典型的黑臭水体，水质连劣Ⅴ类都达不到。

北京东方园林公司执行经理、项目艺术总监王传东介绍，中清河黑臭水体治理项目，已纳入阜城水系综合整治PPP项目范围，是阜城去年治理初见成效的14条黑臭水体之一。此外，淮河路以北至南城河的部分，黑臭水体的治理，已经纳入中清河游园项目之中，正在进行；淮河路以南至润河路这一段，已经于2018年1月完工；润河路以南的部分，计划2018年继续实施整治工作，达到长治久清的治理目标。

数据显示，2018年1月，阜阳市地表水15个监测断面（点位）中，水质为Ⅰ～Ⅲ类的6个，占40%；Ⅳ～Ⅴ类的9个，占60%。阜阳总体水质状况为轻度污染。

阜阳市环保局相关负责人介绍，近年来阜阳市以水环境质量持续改善为目标，紧扣水污染防治工作重点，多措并举，分类推进，水污染防治取得积极成效。截至目前，全市已建成投运污水处理厂12座，设计处理能力达50万t/d，涵盖市区、市经开区、阜合现代产业园区及所辖4县1市。另外，积极开展农村环境综合整治工作，推进生态文明建设，经过治理，农村环境脏、乱、差局面得到改善，生态与居住环境不断优化。

2017年阜阳继续围绕"水"做文章，结合黑臭水体治理，对阜城205 km²流域范围内的45条城市内河进行统一整治，内容包括沿河截污、清淤疏浚、河道拓宽等工程，花费约132亿元。"整治黑臭水体只是开始，项目建成后，将形成'一湖两河凭古韵、三片六脉兴颍州'的总体水系格局和'水清、岸绿、景美、游畅'的淮上水乡新景观。"该负责人说。

新安江生态补偿试点亮出"成绩单"*

4 月 12 日，由环保部环境规划院编制的《新安江流域上下游横向生态补偿试点绩效评估报告（2012—2017 年）》通过专家评审。该报告显示，根据皖、浙两省联合监测数据，2012—2017 年，新安江上游流域总体水质为优，千岛湖湖体水质总体稳定保持为Ⅰ类，营养状态指数由中营养变为贫营养，与新安江上游水质变化趋势保持一致。

评审专家组认为，新安江流域生态补偿机制试点以来，上下游坚持实行最严格生态环境保护制度，倒逼发展质量不断提升，实现了环境效益、经济效益、社会效益多赢。

新安江是全国首个跨省流域生态补偿机制试点，中央财政及皖浙两省共计拨付补偿资金 39.5 亿元。试点实施以来，上下游建立联席会议、联合监测、汛期联合打捞、应急联动、流域沿线污染企业联合执法等跨省污染防治区域联动机制，统筹推进全流域联防联控。其中，上游黄山市以试点为契机，推进新安江流域综合治理，投入资金 120.6 亿元，实施农村面源污染、城镇污水和垃圾处理、工业点源污染整治、生态修复工程、能力建设等项目 225 个，并与国开行、国开证券等共同发起新安江绿色发展基金，促进产业转型和生态经济发展。

---

* 来源：http://m.xinhuanet.com/ah/2018-04/14/c_1122681160.htm。
生态环境部环境规划院，《生态补偿简报》2018 年 4 月 8 期总第 757 期转载。

江西筹集专项资金开展流域生态补偿*

为加快推进江西省国家生态文明试验区建设，建立合理的生态补偿机制，日前，江西省政府出台《江西省流域生态补偿办法》，对鄱阳湖和赣江、抚河、信江、饶河、修河等五大河流，以及长江九江段和东江流域等实行境内流域生态补偿，涉及全省范围内的 100 个县（市、区）。

江西省要求，整合国家重点生态功能区转移支付资金和省级专项资金，设立全省流域生态补偿专项资金。采取中央财政争取一块、省财政安排一块、整合各方面资金一块、设区市与县（市、区）财政筹集一块、社会与市场募集一块的"五个一块"方式筹措流域生态补偿资金。

江西省把流域生态补偿与国家生态文明试验区建设、鄱阳湖生态经济区建设、赣南等原中央苏区振兴发展等战略有机结合。流域范围内所有县（市、区）对促进全省流域可持续发展和水环境质量的改善承担共同责任，综合考虑流域上下游不同地区受益程度、保护责任、经济发展等因素，在资金分配上向连片特困区、"五河一湖"及东江源头保护区等重点生态功能区倾斜，体现共同但有区别的责任。

江西省强调，分配到各县（市、区）的流域生态补偿资金由各县（市、区）政府统筹安排，主要用于生态保护、水环境治理、森林质量提升、森林资源保护、水资源节约保护、生态扶贫和改善民生等。各县（市、区）政府要规范补偿资金使用管理，切实将补偿资金用于保护生态环境和改善民生，做好资金绩效管理相关工作。

据悉，2015 年 11 月，江西省率先制定出台了《江西省流域生态补偿办法（试行）》。两年多来，江西省共筹集、分配流域生态补偿资金 47.81 亿元，提

---

* 来源：http://finance.sina.com.cn/roll/2018-04-13/doc-ifyteqtq9343828.shtml。
生态环境部环境规划院，《生态补偿简报》2018 年 4 月 11 期总第 760 期转载。

升了全省生态保护水平。

扬州治水用上经济杠杆[*]

烟花三月下扬州。来到江苏省扬州市杭集镇，穿镇而过的小运河岸清水绿、风景怡人。

这是生态科技新城内的主要河流，流向扬州市廖家沟饮用水水源，是许多当地居民的"母亲河"。然而，多年前镇上企业林立、人口密集，治污设施的建设赶不上城镇发展速度，生活污水和企业用水排入河中，导致小运河水质超标。河水黑臭，居民们不得不掩鼻而行。

转折发生在 2016 年。当年 5 月，扬州市对 5 个城区河道开展水质交接补偿工作，通过经济杠杆引导当地政府加大治水力度。经核算，一年时间内，小运河断面所在的生态新城共产生补偿资金 243.69 万元。这可不是一笔小费用！水质交接补偿办法启动不久，当地政府即申请工程治理，开始了整治工作。

"整治黑臭河道最关键的就是控源截污，把流入小运河及其支流的污水控制住。同时，水一定要活起来，不仅阻水桥、阻水涵要拆掉，一些占河道的违章建设也要全部清理，还要在生态护坡和框式挡墙种上植物，净化水质。"杭集镇政府副镇长赵洪波介绍，河道治理完成后，按照河长制要求，加强河道管护，打造全生态的河道。

2016 年年底，小运河整治一期完成，整个工程耗资 6 000 多万元。不过，整治工作远远没有结束。

2017 年年初，交接补偿工作被列为扬州当年改革目标，扩大到全市域。10 月，《扬州市水环境区域补偿工作方案》（以下简称《方案》）形成，并于 2018 年 1 月 4 日正式实施。根据《方案》，补偿采取"正向补偿、反向奖励"方式，

---

* 来源：http://paper.people.com.cn/rmrb/html/2018-04/14/nw.D110000renmrb_20180414_4-10.htm。
生态环境部环境规划院，《生态补偿简报》2018 年 4 月 13 期总第 762 期转载。

即当补偿断面的水质劣于水质目标时，由断面所在地补偿市财政；当补偿断面水质全年均达标时，由市财政对断面所在地予以奖励，资金来源为各地区缴纳的区域补偿资金。

具体来说，《方案》共布设断面 21 个，以扬州市环境保护目标任务书或者 2020 年水质目标为基准，考核高锰酸盐指数、氨氮、总磷 3 项指标。市里还对如何补偿出台了细则。

"按照财政相关要求，高邮、宝应、仪征等各地财政是分开的，也就是说高邮的钱不能直接支付给宝应，宝应的钱也不能直接支付给高邮。"扬州市环保局污防处处长刘玉林介绍，如今，如果宝应的一个断面超标了，当地就把补偿资金交给扬州市财政，扬州市财政把钱一部分用于奖励，一部分以水污染治理项目方式反哺给宝应，推动改善水环境质量。通过这样收缴与奖励的方式，实现了水环境区域双向补偿。

刘玉林告诉记者，好政策有效促进了水质提升。从全市来看，长江扬州段总体水质为优，京杭运河扬州段水质为良好，古运河总体水质由重度污染改善为轻度污染。城市内河水质总体有所改善，水体中主要污染物氨氮的平均浓度同比下降 4.0%，水质向好。

大家的直观感受也与数据吻合。走在杭集镇小运河河边，只见河水清澈，河底及护岸减少硬质化，让河水能够自由"呼吸"。据介绍，目前，一期工程段已无污水直排，水质已达标；正在实施的二期工程将于 2019 年 6 月完成；三期工程在年底前启动。

赵洪波坦言，小运河整治投入的资金非常大，随着治水要求的提高，上级引导资金将起到重要作用。"双向补偿制度促进了地方水环境质量改善的积极性，和过去相比，现在更加注重治本、让水质持续改善。"他说。

重庆、贵州协同推进长江上游流域生态保护修复*

　　为落实"共抓大保护、不搞大开发"要求，日前，重庆、贵州两地签署合作框架协议，决定协同推进长江上游流域生态保护与生态修复，推进乌江等跨境流域共建共保，加强沿江涉磷工矿企业污染治理，推动建立三峡库区跨省界流域横向生态补偿机制，促进长江经济带绿色发展。

　　根据协议，两地将建立健全区域环境保护定期联席会商机制、信息互通共享机制、污染防治联动工作机制，共同搭建"信息互通、联合监测、数据共享、联防联治"工作平台，共同加快推进綦江藻渡大型水库前期工作和建设，建立乌江、芙蓉江等跨省河流及羊蹬河金佛山水库、乌江武隆等水情、雨情、工情信息共享和通报制度。建立区域大气污染、空气重污染及水污染预警应急联动机制，共同推动大气、水环境预报预警等区域信息网络体系建设，实现生态环境联合执法、联合监测、联合应急、共同治理及协作监管，严厉打击环境违法行为，切实维护长江上游生态环境安全。

新安江试点给我们带来什么？
保护环境就是保护生产力*

　　2012 年起，在财政部、环保部指导下，皖、浙两省开展了新安江流域上

* 来源：http://env.people.com.cn/n1/2018/0418/c1010-29932942.html。
生态环境部环境规划院，《生态补偿简报》2018 年 4 月 14 期总第 763 期转载。
* 来源：http://ah.anhuinews.com/system/2018/04/23/007853206.shtml。
生态环境部环境规划院，《生态补偿简报》2018 年 4 月 16 期总第 765 期转载。

下游横向生态补偿两轮试点，每轮试点为期 3 年，涉及上游的黄山市、宣城市绩溪县和下游的杭州市淳安县。这是国内首次探索跨省流域生态补偿机制。2018 年 4 月 12 日，由环保部环境规划院编制的《新安江流域上下游横向生态补偿试点绩效评估报告（2012—2017 年）》通过专家评审。该报告显示，试点实施以来，新安江上游水质为优，连年达到补偿标准，并带动下游水质与上游水质变化趋势保持一致。

【保护理念】

保护生态环境就是保护生产力
——从被动保护到主动保护，从政府推动到全民参与，保护生态的自觉意识不断增强

新安江流域生态补偿机制试点启动伊始，安徽省就把新安江流域综合治理作为建设生态强省的"一号工程"，并在市县政府分类考核中，把黄山单独作为四类地区，加大生态环保、现代服务业等考核权重，引导支持黄山市加强生态环境保护，促进新安江流域经济社会科学发展。

"这一决策，让我们进一步认识到保护生态环境就是保护生产力，坚定了我们保护生态的信心和决心。"黄山市主要负责同志介绍，该市以新安江流域生态补偿机制试点为契机，把生态建设摆在与经济建设同等重要的位置，统筹推进生态文明建设和新安江流域综合治理。目前，仅新安江水质监测断面就由 8 个扩展到 44 个，监测项目扩大到 10 项，实现上游地区水质实时在线监测和分析，提升了水质监测预警能力。

试点以来，黄山市关停了 170 多家污染企业，90 多家工业企业陆续搬迁至循环经济园，优化升级项目 510 多个。黄山市环保局副局长鲁海宁说，近 3 年来，该市共否定外来投资项目 180 个，投资总规模达 160 亿元。流域内 6 个省级工业园区均通过规划环评，循环经济园实现供热、脱盐、治污"三集中"。从 2015 年起，黄山市在全省率先全面推行农药"零差价"集中配送和有机肥推广，实现村级农药集中配送覆盖率 80%、废弃农药包装物回收率 60% 以上，

有机肥销售量较试点前增长 16.75 倍。2016 年 7 月,位于新安江源头的休宁县流口镇流口村探索建立了"垃圾兑换超市",激发了农村基层群众参与环境保护的积极性。目前,该市已推广建立 24 个"垃圾兑换超市"。据黄山市新安江流域生态建设保护局局长聂伟平介绍,该市建立健全了志愿服务、社会监督、投诉热线、有奖举报、媒体曝光、河长包保、村规民约等七项工作机制,组建 75 支志愿者队伍,常年开展"保护母亲河"志愿行动。根据复旦大学开展的一项社会公众调查问卷统计结果,黄山市基层群众对新安江生态补偿试点政策知晓率为 95.69%。

【实践路径】

良好生态环境是普惠民生福祉
——从末端治理到源头保护,从项目推动到制度保护,建立新安江生态保护长效机制

试点以来,黄山市投入资金 120.6 亿元,推进新安江综合治理,实施了农村面源污染、城镇污水和垃圾处理、工业点源污染整治、生态修复工程、能力建设等项目 225 个。其中,试点资金 35.8 亿元,放大效应为 3.35 倍。

几年来,黄山市在新安江主要干支流整治提升 30 个关键节点,建立生态护岸 65 km,取缔河道采砂场 104 个,疏浚河道 58.2 km,建设湿地 413 万 m²,铺设截污管网 68 km;新增城镇生活污水处理能力 10 万 t/d,平均处理率达 93%;取缔养鱼网箱 6 379 只,面积 37.2 万 m²;完成禁养区内 124 家畜禽养殖场的关闭或搬迁。

"建立农村垃圾和污水处理的长效机制,是保护新安江一江清水的重点和难点。"聂伟平告诉记者,黄山市结合美丽乡村建设和农村环境整治"三大革命",探索政府购买服务推行村级保洁和河道打捞社会化管理,聘用农村保洁员 2 791 名,成立 16 支河道打捞队,建立 600 多条干支流河道打捞和覆盖全流域 68 个乡镇的垃圾处理体系,初步建立农村垃圾"组收集、村集中、乡镇处置"的长效机制,农村生活垃圾处理率达 80%。

黄山市还完成了新安江干支流 102 个入河排放口截污改造，实施 97 个农村生活污水处理工程，完成农村改水改厕 23 万户，农村卫生厕所普及率 90%以上。目前，该市计划投入近 7 亿元，推进覆盖全市的农村污水、垃圾治理两个 PPP 项目，实现投资、建设、运维一体化，促进流域环境治理着力从"重建设"向"重运营"转变。试点推进中，上下游建立跨省污染防治区域联动机制，建立联席会议、联合监测、汛期联合打捞、应急联动、工作信息网络共享、流域沿线污染企业联合执法等机制，统筹推进全流域联防联控，水环境保护合力逐渐形成。北京大学环境科学与工程学院教授、新安江流域生态补偿绩效评估专家组组长郭怀诚认为，与第一轮试点相比，第二轮体现了水质标准和补助资金"双提高"，呈现出从末端治理向源头保护、从项目推动向制度保护、生态资源向生态资本"三个转变"。

【发展方式】

既要绿水青山也要金山银山
——从生态资源到生态资本，从保护"包袱"到发展财富，上下游合力打造绿色发展之路

近日，文化和旅游部发出《2018 年春季假日旅游指南》。根据《指南》预测，黄山等 10 个城市是人们跨省市出游意愿最强的旅游目的地。

"良好的生态环境，是黄山市建设现代国际旅游城市的重要支撑。"生态环保部环境规划院杨文杰博士说，两轮试点期间，黄山市实施植树造林、退耕还林还草等工程，新增林地、草地 4.126 km²，新安江上游流域的自然生态景观占比达 85%以上。

浙江省环境科学院环境咨询中心主任助理、高级工程师曹利江认为，上游地区一直不计代价保护新安江，更难能可贵的是，黄山市把"包袱"变为财富，积极探索发展生态环保型产业，并成功入选首批国家生态文明先行示范区，推动了全流域的均衡发展、绿色发展、和谐发展。

近年来，黄山市结合新安江生态补偿试点，创新性推进生态脱贫、旅游脱贫工程，在实施退耕还林项目以及天然林保护、公益林管护、护林防火等用工岗位招聘时，优先安排符合退耕条件的贫困村以及建档立卡贫困户，仅村级保洁公益性岗位就解决了近 3 000 农村人口就业问题。同时，引导群众发展有机茶等精致农业，推广泉水养鱼、覆盆子种植等特色产业扶贫模式，发展农家乐、农事体验、乡村休闲等乡村生态旅游新业态，使绿色产业成为上游群众脱贫致富奔小康的重要支撑。目前，黄山市三产结构比例由试点前的 11.4∶46.3∶42.3 调整至 9.8∶39.0∶51.2，服务业从业人员超过常住人口的 1/4。

为鼓励和引导社会力量参与新安江保护与建设，安徽省政府与国开行签订了 200 亿元的融资战略协议，专项用于新安江流域综合治理。黄山市与国开行、国开证券等共同发起新安江绿色发展基金，充分利用市场配置资源，促进流域内产业转型和生态经济发展。曹利江建议，上下游地区可以建立常态化补偿机制为目标，在产业输出、生态旅游、基础设施建设、人才培训等方面务实合作，构建"黄杭生态文明创建共同体"，联手打造山水相济、人文共美的新安江生态经济示范区。

浦江与诸暨上下游两两结对
断面水质定奖罚*

近日，诸暨市分别与浦阳江上游浦江县、下游萧山区签订了水环境补偿协议。协议约定，浦阳江流域上下游共同设立水环境补偿资金，2018—2020 年每年 1 600 万元（上下游各出 800 万元）。这意味着，今后上游流向下游的一江水有多清，就决定了谁要向谁付钱。

与以往的流域生态补偿不同，横向生态保护补偿着眼于流域上下游之间，两两进行生态补偿，不再单一依靠中央、省级财政给予的纵向补偿资金。浙江

---

* 来源：http://zjnews.zjol.com.cn/zjnews/201804/t20180424_7103287.shtml。

生态环境部环境规划院，《生态补偿简报》2018 年 4 月 17 期总第 766 期转载。

是全国首个在省内流域开展横向生态保护补偿机制的省份。2017 年 12 月底，省财政厅等四部门联合发布实施意见，诸暨成为全省首批建立流域上下游横向生态保护补偿机制的区、县（市）。

"协议签订后，诸暨和浦江、萧山就能实现'成本共担、效益共享、合作共治'，这对于维护浦阳江流域生态环境安全具有极其重要的意义。"诸暨市环保局相关负责人说。按照协议，诸暨市、浦江县、萧山区三个地方，按照上下游关系，两两结对。如浦江（上游）和诸暨（下游）结对，诸暨（上游）和萧山（下游）结对，按照交接断面的水质检测情况，以及用水量、用水效果等指标，决定谁受奖励、谁受处罚。

以诸暨市和浦江县之间的结对关系为例，两地以过去三年交接断面水质监测数据的平均值作为基准，如果 2018 年测出的数据好于这个数字，则下游诸暨要给浦江 800 万元，如果 2018 年测出的数据出现下降，上游浦江则要给诸暨 800 万元。如达不到补偿基准，但交界断面水质满足国家或省里要求断面水质标准目标的，则互不拨付。按照协议，第一次考核时间为 2019 年 3 月。诸暨市财政局相关负责人表示，这种补偿机制更加体现"谁受益、谁付费"的原则。

据了解，补偿资金将专项用于浦阳江流域产业结构调整和产业布局优化、流域综合治理、水环境保护和水污染治理、生态保护等方面。到 2020 年，全省所有水系都将覆盖横向的生态保护补偿机制。

东江流域 2018 年试点省内横向生态补偿*

广东省内跨市的横向生态补偿将在年内试点。记者近日从省环境保护厅了解到，按照省政府工作部署，2018 年广东省将首先在东江流域开展试点，探

---

* 来源：http://news.southcn.com/gd/content/2018-04/26/content_181647305.htm。
生态环境部环境规划院，《生态补偿简报》2018 年 4 月 18 期总第 767 期转载。

索建立省内流域上游横向生态保护补偿机制，目前正在制定相关方案。

拟按考核实行"双向补偿"

生态补偿目前运用较多的，是上级财政以纵向转移支付的形式，补偿重点生态功能区、生态公益林等。横向生态补偿因为涉及跨区域协调，国内近年通过试点突破开展。在 2012 年，全国首个跨省流域生态补偿机制试点在跨安徽、浙江两省的新安江实施。而近年国家试点的 5 条跨省水质保护横向生态补偿的流域，3 条涉及广东。2016 年，广东先后与广西、福建、江西签署水环境补偿协议，建立起九洲江流域、汀江—韩江流域、东江流域上下游横向水环境补偿机制。协议签订以来，3 条试点补偿的跨省流域，水质均稳步向好。

"以东江流域为试点推进省内跨市流域生态补偿工作，也准备借鉴上述跨省补偿中的经验与做法。"省环境保护厅相关负责人透露，广东在与上述 3 省份的横向生态补偿中，创新实行"双向补偿"的原则。即以双方确定的水质监测数据作为考核依据，当上游来水水质稳定达标或改善时，由下游拨付资金补偿上游；反之，若上游水质恶化，则由上游赔偿下游，上下游两省共同推进跨省界水体综合整治。若河流断面未完全达到年度考核目标的，将按达标河流来水量比例和不达标河流来水量比例计算补偿金额。与水质考核挂钩的"双向补偿"原则，给上下游治理保护水环境增添了动力。

兼顾上游市对水质保护贡献程度分配

目前，省环境保护厅会同省财政厅对水质监测标准、资金分配机制等进行了前期调研，进一步协调韶关、河源、梅州、惠州、东莞、深圳等市开展生态补偿工作。初步设想 2018—2020 年，省财政每年安排生态补偿资金，流域内下游城市每年按照从东江取水量和人均收入筹集资金，同时引入粤港供水有限公司共同出资，由省财政统筹管理。对上游城市按照各市行政区域内东江流域面积为分配基数，兼顾各市对水质保护贡献程度进行分配。

省环保厅表示，生态补偿主要由财政部门牵头，省环保厅将积极配合加快推进流域生态保护补偿试点工作，积极总结试点经验，完善政策措施，为后续全省开展流域横向生态保护补偿工作奠定基础。

探索多元化补偿机制

除了探索流域的横向生态补偿，广东省还结合扶贫、环境综合整治等，加大对贫困地区和重点生态地区的资金扶持力度。省环境保护厅介绍，为深入贯彻落实省委、省政府关于 2 277 个省定贫困创建社会主义新农村示范村的工作部署以及国家"水十条"工作目标，围绕练江、韩江、西江等重点流域，2017年已安排 1.4 亿万元支持汕头潮阳及潮南、揭阳普宁、梅州丰顺、汕头澄海和肇庆市农村环境综合整治，并分别安排 7 170 万元、3 300 万元支持 61 个省定贫困县、55 个南粤古驿道沿线周边村庄环境综合整治。2018 年拟安排 1 亿元支持环保部、财政部《全国农村环境综合整治"十三五"规划》要求广东省"十三五"期间完成整治的行政村及其所在乡镇一级的环境综合整治。

华南环境科学研究所研究员曾凡棠表示，横向生态补偿中结合水质考核实行"双向补偿"的经验做法，建议目前财政转移支付的补偿方式也可以学习借鉴，使受补偿方有更为明确的目标，更有保护动力。此外，除了资金投入，还可以综合运用产业共建、对口帮扶、技术支持等手段，探索建立市场化、多元化的补偿机制。

南水北调中线水源地湖北十堰
实施水环境质量生态补偿*

我国南水北调中线水源地湖北省十堰市有 5 个县（市、区）地表水断面达标率 2017 年为优秀，近日分获 60 万元不等的水环境质量生态补偿金。记者日前从湖北省十堰市获悉，当地创新实施水环境质量生态补偿，2017 年十堰地

---

* 来源：http://news.cyol.com/content/2018-05/25/content_17227498.htm。
生态环境部环境规划院，《生态补偿简报》2018 年 4 月 19 期总第 768 期转载。

表水水质总体为优，断面达标率 94.3%。

湖北省十堰市所辖 10 个县（市、区）均在我国南水北调中线水源地丹江口水库库区，为了强化地表水环境质量监管，确保一库清水永续北送，专门制定出台地表水环境质量生态补偿暂行办法，将全市 27 个断面水质纳入各县（市、区）地表水环境质量考核。

据十堰市环保局介绍，考核指标包括高锰酸盐指数、化学需氧量、氨氮、总磷等 21 项。各断面每月监测评估一次，全年月度监测评估达标率达 90% 以上，确定为优秀。全年月度监测评估达标率低于 60%，确定为不合格。

2017 年年初，当地归集 1 300 万元用于全市水环境质量生态补偿，其中十堰下辖 10 个县（市、区）各缴纳 100 万元水质达标保证金，十堰市本级从环保专项资金中列支 300 万元用于支持各地地表水环境管理工作。年度考核达优秀等次的，全额返还其保证金，并给予资金奖励和通报表扬；达到合格等次的，全额返还保证金，但不予奖励；考核不合格的，没收其保证金，统筹用于奖励年度考核达到优秀等次的县（市、区），并予以通报批评。

全面推进长江生态大保护
水质与干部绩效挂钩[*]

"决不能以牺牲环境为代价，换取一时经济增长，决不能以牺牲后代人的幸福为代价，换取当代人所谓的富足。"落实总书记嘱托，武汉探索建立共抓长江大保护机制，确保一江清水向东流。

长江——武汉的母亲河。2017 年 12 月 1 日，武汉通过《长江武汉段跨界断面水质考核奖惩和生态补偿办法》，明确在长江武汉段左右岸共设置 13 个监测断面进行水质考核。

---

* 来源：http://cjw.gov.cn/xwzx/lyss/31967.html。
生态环境部环境规划院，《生态补偿简报》2018 年 4 月 20 期总第 769 期转载。

长江跨区断面水质考核"动真格"，考核断面水质和入境对照断面水质每单月监测 1 次，年终真兑现、真奖罚，对相关区实行"水质改善的奖励""水质下降的扣缴"，并与干部绩效挂钩。该举措一经提出就迅速落实到了行动中。

市域内跨区断面水质考核奖惩和生态补偿机制，是武汉作为长江经济带特大城市，在长江武汉段水质优良情况下的全国首创，是武汉贯彻落实长江经济带"不搞大开发、共抓大保护"发展战略，实施安澜长江、清洁长江、绿色长江、美丽长江、文明长江等"五大行动"的重要举措。

2018 年全国"两会"上，代表委员点赞武汉这一探索，建议长江全流域推广。

"如果把浩瀚奔腾的长江比作一条巨龙的话，地处长江中游的武汉就好像龙的'脊梁'，起着至关重要的作用，在长江大保护中也应当担起脊梁重任，守住一江清水绵延后世。"一位全国政协委员这样说。

武汉坚持"生态优先"：以地方立法形式划定沿江两岸用地控制区域，变水患为水利积极推进"四水共治"，促湖城融合发展创新推动"大湖+"模式，实施河长制、湖长制整合河流湖泊管护、积极推进"海绵城市"等试点改造，生态治理频频"出拳"。

2017 年 3 月，武汉市出台《关于全面推行河长制的实施意见》，各级党政主要负责人担任"河长"，负责辖区内河流的污染治理。一年时间，武汉市建立了市、区、街（乡镇）三级河长工作体系，全市 622 名河湖长到岗尽职履责。2018 年，武汉市把河湖长体系全面延伸至村级，将实现四级河湖长体系全覆盖。

一旦造成严重污染，企业"摘牌子"、官员也要"摘帽子"。

郭斌是武汉东湖新技术开发区龙泉街道办事处副主任，也是牛山湖的官方湖长。2018 年 2 月"上岗"的他，前不久刚刚经历一场河湖长的大考试。临考前，郭斌熟读题库和文件资料。对他来说，河湖长就要守土有责、守土负责、守土尽责，"考不好，何谈履责的资格？"

经过约两年时间的改造建设，武汉市海绵城市建设中 288 项海绵化改造项目基本完工，城区"海绵化"面积近 40 km^2。

这一年来，钢城二中的师生们，尝到了海绵化改造的甜头。这所建于 1958 年的学校，因地势低洼，一直被渍水问题困扰。

改造过程中，建设方在学校内设置有效容积 400 m^3 的雨水调蓄池，安装 4 台 0.1 m^3/s 的水泵，遇上雨天，雨水会先汇入调蓄池，经调蓄后再外排。

如今校区地下密布的海绵城市设施成为改变学校"逢雨必渍"的法宝，雨水还被用于校区灌溉和冲洗，变废为宝。

根据武汉海绵城市建设计划，到 2020 年武汉市中心城区 20%的面积将实现海绵化。

新安江生态补偿机制让祁门百姓获益*

"这几年，新安江生态补偿到位的资金已经全部投入到新安江源头河道清淤、水利工程修复、生态公益基础设施建设以及全域环境整治、村庄卫生保洁等方面，2018 年申报的生态护岸工程项目已经批复，项目实施后将较大地改善富东河流域生态环境，为横联村老庄岭片区美丽乡村建设增添一道亮丽的风景。"说起新安江生态补偿机制给当地乡村建设和百姓生产生活带来的变化，祁门县金字牌镇镇长吴民强介绍说。

富东河是金字牌镇横联村老庄岭片区 6 个自然村的母亲河，也是新安江上游率水河段的一条主要支流，当年老庄岭"太后坑"瓷矿的瓷土，就是沿着这条河流风靡大江南北。如今富东河小流域在新安江生态补偿机制的庇护下，青山已是标配、绿水成为常态，特别是镇政府每年投入专项资金购买保洁服务，建立了垃圾无害化日常处理机制，有效改善了村民的人居环境，并且多次开展增殖放流活动，为新安江源头创造了一个良好的生态环境。

"河道整洁清秀了，村子干净美丽了，群众生活轻松舒畅了，就连茶园里

---

* 来源：http://www.sohu.com/a/229556661_100144887。

生态环境部环境规划院，《生态补偿简报》2018 年 5 月 2 期总第 771 期转载。

的路都修得跟公园步道似的，新安江生态补偿机制给我们带来了实实在在的实惠。"眼下正是茶季大忙时节，祁门县凫峰镇李源村的妇女们忙着在生态茶园里采茶，她们对近年来新安江生态补偿机制给村里带来的变化更是赞不绝口。

凫峰镇是新安江上游率水河流域的茶叶大镇，凫绿的主产区。该流域有凫源河、坊坑源河、许家段河等大小支流 11 条，流域面积 100 多 km²，流域覆盖人口在万人以上。在新安江生态补偿机制的激励下，凫峰镇坚持经济与生态并重，重点开展了新安江源头综合治理、乡村环境风貌整治、农业产业结构调整、农村垃圾污水治理、畜禽养殖污染治理、农业面源污染治理等项目，并且结合美丽乡村建设，新建了太阳能微动力污水处理站，建成了养殖场污水无害化处理发酵床等项目。目前，凫峰镇新安江源头综合治理功能区地表水水质达标率达 100%，城镇集中式饮用水水源地水质达标率达 100%。

在探索新安江生态补偿长效管理机制、促进可持续发展工作中，祁门县重点实施了千万亩森林增长工程，在项目区集中推进绿化项目 8 个，目前祁门县新安江源头流域内绿化总面积达 2 500 余亩，森林覆盖率在 90%以上，确保了一江清水年年清，两岸青山日日青。

江苏坚持"三个不批"
探索建立长江经济带跨省生态补偿机制*

"共抓大保护，不搞大开发"，这 10 个字已成为长江经济带建设发展的首要规矩。其中，生态环境保护是重要一环。在 3 日上午召开的江苏省政府新闻发布会上，省环保厅相关负责人表示，该省坚持对沿江地区实行"三个不批"，严格限制在长江沿线新建化工项目。值得一提的是，江苏正在探索建立长江经济带跨省之间生态补偿机制，目前已跟安徽、浙江等省份进行沟通，共同做好

---

* 来源：http://newsu.com.cn/news/20180504/15355.html。
生态环境部环境规划院，《生态补偿简报》2018 年 5 月 4 期总第 773 期转载。

长江经济带的生态环境保护。

江苏省环保厅水环境管理处处长戢启宏介绍,该省已建立长江生态环境保护联席会议制度,由分管副省长任组长,沿江 8 市人民政府、20 个省级机关部门负责人为成员,增强治污合力。除此之外,《江苏省长江经济带生态环境保护实施规划》《江苏省长江经济带生态环境保护重点突破实施方案》等文件也进一步明确了全省长江经济带生态环境保护目标、任务和重点领域。

"坚持推动绿色发展,我们对沿江地区实行'三个不批'。"戢启宏说,"三个不批"即长江干流及主要支流岸线 1 km 范围内的重化工园区不批、干流及主要支流岸线 1 km 范围内危化品码头一律不批;沿江两岸的燃煤火电项目一律不批;不符合生态红线管控要求、威胁饮用水水源安全的项目一律不批。

除了统筹推进工业、农业、生活、交通这几个领域的污染防治之外,省环保厅还针对江苏长江流域范围专门制定了"十三五"长江流域水污染规划。据了解,江苏在长江流域布共设有 203 个省级考核断面,划分 53 个国家级控制单元和 139 个省级控制单元,把水质改善目标、任务和工程项目落到控制单元中。

记者注意到,从 4 月 24 日起,江苏省环保厅联合公安部门,启动了沿江八市共抓大保护交叉互查环保联合执法专项行动,主要针对南京、无锡、常州、苏州、南通、扬州、镇江、泰州市及所辖县(市、区)固定污染源,对沿江八市群众反映强烈、媒体持续关注、污染排放严重、整治推进滞后的环境问题突出的重点园区及企业进行为期 1 个月的集中排查和专项整治。

谈到下一阶段工作,戢启宏用"四个更大力度"予以概括。他表示,江苏将开展长江经济带战略环评,加快建立"三线一单"(生态保护红线、环境质量底线、资源利用上线和环境准入负面清单)管控体系,严格限制在长江沿线新建化工项目。在保障饮水安全方面,将扎实推进集中式饮用水水源地风险隐患专项整治达标建设工作,按照"一源一策"要求制定整改方案,年内把所有县级以上饮用水水源地保护区内存在的环境问题全部整改到位。

"此外,要以更大力度推进治污攻坚。省委、省政府已经确定了水污染防治未来'三步走'的计划。"戢启宏说,江苏将力争在 2018 年年内消除劣Ⅴ类国考、省考断面，2019 年设区市建成区基本消除黑臭水体，主要入江支流和入海河流全面消除劣Ⅴ类，2020 年年底前其他河流基本消除劣Ⅴ类，"坚决不把劣Ⅴ类水带入现代化进程"。同时，扎实推进中央环保督察和省级环保督察问题整改。深入开展长江经济带固体废物大排查专项行动，开展沿江八市共抓大保护交叉互查执法行动，达到共同治污，推进环境质量改善。

景德镇市健全水生态保护补偿机制*

近日，景德镇市人民政府办公室印发《关于健全生态保护补偿机制的实施意见》，明确将水流、湿地等作为重点领域，在 2018 年初步建立生态保护补偿机制、标准和制度保障体系框架。到 2020 年实现重点领域生态保护补偿全覆盖，基本建立符合景德镇市情的政府主导、社会参与、市场化运作的多元生态保护补偿机制，促进形成绿色生产方式和生活方式。

该市将大力推进河流源头区、重要生态治理区和重要湖库生态保护补偿，设立全市流域生态补偿专项预算资金，完善补偿资金增长机制。开展集中式饮用水水源地生态保护补偿，探索跨区域饮用水水源地生态补偿模式。探索景德镇、上饶跨市流域生态补偿机制，建立成本共担、效益共享、合作共治的跨区域流域生态保护长效机制。建立健全湿地（水库）生态系统保护、恢复与补偿制度。实行湿地资源总量管理，将所有自然湿地纳入保护范围。建立玉田湖、昌南湖、西河湿地监测评价预警机制和生态功能警戒线制度。探索建立湿地生态系统损害鉴定评估办法和损害赔偿标准，探索以农作物和渔业受损、社区生态修复和环境整治、各类水库（人工湿地）退出人工养殖等为主的湿地（水库）补偿模式。

---

* 来源：http://www.sohu.com/a/230684342_362825。
生态环境部环境规划院，《生态补偿简报》2018 年 5 月 5 期总第 774 期转载。

探索横向生态补偿 东江流域再当试点[*]

继跨省水质保护横向生态补偿之后，4 月 20 日广东省环境保护厅公布的文件显示，2018 年广东省将首先在东江流域开展试点，探索建立省内流域上下游横向生态保护补偿机制，目前正在制定相关方案。

据悉，此次开展试点的东江流域，初步设想由省财政、下游城市、供水企业共同筹资，实行"双向补偿"的原则，即当上游来水水质稳定达标或改善时，下游补偿上游；反之，则由上游赔偿下游。

广东省环保厅表示，将加快推进流域生态保护补偿试点工作，为后续全省开展流域横向生态保护补偿工作奠定基础。据《时代周报》记者了解，当前国内的生态补偿工作尚处于初级阶段，主要采用的是资金补偿的方式。而补偿的额度也缺乏统一标准，各个地区存在一定差别。

"资金补偿的方式最实惠和直接，当地财政看得见。但这方面很难做到量化和公平。"中国生物多样性保护与绿色发展基金会副秘书长马勇对《时代周报》记者表示，单纯给钱，人均算下来其实并不多。应该采用多元化的方式，从政策扶持和产业转移的角度，让受保护地区充分享受到可持续发展的实惠，让生态补偿实现"输血"向"造血"的转变。

省级财政统筹，多方出资

此前，国家试点的 5 条跨省水质保护横向生态补偿的流域，3 条涉及广东。2016 年，广东先后与广西、福建、江西签署水环境补偿协议，建立起九洲江流域、汀江—韩江流域、东江流域上下游横向水环境补偿机制。

广东在与上述 3 省份的横向生态补偿中，创新实行"双向补偿"的原则，

---

* 来源：http://news.hexun.com/2018-05-08/192971202.html。

生态环境部环境规划院，《生态补偿简报》2018 年 5 月 7 期总第 776 期转载。

即当上游来水水质稳定达标或改善时，下游补偿上游省份；反之，则由上游赔偿下游省份。协议签订以来，3条试点补偿的跨省流域，水质均稳步向好。

广东省环境保护厅相关负责人表示，以东江流域为试点推进省内跨市流域生态补偿工作，也准备借鉴上述跨省补偿中的经验与做法。在此次试点省内横向生态补偿的东江流域，初步设想在2018—2020年，省财政每年安排生态补偿资金，流域内下游城市每年按照从东江取水量和人均收入筹集资金，同时引入粤港供水有限公司共同出资，由省财政统筹管理。对上游城市按照各市行政区域内东江流域面积为分配基数，兼顾各市对水质保护贡献程度进行分配。

相比之下，省际的生态补偿经验会涉及更高层级的协调，而省内的生态补偿所涉及的问题更少，协调的难度相对较低。其目的主要是解决省内经济发展和环境保护之间的矛盾。

相较于其他地区，广东的粤东、粤西、粤北等贫困地区向中央争取资金拨付支持的空间并不大。佛山市环保局相关负责人对《时代周报》记者表示，广东经济发展水平较高，生态补偿资金可能需要省内自己解决。

以佛山为例，生态补偿机制仍然处于探索阶段。上述负责人称，目前佛山市已经在探索建立湿地资源有偿使用机制和湿地生态补偿机制。从2017年4月开始，全市范围内122家企业参与，涉及资金超过4 400万元的排污权交易事实上也属于广义的生态补偿。

尽管当前生态补偿已经列入佛山环保工作的考核中，但该人士对《时代周报》记者坦言，由于国家以及省层面还未有纲领性意见和文件的出台，因此在生态补偿政策的落实方面，佛山更多地处于探索阶段。

类似的探索还有很多。2017年10月，中山市环保局公布了《中山市2017年度生态补偿专项资金筹集与分配方案》显示，中山全市生态补偿资金总额由省级财政、市财政、镇区共同组成。2018年2月，浙江省财政厅、环保厅等部门发布了《关于建立省内流域上下游横向生态保护补偿机制的实施意见》，着力于推进流域上下游之间的相互补偿，不再单一依靠中央、省级财政给予的纵向补偿资金。

"以往也有地区开展省内的横向生态补偿，不过跨省的生态补偿更敏感，大家关注得更多。"马勇对《时代周报》记者表示，现在生态考核成为很多地方考核的重要内容。尤其是在大气、水、土壤方面，国家出台了相应的计划，明确了考核的时间和配套细则，各个地方也会有相应的压力传导。

纵向和横向并进，探索多元化补偿机制

"现在各地都有发展的急迫感。如果上游地区因为区位限制，出于生态保护的目的，限制其发展。而下游地区坐收了生态的红利，这明显是不公平的。"马勇说道。

国务院在 2016 年发布的《关于健全生态保护补偿机制的意见》中明确指出，生态补偿的原则是"谁受益、谁补偿"。

生态补偿就是根据生态系统服务价值、生态保护成本、发展机会成本等，综合运用行政和市场手段进行利益补偿。除了河流之外，生态补偿的领域还涉及森林、草原、湿地、荒漠、海洋、耕地等。

据悉，生态补偿一般是委托第三方组织专家论证，根据本地实际情况确认补偿额度，但生态污染的程度很难量化，补偿额度在地区间的差异较大。

佛山市环保局相关负责人认为，在国家和地方层面，目前尚缺乏横向生态补偿的法律依据和政策规范；开发地区、受益地区与生态保护地区、流域上游地区与下游地区之间缺乏有效的协商平台和机制。"需要有完善的沟通机制以及合理补偿额度，横向生态补偿基金才有用武之地。"

中山大学地理科学与规划学院水资源与环境系中心副主任陈建耀对《时代周报》记者表示，生态补偿在理论上谈了很多，但是在实际操作中，这笔账怎么算清楚，怎么公平，还缺乏一个大家都认可的方式。"原来主要是采用财政转移的（纵向）补偿方式。现在可以更加多元化，探索其他的经济补偿手段，不仅仅是给钱。"陈建耀说道。

根据 2016 年 12 月广东省发布的《关于健全生态保护补偿机制的实施意见》，鼓励受益地区与保护生态地区、流域下游与上游通过资金补偿、对口协作、产业转移、人才培训和共建园区等方式建立横向补偿关系。鼓励珠三角地区与粤东、粤西、粤北地区结合横向生态保护补偿完善对口帮扶机制。

137

"目前来看，像广东这样的发达地区，开展省内横向生态补偿，在资金或产业政策扶持方面都更有优势。"马勇表示。不过他也强调，以财政拨付为主的纵向生态补偿仍然比较重要。地方财政拿到钱后，可以根据自身的情况，作出不同的规划和安排。佛山市环保局相关负责人也认为，纵向和横向生态补偿的两条腿，缺一不可。

2020 年前重庆 19 条次级河流建立
横向生态保护补偿机制*

5 月 10 日，《重庆日报》记者从市财政局了解到，市政府日前印发建立流域横向生态保护补偿机制实施方案。该方案要求，2020 年前，在龙溪河、璧南河等 19 条流域面积 500 km^2 以上且跨两个或多个区县的次级河流建立横向补偿机制。

"建立流域横向生态保护补偿机制的核心，是落实区县水环境防治责任，让受益者付费、保护者获益。"市财政局人士介绍，流域横向生态保护补偿机制突出"成本共担、效益共享、合作共治"的原则，是落实中央共抓长江大保护战略、提升长江重庆流域水环境质量的重要举措，也是重庆市财政制度的创新。为此，市财政将联合环保、水利等部门按月监测水质，按月通报水质评价和核算结果，按月核算考核基金。

据悉，流域横向生态保护补偿机制的补偿标准为每月 100 万元，交界断面水质达到水环境功能类别要求且较上年度水质提升的，由下游区县补上游区县，下降或超标的由上游区县补下游区县。对直接流入长江、嘉陵江、乌江和市外，以及市外流入重庆的河流，由市级代行补偿。补偿金月核算、月通报、年清缴，用于流域污染治理、环保能力建设等。

---

* 来源：http://cq.ifeng.com/a/20180511/6566791_0.shtml。
生态环境部环境规划院，《生态补偿简报》2018 年 5 月 9 期总第 778 期转载。

为调动区县参与生态保护的积极性，重庆推出了激励政策：一是奖早建，对 2018 年 10 月底前建立流域横向生态保护补偿机制、签订 3 年以上补偿协议的，一次性奖励 300 万元。二是奖协作，对建立流域保护治理联席会议制度、形成协作会商、联防共治机制的，一次性奖励 200 万元。三是奖成效，对上下游区县有效协同治理、水环境质量持续改善的，在安排转移支付时倾斜。

与此同时，重庆市还将鼓励区县协商采取资金补偿、对口协作、共建园区等方式，在具备条件的流域采用水质、水量作为补偿基准建立横向补偿机制，鼓励区县之间开展排污权和水权交易。

长江流域生态保护立法呼之欲出*

往昔，武昌余家头江边，泵船轰鸣不绝，砂场连绵起伏。今朝，江滩生态公园初具雏形，江水缓缓流淌，江风拂面惹人醉。2016 年以来，湖北省共取缔长江沿线各类码头 1 102 座，腾退岸线 143 km，完成生态复绿 566 万 m^2，长江岸线资源得到较大修复。

下好长江经济带"一盘棋"，健全流域管理的综合立法不可缺位。中国地质大学教授李长安日前在接受《长江商报》记者采访时表示，为了维护长江流域整体的生态健康，促进长江经济带的稳定有序发展，亟须制定一部基于流域生态系统的法律。近日举行的武汉大学"长江经济带发展学术研讨会"上，武汉大学环境法研究所原所长王树义教授透露：国家发改委已就长江立法征集专家意见。这标志着，为长江立法，越来越近了。

码头砂场变生态公园

位于武昌区杨园街道的余家头饮用水水源保护区，是长江南岸重要的取水

---

* 来源：http://k.sina.com.cn/article_1698921891_65437da300100cj2h.html。
生态环境部环境规划院，《生态补偿简报》2018 年 5 月 11 期总第 780 期转载。

口。日前，《长江商报》记者在现场看到，昔日的砂场已成生态公园。园区内护坡缓缓下降，取水口上游已无地面构筑物，堤防上移植的树木发出新叶，滩上的人行便道曲折交错，十几位工人正忙着拉线做标记。取水口不远处则竖立着该段堤防"河长"公示牌。

3 年前，这里却是另外一番景象。仅在取水口上游 1 000 m，下游 100 m 的一级水源保护区内，就有海事、航运、港口等单位码头 11 座，还有 9 个砂场在此堆积砂石料 50 万 t，2015 年 12 月被环保部挂牌督办。武昌区按照"涵养文化长江、建设生态长江、繁荣经济长江"的要求，以水源地环境违法案件挂牌督办为契机，彻底关停所有码头，取缔私搭乱建，还水源地岸线以宁静。

经过前期的水源保护地环境综合整治，岸线顽疾已除，如何将良好局面保持下去。该区域的街道河长、杨园街办事处党工委书记费保平介绍，杨园街有长江堤岸 3.3 km，安排有城管环卫专人专岗，每周保证将堤防、江滩完整巡查一遍。巡查人员如发现卫生环境问题当场维护整改，如遇到开垦种植、排污倾倒等问题会直接反映到河湖长微信群，由河长协调督办。

费保平坦言，沿岸保护是个体力活，巡查整治不间断，宁可多跑路、白跑路，也不让脏乱差死灰复燃，正是这个"笨办法"保护着服务 110 万人口的余家头水厂取水安全。

自 2016 年以来，湖北省共取缔长江沿线各类码头 1 102 座、泊位数 1 261 个，腾退岸线 143 km，清退港口吞吐能力 1.27 亿 t，完成生态复绿 566 万 m^2，长江岸线资源得到较大修复。

"湖北在开展了长江干线非法码头专项整治、危险货物码头安全和环保专项整治工作的基础上，自我加压，加大对水源地保护区、国家级自然保护区等码头整治力度。"湖北省港航管理局相关负责人介绍，同时加快建设砂石集并中心，做好"关后门、开前门"工作，各市州均至少有 1 个砂石集并中心已建成运营或正在建设。

据了解，2016 年 1 月至今，湖北省长江沿线 8 个市（州）统筹协调地方港航、长江海事、公安、水利、城管、环保等部门执法力量，共开展各类综合执法专项行动 5 000 余次，查办各类涉砂违法犯罪案件 160 余起，打掉涉砂涉恶犯罪团伙 4 个，打击处理违法犯罪人员 164 人。

多省市守牢绿色"底线"

保护长江，规划先行。湖北编制实施了《湖北长江经济带生态保护和绿色发展总体规划》，配套编制实施生态环境保护、综合立体绿色交通走廊建设、产业绿色发展、绿色宜居城镇建设、文化建设等 5 部专项规划，修改完善多部规划，构建了"1+5+N"的规划体系，从源头上立起生态优先的"规矩"。以负面清单形式严守资源消耗上限、环境质量底线、生态保护红线，实行总量和强度"双控"，实现"留白"发展，将各类开发活动限制在环境资源承载能力之内，为未来发展留足绿色空间。

不仅是湖北，长江流域沿线省份将抓好长江大保护，修复长江生态放在压倒性位置。日前，安徽省通报了 2018 年 1 月安徽省地表水断面生态补偿结果，针对断面水质超标的责任市，罚款共计 2 250 万元，水质提升的则获得生态补偿金 1 550 万元，这标志着《安徽省地表水断面生态补偿暂行办法》正式落地实施。

从 2018 年开始，安徽在全省推行流域生态补偿制度，按照"谁超标、谁赔付，谁受益、谁补偿"的原则，跨市界断面、出省境断面和国家考核断面水质超标时，责任市支付污染赔付金；断面水质优于目标水质时，责任市获得生态补偿金。省环保厅以环保部、省环保厅确定的监测结果，每月计算各补偿断面污染赔付和生态补偿金额。

重庆、贵州两地则于不久前签署合作框架协议，决定协同推进长江上游流域生态保护与生态修复，推进乌江等跨境流域共建共保，加强沿江涉磷工矿企业污染治理，推动建立三峡库区跨省界流域横向生态补偿机制，促进长江经济带绿色发展。

根据协议，两地将建立健全区域环境保护定期联席会商机制、信息互通共享机制、污染防治联动工作机制，共同搭建"信息互通、联合监测、数据共享、联防联治"工作平台。建立区域大气污染、空气重污染及水污染预警应急联动机制，共同推动大气、水环境预报预警等区域信息网络体系建设，实现生态环

境联合执法、联合监测、联合应急、共同治理及协作监管，严厉打击环境违法行为，切实维护长江上游生态环境安全。

综合立法不可缺位

2018 年 5 月 2 日，由武汉大学中国主体功能区战略研究院、中国区域经济学会长江经济带专业委员会联合主办的"长江经济带发展学术研讨会"在武汉大学举办。

武汉大学环境法研究所原所长王树义介绍了长江经济带发展的战略地位和长江法立法进程。王树义认为，长江流域生态环境保护的立法工作应以"不搞大开发""共抓大保护"和"把生态环境修复摆在压倒性位置"为指向。在长江经济带发展过程中"开发是必然的，但应正确处理好利用和开放之间的关系"，应进一步完善和制定长江经济带资源开发、经济建设活动的行为规则，为长江经济带发展保驾护航。王树义透露，国家发展改革委已牵头组织关于长江立法的专家研讨会，研讨前期工作、基本思路等。下一步可能会组建推进长江法制建设领导小组、专家组等。这标志着，为长江立法，越来越近了。

湖北是长江径流里程最长的省份，在长江经济带中的重要性不言而喻。"湖北在转变发展方式上要走在全国前列，在推动长江经济带高质量发展上也要走在前列。"湖北省社科院副院长秦尊文提出。他建议，第一，应努力在科学发展上走在前列，立法先行，不打乱战；第二，要在绿色发展走向前列，走生态优先和绿色发展的新路子，处理好"金山银山和绿水青山"的关系，包括保护大别山区、秦巴山区等长江的生态屏障。第三，要在创新发展上走在前列，核心技术必须掌握在自己手里。

在长期关注长江生态保护的中国地质大学教授李长安看来，下好长江经济带"一盘棋"，健全流域管理的综合立法不可缺位。

李长安向《长江商报》记者介绍，目前我国尚没有一部专门的流域立法，长期以来，我国流域管理基本是以水为基点来制定法律和政策，已有的流域管理法律法规通常是部门或行政区立法，如有针对流域水土保持的，有针对水污染的，有针对防洪的，有针对资源过度利用的。

李长安认为，现有法律多归属于不同的行政执法主体，而长江流域是一个完整的系统，流域内环境、资源与社会、经济有着内在联系，以致职能部门的权力与责任等方面不够明确，加重了流域管理和协调的难度。其管理活动也只是处理流域生态系统中特定的、局部的生态系统功能，而没有考虑去维护整个流域生态系统的稳定、协调和持续。

"为了维护长江流域整体的生态健康，促进长江经济带的稳定有序发展，亟须制定一部基于流域生态系统的法律。"李长安表示，既包括流域各资源环境要素，又涵盖流域社会经济要素的综合法律——流域法或长江法。

天津市"奖优罚劣"对症施治
水环境质量生态补偿药方初见效*

为切实解决各区水环境质量改善不均衡、水污染防治行动力度不一致的问题，促进全市各区水环境质量的整体提升，天津自 2018 年 1 月起，正式实施《天津市水环境区域补偿办法》，引入"生态补偿"理念，在原有水环境质量按区排名的基础上，充分考虑河流上下游的自然属性，加入了对各区之间出、入境水质变化情况的考量，形成了水质现状与同比、环比以及出入境比综合评价的排名机制，并明确了奖惩标准，规定名列前茅的区获奖，排名靠后的区受罚。

水环境区域补偿机制实施以来，通过"奖优罚劣"保护水环境保护工作先进区的积极性，倒逼落后区不断加强水污染治理工作，在充分调动各区水污染防治工作积极性、促进全市水环境质量改善上，起到了"奇效"！

以西青区为例，2018 年 1—3 月，西青区连续 3 个月在全市 16 个区水环境质量综合排名中位列倒数。按照《天津市水环境区域补偿办法》奖惩规

---

* 来源：http://www.tjxq.gov.cn/xqxwzx/system/2018/05/16/010013159.shtml。
生态环境部环境规划院，《生态补偿简报》2018 年 5 月 14 期总第 783 期转载。

定，西青区累计受罚达 320 万元。这引起了西青区领导的高度重视，立即组织本区河长办、水务、环保等有关部门，对全区河道开展全面排查和监测，研究商讨对策，找差距，补短板。针对排查出的问题，西青区采取了封堵排污口门、加大管网工程建设、加强河道治理和提升污水处理厂能力等针对性措施，使得该区水体环境得到了明显的改善。4 月，西青区水环境综合污染指数环比下降 69.5%，全市排名由 3 月份的第 15 名跃升至第 5 名。

实施水环境区域补偿机制是本市提高水环境科学管理水平的一次有益探索，也是贯彻习近平总书记生态文明建设重要战略思想、建设美丽天津的一次实践。下一步，天津市将继续用好"生态补偿"利器，按照"抓两头、促中间，保好水、治差水"的原则，深入推进工业、生活、农业农村污水"三水"共治，全力保障饮用水安全，集中整治黑臭水体，持续促进水环境质量改善。

浙江启动八大水系生态横向补偿
补偿标准：500 万～1 000 万元*

徐宇宁透露，作为全国首个跨省流域水环境补偿试点，新安江流域上下游横向生态补偿第三轮试点即将启动。

在 6 月 5 日世界环境日这一天，浙江召开了近 10 年来规模最大、规格最高的全省生态环境大会。

浙江省委书记车俊表示，浙江作为"绿水青山就是金山银山"理念的发源地和率先实践地，要深刻领会习近平生态文明思想，切实把思想和行动统一到中央的决策部署上来，全面对标找差距，全面补齐生态环境短板，继续勇当生态文明建设"排头兵"。

---

* 来源：http://finance.sina.com.cn/roll/2018-06-06/doc-ihcqccin9430036.shtml。
生态环境部环境规划院，《生态补偿简报》2018 年 6 月 3 期总第 793 期转载。

浙江省财政厅厅长徐宇宁介绍，2017 年，浙江省财政在统筹财力的基础上，建立了"两山"建设财政专项激励政策资金，实施竞争性分配，2017—2019 年，共安排 108 亿元，择优支持 30 个县（市、区）发展。期间，财政部门会同有关部门加强督察，期满后进行绩效考核，考核结果未达到预期的，相应扣回激励资金。

根据浙江省环保厅资料，浙江以中央环保督察迎检和整改工作推进环境质量全面改善。坚持边督边改，按时办结移交的 6 920 件信访件，责令整改 7 289 家企业，立案处罚 4 401 家企业，查处力度位居同批次接受督察的 8 省区之首。

浙江省环保厅副厅长卢春中透露，浙江已经制定新一轮的生态文明示范创建计划，作为富民强省的十大行动计划之一。为此，未来五年，浙江省预计共投入 3 000 多亿元，聚焦蓝天、碧水、净土、清废四大行动和生态保护与修复、能力建设等领域的 21 个项目。

北大 E20 环保研究院副院长肖琼对《21 世纪经济报道》记者分析，浙江新一轮的生态环保示范创建计划，力度全国罕见，预计将吸引全国各地的环保企业云集浙江，参与四大环保行动，有望带动近万亿元社会投资。

提前 3 年完成"水十条"的消劣任务

近日，浙江省公布了《2017 年浙江省环境状况公报》（以下简称《公报》）。在水环境方面，浙江省地表水环境质量显著提升，水质达到或优于地表水环境质量Ⅲ类标准的省控断面占 82.4%，同比上升 5.0 个百分点；劣Ⅴ类断面全面消除。在八大水系、运河和河网中，江河干流总体水质基本良好，部分支流和流经城镇的局部河段仍存在不同程度的污染，其中钱塘江、曹娥江、椒江、瓯江、飞云江、苕溪六个水系水质达到或优于Ⅲ类水质标准，水质优良；甬江、鳌江和京杭运河等水系中部分河流（段）超Ⅲ类水质标准。平原河网水质相对较差，达到或优于Ⅲ类水质断面占 38.1%，但同比上升了 7.1 个百分点。在饮用水水源保护方面，2017 年，浙江完成了该年度集中式饮用水水源地环境状况评估，大力推进千岛湖、东钱湖、长潭水库等水质良好湖泊生态环境保护工作。从城市来看，杭州、宁波、温州、湖州等 10 市的县级以上城市集中式饮用水水源地水质优良，个数达标率为 100%。嘉兴市个数达标率为 25.0%，但与上年同比大幅上升了 12.5 个百分点。尤为值得关注的是，浙江实施劣 V 类水剿灭全民行动，列入整治计划的 58 个县控以上劣 V 类水质断面和 16 455 个劣 V 类小微水体完成销号，提前 3 年完成国家"水十条"下达的消劣任务；列入"水十条"考核的 103 个断面均达到年度水质考核要求，5 条入海河流水质消除劣 V 类。肖琼分析，从历史来看，浙江的水环境治理压力一直相对较大，不过，最近三年内浙江的水污染治理成绩走在全国前面，这说明浙江已经找到了环境保护与经济发展相协调的新路，是践行"两山理论"的很好体现。中科院科技战略咨询研究院副院长王毅对《21 世纪经济报道》分析，水环境及流域综合治理有其规律性，消除劣 V 类水只是目标之一，在这么短时间内完成任务实属不易，但其成本、效果及对整个流域治理的影响还有待评估。

八大水系年内建立生态横向补偿

徐宇宁透露，作为全国首个跨省流域水环境补偿试点，新安江流域上下游横向生态补偿第三轮试点即将启动。

发源于安徽黄山的新安江，是富春江、钱塘江的上游。早在 2011 年，在财政部、环保部的推进下，我国在横跨浙江与安徽的新安江流域开展了首个跨省流域生态补偿试点，中央财政每年拿出 3 亿元，安徽、浙江各拿 1 亿元，两省以水质"约法"，共同设立环境补偿基金。

"操作非常简单，就是年度的水质达到了考核标准，浙江拨给安徽 1 亿元，如果水质达不到考核标准的，安徽拨给浙江 1 亿元，中央财政这 3 亿元全部都拨付给安徽。"徐宇宁介绍。

在首轮试点取得明显成效后，2015—2017 年新安江上下游的横向生态补偿实施了第二轮试点，试点资金由 3 年的 15 亿元增加到 21 亿元，其中中央财政 3 年 9 亿元不变，两个省每年的资金分别由 1 亿元增加到 2 亿元，新增的 1 亿元补偿资金主要用于安徽省内两省交界区域的污水和垃圾治理，特别是农村污水和垃圾治理。

徐宇宁透露，在新安江流域上下游横向生态补偿第三轮试点当中，"我们将继续优化水质考核指标的设计，重点在两省交界地区农村污水处理、垃圾集中处置、污水处理厂体表改造等方面加大投入，同时积极探索创新补偿方式，充分发挥杭黄铁路等重大交通设施的侧面作用，强化产业项目的对接，力争把黄山、新安江、千岛湖、富春江、钱塘江打造成长三角，乃至全国最美生态旅游风景带。"

受新安江生态补偿成功经验的启发，徐宇宁透露，浙江省内八大水系的源头地区，从 2018 年开始全部建立上下游的生态横向补偿机制。补偿标准由上下游县（市、区）在 500 万～1 000 万元范围内自主协商确定。

资料显示，2018 年 2 月，开化县和常山县签订了全国首份县级流域横向生态补偿协议。目前，钱塘江流域衢州市域和浦阳江流域上下游地区已全部建立横向生态补偿机制。

《21 世纪经济报道》记者获悉，浙江省新一轮的生态文明示范创建计划确立了浙江省到 2020 年和 2025 年的目标，制定了绿水、蓝天、清废、净土四大攻坚战计划行动方案，对生态文明建设和完成四大攻坚战的支撑体系、考核体系、政策体系做了介绍，是新时代浙江省生态文明建设的路线图、时间表。

卢春中透露，在治水方面，2018 年浙江将由治标向治本转变，建立"0 直排区"，做到晴天不排水，雨天不排污；在治气方面，浙江将推进"清新空气示范区"的创建，实施挂图统筹。

仁怀多项改革守护赤水河生态环境[*]

近年来，仁怀市始终坚守发展和生态两条底线，探索生态文明改革，采取综合措施，保护赤水河生态环境。截至目前，第三方治理、生态补偿、农村面源污染合力整治、跨区域治理联席制度、河长制等改革成效初显。

---

* 来源：http://dy.163.com/v2/article/detail/DJF3CFBQ0514R9K8.html。

生态环境部环境规划院，《生态补偿简报》2018 年 6 月 5 期总第 795 期转载。

全面推进第三方治理。出台《关于加强环境污染第三方治理（运行）监管工作的指导意见》，将环保在线监控、环境污染治理设施及水质自动监测站全部委托第三方运行，明确排污方与治理（运行）方的责任，解决排污企业缺乏治理技术的问题。截至目前，委托第三方运行的污染治理设施 135 套、在线监控 78 套、水质自动监测 3 座。

"多渠道"开展生态补偿。按照"保护者受益，利用者补偿"的原则，制定了《生态补偿实施办法》，明确了补偿主体和受偿主体，通过政策补偿（红高粱高于市场价 2 倍的保护价收购）、产业补偿（绿色产业向上游乡镇街道倾斜）、林地补偿（企业根据环境容量情况到上游区域栽植林地）、资金补偿（企业缴纳生态补偿金）等方式，落实生态补偿。

建立跨区域"一年两联"制度。2013 年 11 月，川滇黔三省交界区域环境联合执法联席会在仁怀召开，会议讨论通过川滇黔三省交界区域环境联合执法、水质监测、环境应急工作方案，每年召开一次联席会、开展一次联合执法，共同保护赤水河。

建立市域三级"河长制"，健全"三巡查两报告一考核"制度，明确由市长任赤水河流域仁怀段"总河长"，镇村两级主要负责人分别担任本辖区河流、溪沟的"河长"，设立河长制办公室，落实编制、经费、人员保障，聘请河道溪沟巡查保洁员，实行每周巡查保洁制度，从制度上有效覆盖赤水河流域（仁怀段）的 75 条河流、溪沟。

吉林省 2017 年度水环境区域补偿资金核算完成[*]

为强化水环境保护责任，加快推动全省流域跨界水环境生态补偿机制建设，改善水环境质量，从 2017 年起，吉林省开展实施了水环境区域补偿工作。

---

[*] 来源：http://bbs1.people.com.cn/post/129/1/2/167761552.html。

生态环境部环境规划院，《生态补偿简报》2018 年 6 月 7 期总第 797 期转载。

近日，吉林省环保厅根据重点流域水质监测数据，完成了 2017 年度全省水环境区域补偿核算工作。

2016 年，吉林省在深入调查研究的基础上，结合全省水污染防治工作实际，省财政厅会同省环保厅制定印发了《吉林省水环境区域补偿实施办法（试行）》（以下简称《办法》）和《吉林省水环境区域补偿工作方案（试行）》（以下简称《方案》）。《办法》规定，水环境区域补偿坚持"谁污染、谁付费，谁治理、谁受益"原则，根据断面水环境治理达标和改善情况，实行横向资金补偿、纵向资金奖励机制，即对水质受上、下游影响的市、县予以补偿，对水质达标的市、县予以奖励。

《方案》明确先行选取松花江干流、东辽河干流、条了河山省断面，东辽河干流跨设区的市、公主岭市交界断面下游市，伊通河跨设区的市、县交界断面，全省地级以上城市集中饮用水水源地作为跨省界、市界、县界考核断面，按月采取单向补偿方式，由省财政通过与市、县财政结算。补偿标准依据水资源经济价值损失和治理成本，设置"倍增式"补偿基数，即污染越严重，补偿成倍增加（补偿标准最多不超过 500 万元）。跨省界、市界、县界考核断面，以及地级以上城市集中式饮用水水源地连续 2 年达到水质目标的，予以奖励（每个断面和每个饮用水水源地 100 万元奖励）。

下一步，省环保厅将进一步完善和修订《办法》，提高水环境区域补偿金额，扩大水环境区域补偿范围，实现全省市州之间、县与县之间水环境区域补偿全覆盖。

算好一本账　共享一江美*

在"共抓大保护"的格局下，建立健全生态补偿与保护长效机制尤为重要。

---

* 来源：http://env.people.com.cn/n1/2018/0613/c1010-30053645.html。
生态环境部环境规划院，《生态补偿简报》2018 年 6 月 8 期总第 798 期转载。

目前，长江经济带的生态补偿机制建设有何进展？还存在哪些难啃的硬骨头？下一步努力的方向在哪里？

上游护好了一江清水，下游从中受益，上游付出的努力该如何补偿？反之，上游污染了水质，下游该怎么找上游算账？作为缓解生态保护与经济发展矛盾的重要手段，生态补偿机制有效化解了这一困境：要算好这本账，让保护环境的地方不吃亏、能受益、更有获得感。

多部门联合实施长江经济带生态修复奖励政策

日前，记者从财政部了解到，目前长江经济带"共抓大保护"机制建设进展顺利，通过搭建联防共治工作平台、实现激励和约束相结合，有效调动了地方各级政府推进生态环境保护和污染治理的积极性。

2018 年 2 月，财政部、环保部、国家发展改革委、水利部联合启动实施长江经济带生态修复奖励政策，支持建立长江经济带生态补偿与保护长效机制。

中央财政以建立完善全流域、多方位的生态补偿和保护长效体系为目标，优先支持解决严重污染水体、重要水域、重点城镇生态治理等迫切问题。以生态环境质量改善为核心实施精准考核，强化资金分配与生态保护成效挂钩机制，让保护环境的地方不吃亏、能受益、更有获得感。

针对长江流域有关省份机制建立和运行情况、承担的生态保护修复任务量等因素，2017 年年底，中央财政已预拨了 30 亿元奖励资金。到 2020 年，中央财政拟安排 180 亿元促进形成共抓大保护格局。

记者了解到，在跨省机制建设方面，云南、贵州、四川三省已签订赤水河流域横向生态补偿协议，相关省份间正积极开展协商，就推进长江流域省际生态补偿机制、签订补偿协议等工作开展前期沟通。在深入开展调研的基础上，确定建立生态补偿机制的具体办法。

在国家建立长江流域横向生态补偿政策引导下，江西目前与其上游湖北、下游安徽沟通协商，通过监测省界断面长江水质情况等，建立起上下游省份之间的生态补偿机制。江苏也在探索建立长江经济带跨省生态补偿机制，目前已跟安徽、浙江等省进行沟通。

省内生态补偿机制正逐渐完善

省内生态补偿机制建设方面，长江经济带各省市也在加快探索。江苏、浙江、重庆的部分市县，就签署了横向生态保护补偿协议。

据了解，江苏省建立了覆盖全省流域的水环境质量双向补偿机制，全省共有补偿断面 112 个，其中沿江 8 市共有 76 个。按照"谁超标、谁补偿，谁达标、谁受益"的原则实行双向补偿：当断面水质超标时，由上游地区对下游地区予以补偿；当水质达标时，由下游地区对上游地区予以补偿；滞流时上、下游地区之间不补偿。截至目前，江苏全省水环境区域补偿资金累计已近 20 亿元。补偿资金连同省级奖励资金全部返还地方，专项用于水污染防治工作，有效推动了区域水环境质量的改善。

江苏的区域补偿工作还向纵深发展，无锡、徐州、常州、苏州、南通、淮安等多地也参照省级补偿工作做法，在辖区范围内开展跨县（市、区）河流区域补偿。利用环境经济政策和价格杠杆改善跨界水体水质的做法，得到广泛应用。

目前，湖北省正在加快出台建立省内流域横向生态补偿机制的指导意见，筛选出保护任务突出、权责关系清晰的流域，先行建立生态补偿机制，指导相关市县签订流域上下游生态补偿协议，确保到 2020 年省内长江流域相关市县 60%以上建立生态补偿机制。

记者从江西省财政厅了解到，2018 年 1 月 29 日，《江西省流域生态补偿办法》正式下发，基本保留了 2015 年出台的《江西省流域生态补偿办法（试行）》的内容，继续将鄱阳湖和赣江、抚河、信江、饶河、修河等五大河流以及长江九江段和东江流域等全部纳入实施范围，涉及全省所有 100 个建制县（市、区），2018 年生态补偿资金规模将超过 28.9 亿元。

"生态补偿资金不能一拨了之。2018 年，江西将加强生态补偿资金使用绩效考核问效，建立监督检查或审计检查制度。"江西省财政厅地方财政管理处处长郭冠华表示。

省际生态补偿机制实质性进展有待加快

生态补偿机制的实施，有力调动了各地治水的积极性。

江苏省环保厅相关负责人表示，截至 2017 年年底，江苏省水环境区域补偿资金累计已超 18 亿元，开展区域补偿的跨界断面水质明显改善。2016 年度 66 个补偿断面氨氮、高锰酸盐指数年均浓度较 2015 年度分别下降 19.1%、1.5%。

制度带动观念转变，地方政府主动治污的积极性明显提高。

江苏省环保厅相关负责人表示，区域补偿工作开展以来，地方政府从回避、畏难到逐步接受、应对，再到想方设法主动改进工作，思想认识已逐步发生转变。从太湖流域第一年度补偿资金收缴困难重重、到各地基本能主动缴纳补偿资金、从各地互相攀比缴纳补偿资金的高低、到在补偿工作的带动下增强治污工程的针对性、提高治污投入、加大监管力度、改进断面水质明显进步。

不过，当前生态补偿机制的实施状况，距离"共抓大保护"的长远目标仍然存在差距，尤其是省际生态补偿机制，实质性进展还需加快。

水利部长江水利委员会相关负责人表示，目前长江上中下游生态补偿机制尚未建立，下一步要研究建立江河源头区、赤水河流域、汉江流域、蓄滞洪区等重点区域和重要饮用水水源地保护、水土保持等重点领域生态补偿机制。研究建立跨流域调水和控制性水利水电工程影响补偿、洲滩行蓄洪运用补偿等机制。

江苏省环保厅水环境管理处处长戢启宏认为，跨省生态补偿由于各省诉求不一致，会导致断面选择、污染指标选择的不一致、不确定，给实际工作的开展带来一定难度。另外，在关注水质的同时，还需从整体上关注水资源的调配与使用，建立协同机制。

探路生态补偿　呵护碧水东流[*]

"共同打好污染防治攻坚战，加快建设美丽长三角。"日前召开的长三角地区主要领导座谈会上，生态环保联控化是重要议题。会议指出，要在建设生态屏障、改善区域水环境等方面进一步强化协同性，建立健全跨区域环境污染联防联治机制，打造与世界级城市群相适应的自然生态、人居环境和区域风貌。

联防联治污染，皖浙携手探路已多年。2012 年起，在财政部、环保部指导下，皖浙两省在新安江流域实施全国首个跨省流域生态补偿机制试点。"亿元对赌水质"的制度设计，一时间从新安江畔传向全国，成为新闻热点，并被社会持续关注。

6 年多来，试点已开展两轮。2018 年 4 月，由环保部环境规划院编制的《新安江流域上下游横向生态补偿试点绩效评估报告（2012—2017）》通过专家评审。该报告显示，试点实施以来，新安江上游水质为优，连年达到补偿标准，并带动下游水质与上游水质变化趋势保持一致。

新安江上下游坚持实行最严格的生态环境保护制度，倒逼发展质量不断提升，实现了环境、经济、社会效益多赢。

2012—2017 年，新安江上游流域总体水质为优，千岛湖湖体水质总体稳定保持为 I 类

5 月 30 日，黄山市屯溪区，细雨霏霏，雾气笼罩下的新安江风光，如同水墨画卷。然而，连续下雨，上游漂来的腐烂水草增多。当日下午，屯溪区城管局水上中队队长王骏和同事们冒雨从江心洲码头上船，往湖边水利枢纽一路巡查打捞水草及其他垃圾。王骏说，近年来中队装备大为改善，现有打捞船

---

* 来源：http://ah.anhuinews.com/system/2018/06/13/007893294.shtml。

生态环境部环境规划院，《生态补偿简报》2018 年 6 月 9 期总第 799 期转载。

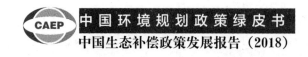

18 艘，巡航距离增至 13.4 km，覆盖面更广。

重点河面打捞是新安江生态补偿试点后开展的常态化工作之一，护一江碧水东流。新安江发源于黄山市休宁县境内的六股尖，干流总长 359 km，2/3 在黄山市境内，平均出境水量占千岛湖年均入库水量近七成。新安江上游水质优劣很大程度上决定着千岛湖水质的好坏，关乎长三角生态安全。

时光回溯到 2011 年 11 月，财政部、环保部等在新安江流域启动全国首个跨省流域生态补偿机制试点，设置补偿基金每年 5 亿元，其中中央财政 3 亿元、皖、浙两省各出资 1 亿元。年度水质达到考核标准，浙江拨付给安徽 1 亿元，否则相反。

省与省之间从未有过的"亿元对赌水质"模式由此开启，关于"谁会赔付"备受关注。水质是最好的答案。试点绩效评估报告显示，根据皖浙两省联合监测数据，2012—2017 年，新安江上游流域总体水质为优，千岛湖湖体水质总体稳定保持为 I 类，营养状态指数由中营养变为贫营养，与新安江上游水质变化趋势保持一致。评估专家组认为，新安江流域生态补偿机制试点以来，上下游坚持实行最严格生态环境保护制度，倒逼发展质量不断提升，实现了环境效益、经济效益、社会效益多赢。

试点呈现出从末端治理向源头保护、从项目推动向制度保护、生态资源向生态资本"三个转变"。

黄山市推进新安江流域综合治理，投入资金 120.6 亿元，实施污染治理、生态修复项目 225 个；全面推行河长制，设立新安江绿色发展基金

试点启动伊始，安徽省就把新安江流域综合治理作为建设生态强省的"一号工程"，并在市、县政府分类考核中，把黄山市单独作为四类地区，加大生态环保、现代服务业等考核权重。"这一决策，让我们进一步认识到保护生态环境就是保护生产力，坚定了我们保护生态的信心和决心。"黄山市主要负责同志表示。

两轮试点以来，中央财政及皖浙两省共计拨付补偿资金 39.5 亿元。黄山市推进新安江流域综合治理，投入资金 120.6 亿元，实施农村面源污染、城镇污水和垃圾处理、工业点源污染整治、生态修复工程等项目 225 个，并设立新安江绿色发展基金，促进产业转型和生态经济发展。

该市不断探索流域综合治理和生态保护新机制，在第一轮试点中做到垃圾保洁、河面打捞、网箱退养等"六个全覆盖"，干流两岸风貌整治、农业面源污染整治、工业企业转型发展、城乡污水处理"四个强力推进"；第二轮试点中，全面推行河长制，设立绿色发展基金，定期举办新安江绿色发展论坛等。源头控污，该市近 6 年来累计关停污染企业 170 余家，整体搬迁工业企业 90 多家，优化升级项目超过 500 个；近 3 年来共否定外来投资项目 180 个，投资总规模达 160 亿元。

北京大学环境科学与工程学院教授、新安江流域生态补偿绩效评估专家组组长郭怀诚认为，第二轮试点呈现出从末端治理向源头保护、从项目推动向制度保护、生态资源向生态资本"三个转变"。

通过经济手段惩罚水质恶化的地区、奖励水质改善的地区，促进水环境进一步改善。

借鉴新安江试点经验，地表水断面生态补偿机制 2018 年起全省实施

积累新安江试点经验后，安徽省首个省级层面的生态补偿机制 2014 年落地大别山。从当年起，省级设立大别山区水环境生态保护补偿资金 2 亿元。探索生态补偿机制，安徽省从 2018 年起再迈大步伐，地表水断面生态补偿机制在全省推广。《安徽省地表水断面生态补偿暂行办法》2018 年 1 月 1 日起实施，借鉴新安江试点经验，采取"水质对赌"模式。办法明确，在全省建立以市级横向补偿为主、省级纵向补偿为辅的地表水断面生态补偿机制；将跨市界断面、出省境断面和国家考核断面列入补偿范围，实行"双向补偿"。

一季度全省地表水断面生态补偿结果日前出炉。全省共产生污染赔付金 6 800 万元，生态补偿金 4 900 万元。其中，污染赔付金支出较多的市是安庆、滁州、合肥、六安，分别支出 1 350 万元、500 万元、450 万元、450 万元。生态补偿金收入较多的市是阜阳、淮北、亳州，分别收入 550 万元、450 万元、450 万元。

155

省环保厅有关负责人表示，随着生态补偿暂行办法实施，通过经济手段惩罚水质恶化的地区、奖励水质改善的地区，以此督促各市进一步加大水污染防治力度，促进水环境进一步改善。按照 6 月 2 日在上海召开的长三角区域水污染防治协作小组第三次工作会议要求，安徽省将和沪苏浙一起坚持上下游联动、水岸联治，有效治理水污染，加强水源地协同保护，确保流域水体水质持续改善，确保广大人民群众始终喝到好水、放心水。

上中下游协作　加强流域管理
下好一盘棋　共护一江水*

共抓大保护，不搞大开发。推动长江经济带发展是以习近平同志为核心的党中央作出的重大决策，是关系国家发展全局的重大战略。有关部门单位和沿江省市牢牢坚持"把修复长江生态环境摆在压倒性位置"，做了大量工作。从即日起，本版将刊登"美丽中国·长江大保护"系列策划，从构建协同保护机制、建立生态补偿制度、完善司法协作体系等方面，展现我国为保护长江所做出的努力、所取得的进展。

长江，拥有着独特的生态系统，是我国重要的生态宝库

2018 年 4 月，习近平总书记在深入推动长江经济带发展座谈会上指出："长江经济带不是一个个独立单元，要树立一盘棋思想。"如何打破地区、部门藩篱，树立一盘棋思想？怎样跨越行政区划，实现共抓大保护？

从规划到行动，为协同保护打下基础。

长江大保护，规划先行。2016 年，《长江经济带发展规划纲要》印发。2017年 7 月，《长江经济带生态环境保护规划》发布，提出了建设和谐长江、健康

---

* 来源：http://paper.people.com.cn/rmrb/html/2018-06/11/nw.D110000renmrb_20180611_1-14.htm。
生态环境部环境规划院，《生态补偿简报》2018 年 6 月 10 期总第 800 期转载。

长江、清洁长江、优美长江、安全长江等五个方面主要目标和 19 项主要指标——到 2020 年，要实现长江经济带区域生态环境明显改善，生态系统稳定性全面提升，河湖、湿地生态功能基本恢复，生态环境保护体制机制进一步完善；地表水质量国控断面（点位）达到或优于Ⅲ类水质比例达到 75% 以上，劣Ⅴ类比例小于 2.5%，地级及以上城市集中式饮用水水源水质达到或优于Ⅲ类比例达到 97% 以上。

一系列规划出台，为长江生态环境建立协同保护体制机制打下基础。从规划到行动，相关部委密集出台举措，长江经济带全流域、跨地区事务协调机制正逐步建立、加强。

国家发展改革委官方网站显示，2016 年 12 月，推动长江经济带发展领导小组办公室会议暨省际协商合作机制第一次会议召开，重庆、四川、云南、贵州签署长江上游地区省际协商合作机制协议，湖北、江西、湖南签署长江中游地区省际协商合作机制协议和长江中游湖泊保护与生态修复联合宣言。长江生态环境的保护，是省际协商合作机制的重要内容。

2018 年 5 月 31 日，生态环境部新闻发言人刘友宾在例行新闻发布会上介绍，"三线一单"工作开局良好，力争在 2018 年年底前基本完成长江经济带及上游相关省（市）编制工作。所谓"三线一单"，是指"确立资源利用上线、生态保护红线、环境质量底线，制定产业准入负面清单"，这项工作是《长江经济带生态环境保护规划》中明确要求的。有了这"三线一单"，各地的长江大保护就有了统一的尺子。

"经过长期治理和保护，长江流域水资源与水生态保护体系逐步构建，废污水排放总量增速趋缓。为做好长江流域水生态环境保护与修复顶层设计，2018 年水利部长江水利委员会按照《长江经济带发展规划纲要》《长江流域综合规划（2012—2030 年）》组织研究制定了《长江流域水生态环境保护与修复行动方案》《长江流域水生态环境保护与修复三年行动计划（2018—2020 年）》，拟全面开展长江流域水生态环境保护与修复工作。"长江委相关负责人向记者透露。

共抓大保护，也体现在一系列督促检查行动的重拳出击上。记者从生态环境部了解到，2018 年 5 月起，生态环境部组成 150 个督察组，对长江经济带固体废物非法倾倒情况现场摸排核实，一批挂牌督办案件被曝光。此前的 2016年，环保部还会同沿江 11 省市，共同组织开展了饮用水水源地环境保护执法专项行动；2018 年年底前，长江经济带 11 省市将全面完成县级及以上城市水源地环境保护专项整治。

上中下游协作，沿江省市合力推进保护

一江清水浩荡东流，离不开上中下游的协作。长江流域河湖密布、支流众多，上游意识、中游任务、下游作用都落实到位，才能形成合力。随着一系列顶层设计的出台和完善，沿江省市越来越意识到加强协作的重要性，从生态系统整体性和长江流域系统性着眼，合力推进长江保护。

重庆巫山培石断面位于长江鄂渝缓冲区，是长江流经重庆进入湖北的省界断面。重庆市水环境监测中心的工作人员会定期在该断面现场采样，并将采样时间、现场测定参数值以及照片通过手机应用程序实时输入管理系统。

重庆是长江上游重要生态屏障。2018 年 4 月，重庆、贵州两地签署合作框架协议，决定协同推进长江上游流域生态保护与生态修复。为加强跨省界河库管理保护工作，重庆多个区县主动衔接四川、湖北、湖南相邻市县，探索跨省市流域综合联动治理。

湖北是南水北调中线工程水源区和三峡大坝所在地，是长江流域重要水源涵养地和国家重要生态屏障。

记者从湖北省发展改革委了解到，2018 年，湖北将积极创新体制机制，深入推进长江中游省际协商合作，力争在生态保护合作方面取得实质性进展。

太浦河是太湖流域一条重要河流，因沟通太湖和黄浦江而得名，流经苏浙沪三地。江苏省环保厅相关负责人表示，目前太浦河的水资源保护、水质监测、应急管理等方面，都建立了省级联防联控机制。

江苏地处长江下游，长江沿岸经济发达，企业、人口分布密集。5 月 30日，记者从江苏召开的全省长江经济带发展工作推进会上获悉："江苏将探索建立省际协商合作机制，磋商解决跨区域基础设施、流域管理、环保联防联控

等问题。"

建立健全跨部门、跨区域协调机制

记者从生态环境部获悉，近年来，长江经济带环境保护工作取得积极进展，但部分区域保护形势依然严峻，一些地区饮用水水源保护区划定不清、边界不明、违法问题多见，非法转移倾倒固体废物、危险废物案件呈多发态势。

如何更有效地对长江生态环境进行修复？需要把握长江生态系统自身特点，建立健全生态环境协同保护体制机制。

"当前，长江流域水生态环境状况虽有所改善，但与美丽中国的建设目标仍有较大差距，加之上中下游生态补偿机制尚未建立，均对长江流域水生态环境保护提出了更严峻挑战。"长江委相关负责人认为，"长江经济带作为流域经济，涉及水、路、港、岸、产、城和生物、湿地、环境等多方面，是一个整体，必须全面把握、统筹谋划。面对'共抓大保护'的要求，要进一步完善流域管理与区域管理相结合的管理体制，建立健全跨部门、跨区域协调机制，建立流域信息共享机制，完善公众参与机制，形成合力，系统治理。"

生态环境部水环境管理司有关负责人透露，生态环境部在长江经济带积极推动区域协同联动，通过研究建立规划环评会商机制、建设统一的生态环境监测网络、推进生态保护补偿等，不断创新上中下游共抓大保护路径，完善生态环境协同保护机制。下一步，将按照机构改革和生态环境保护综合执法改革有关要求，深入推进长江流域生态环境监管体制改革，建立和完善流域统筹、河（湖）长落实的制度体系，组建流域生态环境监管执法机构，实现流域生态环境统一规划、统一标准、统一环评、统一监测、统一执法。

此外，加强流域立法的呼声也很强烈。长江委相关负责人建议，尽快推动相关立法，加快推进长江保护法立法进程及水资源保护、水工程联合调度、岸线利用等相关配套法规的出台实施。

复旦大学特聘教授陈家宽建议，成立跨部门、跨行政区域的强有力管理协调机构；建立我国长江流域自然保护区群，组建相应的协调和管理机构；同时，实施长江流域湿地的生态修复重大工程，优先抢救性保护生态良好的长江支流。

江西：拒 300 余个项目
东江源区确保清流送粤港[*]

"我住东江源，君居东江尾；相隔千万里，同饮东江水。"2018 年 6 月 5 日，记者从江西省环保厅获悉，为了保护东江源区生态环境，送粤港同胞一江清水，该省严格准入、把住源头，仅 2017 年，东江源区就拒绝可能对水质造成污染的投资项目 300 余个。根据监测结果，东江流域江西省出境水质均达到或优于Ⅲ类水质标准要求，稳中向好。

东江是珠江水系三大河流之一，源头区域涵盖江西省赣州市龙南、安远、定南、会昌、寻乌 5 个县，源区流域面积约占东江全流域面积的 1/10，源头水质直接关系到整个东江流域生态环境和粤港用水安全，是名副其实的"生命之水"。

2016 年 10 月，在环境保护部、财政部等国家部委的支持帮助下，赣粤两省签署了《东江流域上下游横向生态补偿协议》，正式实施东江流域上下游横向生态补偿试点工作，补偿期限暂定 3 年，江西省和广东省共同设立东江流域水环境横向补偿资金，每年各出资 1 亿元。赣粤两省还在东江流域上下游联合监测、执法、应急、信息共享等方面积极开展相关工作，建立多层次、多部门的横向对接、协商机制，共同推进生态补偿工作。

针对东江源存在水质维稳压力较大、生态环境较为脆弱、环保基础设施滞后、流域环境监管能力不足等突出问题，江西省制定了《东江流域生态环境保护和治理实施方案》，从污染治理、生态修复、水源地保护、水土流失治理和环境监管能力建设等方面实施东江流域生态环保和治理工程项目，计划财政资

---

[*] 来源：http://www.jx.xinhuanet.com/2018-06/16/c_1122995317.htm。
生态环境部环境规划院，《生态补偿简报》2018 年 6 月 11 期总第 801 期转载。

金总投入 15 亿元。目前，已到位财政生态补偿资金 8 亿元，全部安排到工程项目上，各计划工程项目均有序推进。江西省还持续保持对东江源区环境违法行为打击的高压态势，做到举报必查、违法必究。

江西省以改善东江源区生态环境质量为核心，大力实施生态环境保护和治理工程项目，取得了东江流域上下游横向生态补偿工作的阶段性成效。东江源区已逐步实现产业结构调整和经济发展方式的转变，利用生态优势，以绿色发展引领东江源区经济社会的转型跨越发展，整合资金推广生态农业技术，加大低产林转产，扶持种植杉木、油茶、猕猴桃等林木果品，源区生态产业面积达23.6 万亩。东江源区各县通过实施生态补偿、国家水土保持重点建设、农村环境综合整治、乡镇污水处理厂及管网建设等一系列的工程项目，源区环保基础设施进一步完善，源区整体生态环境进一步改善。

甘肃全面建立河长制　启"一河一策"
探河湖生态补偿机制*

2018 年 6 月 13 日，甘肃省水利厅副厅长王勇在甘肃省政府新闻办新闻发布会上介绍说，目前，甘肃河长体系已全面建立，共设置河长 26 138 名。已编印甘肃省河湖名录、河长名录、河长制工作手册，印发实施省级河流"一河一策"方案、河湖健康评估技术大纲、河道采砂规划等。还将探索建立河湖生态补偿机制，推动水资源保护、水污染防治、水环境改善、水生态修复等工作任务。

王勇介绍，甘肃已全面建立了由党委、政府主要负责同志担任总河长的"双河长"工作机制和覆盖所有江河、湖泊、洪水沟道的省、市、县、乡、村五级河长体系。部分地区还将人工湖、水库、淤地坝、重点骨干渠道纳入河长体系，

* 来源：http://www.chinanews.com/cj/2018/06-13/8537212.shtml。
生态环境部环境规划院，《生态补偿简报》2018 年 6 月 12 期总第 802 期转载。

同步建立了湖长制、库长制、渠长制。

"巡河监督已成为常态。"王勇说，截至 2018 年 5 月底，该省级总河长、河长巡河 17 人次，省、市、县、乡、村五级河长巡河 5.7 万多人次，河长巡河履职步入常态化。同时，全省各级党委、政府将全面推进河长制工作落实情况纳入年度考核，各级党委、政府督察室将河长制工作列为重点督察督办事项。

对于省级河流，除了实施"一河一策"方案，甘肃还建立了河湖水资源、水功能区等"一河一档"基础信息，启动了河湖水域岸线规划利用、河湖生态空间确权划界、水文监测站网优化建设、水域岸线管理保护办法等规划方案编制工作、各项基础工作进展顺利。

王勇说，河湖管护初见成效。目前，全省已关停违法违规采砂场 699 家，取缔封堵非法排污口 215 个，关闭砂石料场 144 家，整治黑臭水体 14 条，黑臭水体消除比例达 82.35%，累计清理河道 2 800 多 km，清理河道垃圾 120 多万 t，疏浚河道 6 200 多 km，拆除非法建筑物 8 340 座。

为了巩固拓展河长制成效，王勇介绍，甘肃还将按期全面建立湖长制，按照当地湖泊实际，进一步完善湖长体系，落实湖长职责，创新管护方式，构建责任明确、协调有序、监管严格、保护有力的河湖管理保护机制，确保在 2018 年年底前全面建立湖长制。

与此同时，甘肃还将建立和完善公众参与平台，畅通公众参与群众监督渠道，通过聘请社会监督员、设立"民间河长"等方式，引导和鼓励公众参与河湖管理保护、监督和宣传，让全社会关爱河湖、珍惜河湖、保护河湖。

重庆建立流域相邻区县水质双向补偿机制*

长江重庆段长 679 km，三峡库区重庆段水容量 300 亿 m³，在建设长江上

---

* 来源：https://baijiahao.baidu.com/s? id=1604772141222738678。
生态环境部环境规划院，《生态补偿简报》2018 年 7 月 2 期总第 806 期转载。

游重要生态屏障中责任重大。通过发挥财政资金杠杆效益，重庆 2018 年建立了流域相邻区县水质横向补偿机制，根据河流跨区域交界水质断面变化，确定上下游区县水质补偿基金转移，实现生态保护补偿机制，成本共担、效益共享、合作共治。

据重庆市财政局介绍，该机制为"双向补"，即跨区域交界处，河流断面水质达到水环境功能类别要求，并较上年水质提升，由下游区县补给上游区县；下降或超标的，由上游区县补给下游区县。补偿金月核算、月通报、年清缴，补偿标准每月 100 万元。

对于这一水质补偿机制，重庆市设置了"两目标"，2020 年前在 19 条流域面积 500 km² 以上、且跨两个或多个区县的次级河流建立补偿机制；2025 年市域河流补偿机制成熟定型。

探路生态补偿　呵护碧水清流[*]

推进流域上下游建立横向生态补偿机制，是党中央、国务院作出的一项涉及生态保护和修复的重要决策部署。按照"受益者付费、保护者得到合理补偿"的原则，2016 年，财政部、环保部决定在引滦入津流域（河北、天津）开展生态补偿试点。两年来，河北省强力推进滦河流域环境保护和生态建设，促进水质持续改善。

水质逐渐好转

"2016 年、2017 年和 2018 年以来月监测结果水质平均达标率分别为 65%、80%、90%，水质越来越好。"近日，在引滦入津工程津冀交界处的黎河桥处，唐山市政府相关负责人指着一张水质监测表向笔者介绍，这是生态环境补偿机

---

* 来源：http://wemedia.ifeng.com/68943924/wemedia.shtml。
生态环境部环境规划院，《生态补偿简报》2018 年 7 月 8 期总第 812 期转载。

制带来的新变化。

我国跨省流域上下游横向生态补偿机制 2011 年开始建立。当年，安徽与浙江两省率先在新安江流域开展生态补偿机制创建试点工作。根据相关方案，2012—2014 年，中央财政每年安排 3 亿元，两省每年各安排 1 亿元，三年共计 15 亿元推动新安江水环境改善。

试点成功后，2015 年，财政部、环保部向国务院呈报了《关于扩大跨省流域上下游横向生态补偿机制试点的请示》。经国务院批准，试点工作有序推进。2016 年，财政部、环保部重点在引滦入津流域（河北、天津）等四个流域开展生态补偿试点。

"早在 2012 年，参照新安江试点，河北省与天津市就已着手启动引滦流域跨界水环境补偿工作，编制了《引滦流域跨界水环境补偿方案》并呈报环保部、财政部。"省财政厅相关负责人介绍，之后近 4 年时间里，在两部的组织下，河北省与天津市有关部门对建立引滦入津水环境生态补偿机制事宜进行了反复沟通与多次协商。

2016 年 6 月，河北省与天津市就跨界断面、水质标准、监测指标、补偿方案、治理重点等内容基本达成了共识。财政部、环保部对此非常认可，认为引滦入津上下游横向生态补偿机制已初步建立，随即下达河北省 2016 年奖励资金 3 亿元，表明河北省生态补偿试点工作正式开展。

2017 年 4 月，天津市政府来函对原已达成共识的内容提出了新的修改意见，增加了水库清淤等任务。为贯彻落实国家生态文明体制改革要求，推进京津冀协同发展生态环境保护领域率先突破，2017 年 6 月，河北省与天津市正式签署《关于引滦入津上下游横向生态补偿的协议》，确定了《引滦入津上下游横向生态补偿实施方案》，试点期为 2016—2018 年。河北、天津正式成为国家扩大试点工作后签署流域上下游生态补偿协议的 4 个试点之一。

按照《引滦入津上下游横向生态补偿实施方案》，以天津和河北两地跨界的黎河桥、沙河马各庄大桥以及黎河、沙河交汇口下游 500 m 三个断面，作为考核监测断面监测引滦入津水质。

2016 年 8 月，河北省与天津市联合开展监测。截至 2018 年 4 月底，除黎河、沙河交汇口下游 500 m 监测断面 2016 年 8 月 3 日监测时化学需氧量超标 0.2 倍外，其余均不超标，水质均达到或好于III类水质目标要求，水质改善效果突出。

明确资金用途

"2017 年，河北省安排了引滦入津水环境保护规划编制经费 170 万元。此项工作为《关于引滦入津上下游横向生态补偿的协议》的规定任务，补偿资金的每笔支出都能找到依据。"省财政厅相关负责人表示。

引滦入津上下游横向生态补偿机制的试点期为 2016—2018 年。三年内，河北、天津每年各出资 1 亿元，中央财政每年补贴 3 亿元。其中，天津市资金根据水质考核结果采取压年拨付，中央资金依据考核目标完成情况采取先预拨、后清算方式拨付。若按水质考核全部达标计算，引滦入津上下游横向生态补偿资金 3 年累计总规模为 15 亿元。

2016 年，中央和河北省资金到位 5 亿元。2017 年，中央和天津资金到位 4 亿元。截至目前，生态补偿到位资金已达 10 亿元。其中中央资金 6 亿元，河北省资金 3 亿元，天津资金 1 亿元。

《引滦入津上下游横向生态补偿实施方案》明确，引滦入津上下游横向生态补偿资金的使用用途为潘家口、大黑汀流域及引滦输水沿线的生态环境保护和污染防治项目。具体包括流域生态修复与保护、水环境综合整治、农业面源污染治理、重点工业企业污染防治、农村污水垃圾处理设施建设及运维、城镇污水处理设施及配套管网建设、尾矿渣治理、取缔网箱养殖、环保监管能力建设、流域防护工程建设以及其他水环境保护项目。

通过项目的实施，河北省合理控制库区人口，推进生态移民；调整种植养殖结构，减轻库区生态环境压力；开展潘家口、大黑汀水库生态环境保护工作，编制潘家口、大黑汀水库生态环境保护规划；实施污染治理和生态保护工程建设，确保水质达到考核目标，并稳步提升。

潘大水库（潘家口、大黑汀水库合称）网箱养鱼清理工作是统筹开展滦河流域水污染整治的基础。为切实加强滦河流域污染治理、改善潘大水库水质，河北省以壮士断腕的决心，从 2016 年下半年开始，加快实施潘大水库库区网箱养鱼清理工作，加大引滦入津沿线污染治理力度。2017 年上半年，潘大水库网箱清理全部完成，共清理网箱近 8 万个、出鱼 8 500 万 kg。

根据 2016 年省政府印发的《潘大水库网箱养鱼清理工作方案》，清理工作直接费用约 9.92 亿元，由省、市、县三级共同筹集资金。其中，省级（含中央资金）补助 70%，两年合计 7 亿元。2016 年省级（含中央资金）下达资金 4.98 亿元，2017 年下达剩余资金 2.02 亿元。

省财政厅相关负责人表示，2017 年，河北省还投资 1.96 亿元开展滦河流域水污染防治和生态环境保护，包括潘大水库流域及引滦输水沿线的生态环境保护和污染防治项目等。

强化措施保障

潘大水库网箱清理工作得到了国家相关部门肯定。按照 2016 年水质考核评价结果，中央财政对河北省 2016 年奖励资金不再做调整，而我国其他两个试点则分别扣减了 100 万元和 1 亿元。省财政厅相关负责人解释，中央财政依据考核目标完成情况确定奖励资金数额，拨付给上游省份用于污染治理。

关于来自天津资金的拨付，《引滦入津上下游横向生态补偿实施方案》提到，若达到或优于考核目标，天津市资金全部拨付给河北省；若 2018 年未达到考核目标，但达标率高于 80% 低于 90%，天津市拨付 9 200 万元；若未达到考核目标，或引滦入津河北省界内出现重大水污染事故并影响于桥水库供水安全，天津市资金不拨付给河北省。

"依据有关方面要求，河北省强化了对横向生态补偿机制建设的业务指导，加强监督考核，及时跟踪工作动态，确保工作有序推进。"省财政厅相关负责人表示，河北省充分调动流域上下游地区积极性，将补偿机制建立和完善工作与全省水污染防治行动工作方案相结合，推进全省水环境、水生态保护工作深入开展。

该负责人透露，《北京市人民政府、河北省人民政府密云水库上游流域生态保护补偿协议》已初步完成编制，下一步河北省将配合财政部、生态环境部对协议内容做进一步修改，科学界定流域水环境保护者与受益者的权利义务，按照利益共享、责任共担的原则，抓紧完善相关条款，力争 2018 年完成协议签署工作。

"补偿资金主要用于密云水库上游潮白河流域水源涵养区水环境治理修复，保障首都供水安全。"该负责人表示。

福建省已建立覆盖 12 条主要流域的生态补偿长效机制*

近日，漳平市政府门户网站公布的上月水环境质量月报显示，九龙江干流监测点水质总体保持优良，继续达到功能区划的III类水质标准；市区 2 个集中式生活饮用水水源地水质均达到或优于III类标准，达标率 100%。

"2018 年，我们共获得省里下达的重点流域生态保护补偿资金 6 084 万元，比上年增加 1 894.9 万元。持续加大生态补偿力度，有效调动了流域上游治理和保护的积极性。"漳平市政府相关负责人表示。

2003 年，福建省在全国率先启动九龙江流域上下游生态补偿试点，之后试点范围逐步扩大到闽江、敖江等流域。按国家生态文明试验区建设要求，2017 年，福建省进一步建立了覆盖全省 12 条主要流域的全流域生态补偿长效机制，为可持续发展营造优质流域生态环境。

福建省明确，全省 12 条主要流域范围内的所有市、县既是流域水生态的保护者，也是受益者，对加大流域水环境治理和生态保护投入承担共同责任。同时，综合考虑不同地区受益程度、保护责任、经济发展等因素，在资金筹措和分配上向流域上游地区、向欠发达地区倾斜。

"由省级政府牵头推动、责任共担、稳定增长的补偿资金筹集机制，以及

---

* 来源：http://www.fj.xinhuanet.com/toutiao/2018-07/17/c_1123135336.htm。
生态环境部环境规划院，《生态补偿简报》2018 年 7 月 14 期总第 818 期转载。

奖惩分明、规范运作的补偿资金分配机制，较好解决了'钱怎么筹'和'钱怎么分'两大难题，有效促进了流域上下游关系的协调和水环境质量的改善。"省财政厅相关负责人表示。

重点流域生态补偿金由省市共筹，且筹措力度不断加大。2018年，省财政厅、环保厅下达重点流域生态保护补偿资金13.36亿元，比上年度增加2.32亿元。按照省级与市县资金各翻一番和新增筹集资金30%、30%、40%分三年逐步到位的原则，筹集补偿资金2020年预计将达到18.9亿元，比2015年翻一番。

此外，2018—2020年，福建省还将通过安排小流域以奖促治15亿元、综合性生态补偿8.2亿元、实施总投资为120亿元的闽江流域山水林田湖生态保护修复项目，同时积极争取汀江—韩江跨省流域生态保护补偿政策延续实施等措施，加大对重点流域的生态治理和修复的支持力度。

在资金分配上，福建省充分利用已有的监测、考核数据，按照水环境质量、森林生态保护和用水总量控制因素分别占70%、20%和10%权重，实现科学化、标准化分配。2018年，九龙江流域11个县市共获得补偿金4.88亿元，比上年增加近1.57亿元。

省财政厅相关负责人表示，流域生态补偿目的是保护好绿水青山，让受益者付费、保护者得到合理补偿。下一步，福建省持续创新财政支持流域生态补偿的体制机制，以调动全社会保护生态环境的积极性。

三省共护赤水河——云贵川建立跨流域横向生态补偿机制*

上游没下暴雨，赤水河依然清澈。孕育了茅台酒的赤水河，是长江上游的重

---

* 来源：http://www.chinanews.com/sh/2018/07-24/8577005.shtml。
生态环境部环境规划院，《生态补偿简报》2018年7月15期总第819期转载。

要支流，发源于云南镇雄，蜿蜒 512 km，流经云、贵、川三省，在四川合江汇入长江。整个赤水河流域发展并不平衡，既有茅台这样市值千亿元的企业，更有云南人口最多的贫困县镇雄。如何遏制流域内其他地区走先污染后治理的老路？

"没有赤水河，就没咱茅台酒。"茅台集团董事长李保芳说。为什么？赤水河独特优良的水质，浇灌出的有机高粱原料，赤水河谷千百年来形成的独有原料发酵微生物群，还有与周边地势共生而成的得天独厚的气候条件，共同酝酿了茅台酒独特的口感。"赤水河是茅台酒的生命。"所谓道法自然，赤水河体现得淋漓尽致。

实际上，如果没有赤水河的优质河水，没有的不仅是茅台，还有郎酒、泸州老窖……大概估算，至少是数千家酒企、几千亿元产值。更重要的是，作为国内唯一一条没有被开发、被污染、被筑坝蓄水的长江支流，赤水河是我国生物多样性的重要保护区，生态价值弥足珍贵。

1972 年，周恩来总理做出了茅台酒厂上游 100 km 以内不准建任何化工厂的批示。从那时到今天，对赤水河的保护措施不断加强。

贵州投入近 26 亿元保护赤水河及周边生态环境，关停无环保手续、无环保设施、重污染的企业，处罚环境违法行为，追究涉嫌环境犯罪行为的刑事责任。酒企集中的仁怀市要求，禁止发展区一律不准新建扩建白酒企业，而且要把现有企业逐步搬迁出来进入规范发展区，严禁批准酒类技改建设项目和其他污染型建设项目选址。

保护赤水河生态，等于保护沿岸酿酒企业的生命线。"茅台是上市公司，哪怕是污水跑冒滴漏都不是小事。生态环保，不能被推着干，不能有欠账，更不能自己哄自己。"李保芳介绍，目前茅台总投资 4.68 亿元修建了 5 座污水处理厂，2017 年共处理达标排放污水 200 多万 t。

不过茅台的污水处理厂，并不是茅台自己在运营，而是由贵州华源环保科技发展有限公司负责管理。"茅台公司出钱，我们运营。"华源环保董事长王利峰告诉记者，通过开展循环水项目，大大提高了水资源提供效率。现在，处理后的达标尾水大多数都实现了回用。

茅台集团公司等 60 家公司采取付费方式，将污染治理设施建设、运营、维护委托专业化第三方机构来完成，推进产污治污分离，较好解决了原有污染治理设施工艺落后、能力不足、运行维护管理效率低、不能稳定达标排放等突出问题。

赤水河沿线 4 家酒企共向云南镇雄捐赠了 2 400 万元，用来支持当地脱贫攻坚和生态保护工作。从 2014 年起，仅茅台集团就连续 10 年累计出资 5 亿元作为赤水河流域水污染防治生态补偿资金，用于赤水河保护事业。

漫步赤水河岸，贵州省环境监察局环境监察稽查处副处长孙中发说："赤水河是贯通的，各地政府不能自扫门前雪。保护赤水河，离不开云、贵、川三省攥指成拳。"2013 年 6 月，云、贵、川三省签订跨界流域联合执法协议，在赤水河流域实行联合执法、联合监测、联合应急。

联合工作说起来简单，可真正操作起来就需要破解一个个困难。信息共享、数据互通让治理工作更为便利。"单单联合执法的基础数据，想要双方认可就不容易。怎么破解？我们就靠联合监测。"孙中发说。

出了问题要罚，干好了也要奖励。实际上，生态补偿未来将不再是偶尔为之。2018 年年初，云、贵、川三省正式签署赤水河流域横向生态补偿协议，这是长江经济带生态保护修复工作中首个建立跨省横向生态补偿的流域。三省商定，每年拿出 2 亿元进行赤水河流域的生态环境治理，出资比例为云、贵、川三省 1∶5∶4，分配比例为云、贵、川三省 3∶4∶3。"为了保护赤水河，云南出了力，也该给奖励。"孙中发说。

重庆市内流域横向生态保护补偿 改革推进有序*

遵照中央对长江经济带"共抓大保护，不搞大开发"的决策部署，重庆

---

* 来源：http://www.h2o-china.com/news/278840.html。

生态环境部环境规划院，《生态补偿简报》2018 年 8 月 2 期总第 826 期转载。

2018 年实施流域横向生态保护补偿机制改革,1 月启动前期论证来,已出台实施方案,已预拨 1.5 亿元奖励资金和 1 亿元保护治理能力建设资金,利益共享、责任共担、互利共赢,共护三峡库区和长江母亲河的格局进程加快。

倒排时间推。到 2020 年,市内流域面积 500 km^2 以上且流经 2 个及以上区县的 19 条次级河流全部建成补偿机制,涉及 34 个区县。2025 年横向生态保护补偿机制成熟定型。

经济补偿建。以流域区县交界断面水质为依据,上下游区县相互补偿,对水质超标或较上年度降低类别的,由上游区县补偿下游区县,反之,下游区县补偿上游区县,补偿标准以每月 100 万元为基数。鼓励区县协商选择资金补偿、对口协作、产业转移、人才培训、共建园区等多方式建立横向保护补偿机制。

奖补约束引。市级对率先建立补偿机制、形成联防共治长效机制的区县分别奖励 300 万元和 200 万元。对全流域水环境质量持续改善的区县倾斜安排年度转移支付。对 2018 年没签协议、没建补偿机制的区县,2019 年起每年收取考核基金加压推进,上下游区县水质超标或较上年降低类别时,市级扣缴考核基金。

市县联动干。2018 年 2 月初财政部等四部委在重庆召开长江流域 13 省区市生态保护补偿工作会期间,江津、永川、璧山已签署璧南河补偿协议。目前龙溪河、御临河、大宁河、梅溪河、梁滩河涉及的 11 个区县已就补偿机制磋商一致,其他区县正在谈判,拟于 10 月组织一批区县集中签约。

流域生态补偿全国破题:
上游水质越好得到补偿越多*

"上游污水直排,下游淘米做饭"的景象正在彻底改观。经过长达十几年

---

* 来源:http://www.h2o-china.com/news/280356.html。

生态环境部环境规划院,《生态补偿简报》2018 年 8 月 5 期总第 829 期转载。

的探索实践，流域生态补偿已在全国破题，"水质达标的，下游给上游补偿；水质不达标的，上游给下游补偿"的格局已经形成。

7 月 27 日，浙江省金华市政府公布《金华市流域水质生态补偿实施办法》，按照交接断面水质达标情况，上下游县（市、区）进行双向经济补偿。金华也因此成了全国在全流域开展水质生态补偿的"第一个吃螃蟹"的设区市。

根据这一办法，上游流往下游的水根据水质情况，价格也有所不同。Ⅰ类水 300 元/万 t 水，Ⅱ类断面依据浓度大小按比例折算，最高为 100 元/万 t 水，最低为 10 元/万 t 水，Ⅲ类断面则按照测算公式进行计算，水质超标的Ⅳ类、Ⅴ类、劣Ⅴ类水则需缴纳补偿金，补偿系数分别为 600 元/万 t 水、800 元/万 t 水、1 000 元/万 t 水。

办法规定，补偿资金每月核算一次，依据每个交接断面的月均监测数据和市水利局提供的月均水量，计算该月的补偿金额，并于年底统一结算。

2012 年起，财政部、环境保护部等有关部委在新安江流域启动全国首个跨省流域生态补偿机制首轮试点，设置补偿基金每年 5 亿元，其中中央财政 3 亿元、皖浙两省各出资 1 亿元。

皖浙两省"亿元对赌水质"的制度设计，开启了我国跨省流域上下游横向补偿的"新安江模式"。安徽省环保厅副厅长罗宏介绍，新安江流域生态补偿试点经过两轮实施，实现了环境效益、经济效益、社会效益多赢。

皖浙两省联合监测的最新数据显示，目前，新安江上游流域总体水质为优；下游的千岛湖湖体水质总体稳定保持为Ⅰ类，营养状态指数由中营养变为贫营养，与新安江上游水质变化趋势保持一致。生态环境部环境规划院的专项评估报告认为，新安江已经成为全国水质最好的河流之一。

在福建省，漳平市因保护九龙江水质有功，连年获得生态补偿金。2018年，漳平市共获得福建省政府下发的重点流域生态保护补偿资金 6 084 万元，比上年增加 1 894.9 万元。

福建省利用已有的监测、考核数据，按照水环境质量、森林生态保护和用水总量控制因素分别占 70%、20% 和 10% 权重，实现科学化、标准化分配。2018年，九龙江流域 11 个县市共护一江清水，共获得补偿金 4.88 亿元，比上年增加近 1.57 亿元。

2016 年起，江西在全省 100 个县市区全面推开流域生态补偿，鄱阳湖和赣江、抚河、信江、饶河、修河等五大河流以及长江九江段和东江流域等全部纳入补偿范围。2016 年、2017 年两年共投入流域生态补偿资金 47.81 亿元。江西省流域生态补偿覆盖范围在全国最大。

在重庆，重庆市政府印发的建立流域横向生态保护补偿机制实施方案明确，2020 年前，在龙溪河、璧南河等 19 条流域面积 500 km² 以上、且跨 2 个或多个区县的长江次级河流，重庆将建横向补偿机制。

重庆市的基本制度设计是：河流的上下游区县签订协议，以交界断面水质为依据双向补偿。交界断面水质达到水环境功能类别要求并较上年度水质提升的、下补上，下降或超标的、上补下。补偿标准为每月 100 万元。

由于具有重要生态地位，一些地区的开发往往受到一定限制。加大生态补偿力度，大大提升了当地政府保护生态的积极性，实现了发展与保护的平衡。

国家发展改革委国土开发与地区经济研究所研究员李忠此前表示，生态补偿的方式可以更加多元化，如下游地区可以考虑以产业转移、共建产业园区、人才培训、对口支援等项目式的方式为上游地区提供补偿。

水质达标有奖超标要罚
金华率先施行全流域水质生态补偿*

头顶是炎炎烈日，脚下是平静水面，今天（8 月 9 日），戴着大草帽的水质取样员黄颖飞来到金华市区东关大桥，细致取样后，再经过 24 项检测，他手中的水样，就将成为金华市流域水质生态补偿的重要依据之一。

为贯彻落实党的十九大建立市场化、多元化生态补偿机制的精神，强化县

---

* 来源：https://zj.zjol.com.cn/news/1004699.html。
生态环境部环境规划院，《生态补偿简报》2018 年 8 月 6 期总第 830 期转载。

（市、区）政府流域水环境保护的属地责任，持续改善金华市流域水环境质量，日前，《金华市流域水质生态补偿实施办法》（以下简称《办法》）正式施行。

在全流域开展水质生态补偿，金华成了浙江省"第一个吃螃蟹"的设区市。

什么是水质生态补偿？通俗点说：水质达标的，下游给上游补偿；水质不达标的，上游给下游补偿。金华市环保局相关负责人介绍，2016 年出台《金华市流域水质考核奖惩实施办法（试行）》，在全省率先建立市、县两级之间"双向补偿"的流域水质考核奖惩制度之后，金华市治水工作再加码，全流域上下游水质生态补偿机制应运而生。

怎么补偿？《办法》给出了解答：对于水质达到Ⅰ类、Ⅱ类的断面及达到功能区要求且水质相比前三年保持稳定或好转的Ⅲ类断面，下游县（市、区）人民政府给予上游县（市、区）人民政府经济补偿，水质越好得到的补偿金额越多；反之，水质越差上游需要付给下游的补偿金额也越多。其中，市界出境断面实行市人民政府与县（市、区）人民政府的"双向补偿"。

补偿金额怎么算？《办法》明确，首先根据除水温、总氮和粪大肠菌群以外的 21 项监测因子确定水质类别，再根据高锰酸盐指数、氨氮和总磷三个常规因子的超标幅度（改善幅度）、断面流量、补偿系数来确定补偿金额。其中，补偿系数为：Ⅰ类水 300 元/万 t 水，Ⅱ类断面依据浓度大小按比例折算，最高为 100 元/万 t 水，最低为 10 元/万 t 水，Ⅲ类断面则按照测算公式进行计算，水质超标的Ⅳ类、Ⅴ类、劣Ⅴ类水则需缴纳补偿金，补偿系数分别为 600 元/万 t 水、800 元/万 t 水、1 000 元/万 t 水。补偿资金每月核算一次，依据每个交接断面的月均监测数据和市水利局提供的月均水量，计算该月的补偿金额，并于年底统一结算。

截至 2017 年年底，金华全市 43 个地表水断面、11 个"水十条"国家考核断面、17 个省控断面、10 个市界出境断面、20 个县市交接断面，Ⅲ类水质达标率均达到 100%，也就是说，金华市内的交接断面，水质都在Ⅲ类及以上。

那是不是稳定在Ⅲ类就可以不用补偿了？不！水质要求Ⅲ类且已达到Ⅲ类的，还需与近三年水质进行对比，高锰酸盐指数、氨氮和总磷 3 项常规指标浓度下降或保持稳定的，下游给上游补偿；浓度上升的，上游给下游补偿。

　　此外,《办法》还明确了生态补偿机制的考核办法:强化对流域水质生态补偿工作的责任考核,落实"河长"责任制。对出境断面主要污染物指标的浓度连续 2 个月同比上升超过 10% 的,由市环保局对所在县(市、区)人民政府进行预警通报;累计 4 个月同比上升超过 10% 的,由市政府对县(市、区)人民政府主要负责人进行约谈,并对重点污染河段和突出环境问题进行挂牌督办;连续两年出境水质达不到功能区要求的,要严肃问责。

安徽率先全面推开生态补偿
打造生态文明建设的安徽样板*

　　"源头活水出新安,百转千回下钱塘",一句诗,道出安徽与浙江"同饮一江水,共守一江清"的地缘亲情。

　　2012 年,安徽、浙江两省在新安江流域实施生态补偿试点,在全国开创跨省流域生态补偿先河。

　　2014 年,首个省级层面的生态补偿机制落子大别山,新安江的故事在大别山续写。

　　2018 年,安徽又率先在全省全面推广生态补偿工作,在空气、地表水、长江干流等多个领域推广、复制新安江经验,统筹推进山水林田湖草系统治理,打造生态文明建设的安徽样板。

源于习近平总书记的嘱托避免重蹈先污染后治理的覆辙

　　跨省协作,需要突破许多体制机制、利益的障碍,为什么安徽与浙江能首先破局?这就要说到背后的一段故事。

　　2010 年年底,全国政协开展专题调研,形成了《关于千岛湖水资源保护

---

* 来源:http://xxgk.ah.gov.cn/UserData/DocHtml/731/2018/8/16/561257716957.html。
生态环境部环境规划院,《生态补偿简报》2018 年 8 月 7 期总第 831 期转载。

情况的调研报告》。2011 年 2 月，时任国家副主席的习近平在《报告》上作出重要批示，强调"千岛湖是我国极为难得的优质水资源，加强千岛湖水资源保护意义重大，在这个问题上要避免重蹈先污染后治理的覆辙。浙江、安徽两省要着眼大局，从源头控制污染，走互利共赢之路。"

这段批示为做好新安江生态保护工作提供了科学指引和行动指南。2012 年起，在财政部、环保部指导下，皖浙两省开展了新安江流域上下游横向生态补偿两轮试点，每轮试点为期 3 年。

2018 年 4 月，生态环境部环境规划院编制的报告显示，新安江流域水质已经成为全国水质最好的河流之一。

拒绝 160 亿元投资生态补偿换回"山水画廊"

一江碧水、两岸青山，徽派古民居点缀其中。从安徽省黄山市歙县深渡镇码头顺流而下，沿线仿佛一幅流动的山水画卷，被游客誉为新安江百里画廊。

人在船中坐，船在画中游，游客泛舟江上感受到的惬意，正是源于 2012 年建立的生态补偿机制。

首轮三年试点间，浙江千岛湖富营养化问题得到改善，江水变清了，千岛湖变美了，昔日随处可见的漂浮垃圾也不见了。

从 2015 年起，黄山市还在全省率先全面推行农药集中配送和有机肥推广，建立起"垃圾兑换超市"。10 个矿泉水瓶兑换一支牙刷，60 个香烟盒兑换一包碘盐，就连烟蒂也能拿来置换生活必需品，在黄山，很多人养成了不乱扔垃圾、随地捡垃圾的习惯。

试点以来，黄山市关停了 170 多家污染企业，搬迁 90 多家工业企业至循环经济园，优化升级项目 510 多个。近 3 年来，黄山共否定外来投资项目 180 个，投资总规模达 160 亿元。

"新安江生态补偿机制试点以来，黄山市累计投入 120.6 亿元，推进新安江综合治理，获得浙江省的补偿共计 6 亿元，看似不成比例，但生态补偿机制的试点，让黄山真切感受到'绿水青山就是金山银山'。"安徽省环保厅副厅长罗宏介绍，经环保部环境规划院评估，2017 年新安江生态系统服务价值总计

246.5 亿元，水生态服务价值总量 64.5 亿元。

"上游主动强化保护，下游支持上游发展。"黄山市财政局局长汪德宝说，从生态资源到生态资本，新安江生态补偿真正走出一条的互利共赢之路。

目前，为持续保护新安江流域水环境质量，建立生态补偿长效机制，皖、浙两省已就做好第三轮新安江流域生态保护工作，达成一致意见。

从新安江到大别山生态补偿故事在省内续写

新安江水质对赌模式成为全国样本后，故事并没有结束。积累了新安江试点经验的安徽，开始在省内推广复制，2014 年，首个省级层面的生态补偿机制落子大别山。

实施 4 年来，累计兑现补偿资金 7.72 亿元，其中省级 4.92 亿元，合肥市 1.2 亿元，六安市 1.6 亿元，有力推动了大别山水环境治理和保护工作。

同时，合肥、六安两市建立了联席会议制度，开展共同检测、联合执法、联合整治等工作。根据年度联合监测结果，大别山区水环境生态补偿已连续 4 年达到补偿条件，出境水质为优。

六安市霍山县佛子岭镇党委副书记巩德军是镇内东淠河的乡级河长，"东淠河上面的佛子岭水库，是六安、合肥的'大水缸'，这就是我们重点的保护对象。"

巩德军说，由于佛子岭水库正在创建国家 5A 级景区，现在周边的污水处理设施都是与湿地景观统一进行设计，在实现美观的同时，又可以使污水通过生态湿地实现二次处理，保证水质达标。在东淠河沿线，目前已投资 1.2 亿元建成了 16 个污水处理站，平均每天处理的污水达到 300～1 000 t。

通过补偿机制，霍山县每年能获得补偿资金 5 000 多万元，霍山县污水厂处理站的管网建设有很大改善。

率先在全省全面推开重要区域生态补偿全覆盖

从新安江到大别山，2018 年，安徽又将生态补偿经验在全省复制，率先在全省全面推开生态补偿工作。

地表水断面生态补偿——

2017 年年底，安徽全省建立以市级横向补偿为主、省级纵向补偿为辅的地表水断面生态补偿机制，促进全省河流、湖泊水质的进一步改善。

目前，全省 121 个断面已全部纳入生态补偿的试点，其中跨市界断面 28 个、出省界断面 11 个，涵盖了安徽境内的淮河、长江干流和重要支流，以及重要湖泊。

"谁超标、谁赔付，谁受益、谁补偿"，超标断面责任市财政支付污染赔付金，水质改善断面责任市财政获得生态补偿金，以财政杠杆促进各市不断加大水污染防治力度。

2018 年 1—6 月全省生态补偿资金产生污染赔付和生态补偿金共 2.14 亿元，其中产生污染赔付金 0.93 亿元、生态补偿金 1.21 亿元。

长江干流生态补偿——

2018 年 6 月底，安徽省委、省政府印发《关于全面打造水清岸绿产业优美丽长江（安徽）经济带的实施意见》，明确将于 2019 年年底前，全面建立沿江市内县（市、区）域水环境生态补偿机制。

大气环境质量补偿——

2018 年 7 月，安徽省政府办公厅印发《安徽省环境空气质量生态补偿暂行办法》，以 $PM_{2.5}$ 和 PM_{10} 平均浓度季度同比变化情况为考核指标，建立考核奖惩和生态补偿机制。

省财政计划每年安排 1 亿元作为补偿资金，对各设区市实行季度考核，每季度根据考核结果确定生态补偿资金额度，年底统一清算。生态补偿从"地上"延伸到"天上"。

"习近平总书记到安徽视察时提出，安徽要把好山好水保护好，打造生态文明建设的安徽样板。生态补偿机制的推行，是落实总书记打造安徽生态文明样板要求的具体实践。"罗宏介绍，到 2020 年，安徽将基本实现森林、湿地、水流、耕地、空气等重点领域和禁止开发区域、重点生态功能区等重要区域生态补偿全覆盖，统筹推进山水林田湖草一体化生态保护。

湖北构建省内流域横向生态补偿机制

补偿每年不低于 300 万元[*]

从 8 月 16 日召开的省内流域横向生态补偿机制工作推进会上获悉，湖北省已选择通顺河、黄柏河、天门河、梁子湖、陆水河等 5 个流域及相关 20 个县市区，在 2018 年实施流域横向生态保护补偿试点，到 2020 年省内长江流域相关市县 60%以上建立横向生态补偿机制。

7 月初，省财政厅、省环保厅、省发改委、省水利厅联合印发《关于建立省内流域横向生态补偿机制的实施意见》，其中明确：以省内流域水质改善和水资源保护为主线，加快形成"成本共担、效益共享、合作共治"的流域保护和治理长效机制。2018 年起，在省内流域上下游市县探索实施自主协商建立横向生态保护补偿机制，鼓励生态保护修复迫切、基础条件好、积极性高的地方率先开展横向生态补偿。

20 个试点县市区分别是：通顺河流域的潜江市、仙桃市、蔡甸区、汉南区；黄柏河流域的夷陵区、远安县、西陵区；天门河流域的荆门市屈家岭管理区、钟祥市、京山县、天门市、汉川市；梁子湖流域的咸安区、大冶市、鄂州市、江夏区；陆水河流域的通城县、崇阳县、赤壁市、嘉鱼县。这些县市区须在 2018 年 12 月底前签订具有约束力的补偿协议。上述流域以外的县市区也要尽快签订流域横向生态保护补偿协议。对率先签订补偿协议且生态保护修复工作成效明显的地方，省级层面给予奖励。

上述实施意见还明确：将流域跨界断面的水质水量作为补偿基准，地方可选取高锰酸盐、氨氮、总氮、总磷及流量、泥沙等监测指标，以签协议前 3～

---

* 来源：http://www.hb.xinhuanet.com/2018-08/17/c_1123282693.htm。

生态环境部环境规划院，《生态补偿简报》2018 年 8 月 8 期总第 832 期转载。

5 年平均值作为补偿基准。流域上下游县市区可协商选择资金补偿、对口协作、产业转移、人才培训、共建园区等补偿方式，鼓励上下游地区开展排污权、水权交易。上下游地方政府协商确定补偿金额，每年不低于 300 万元。

该意见还要求，流域上下游地区应建立联席会议制度，协商推进流域保护与治理，联合查处跨界违法行为，建立重大工程项目环评共商、环境污染应急联防机制。力争到 2020 年，基本建立与湖北省经济社会发展状况相适应的省内流域横向生态补偿制度体系，促进形成绿色生产方式和生活方式。

芜湖市建立地表水断面生态补偿机制[*]

日前，芜湖市政府办印发了《芜湖市地表水断面生态补偿暂行办法》（以下简称《办法》），这标志着芜湖市在全市范围内建立起地表水断面生态补偿机制。

该机制按照"谁超标、谁赔付，谁受益、谁补偿"的原则，在全市建立以县（区）级横向补偿为主、市级纵向补偿为辅的地表水断面生态补偿机制。将跨界断面、出市境断面、界河上的断面、国控断面、部分省控断面列入补偿范围，实行"双向补偿"，即断面水质超标时，责任县（区、开发区）支付污染赔付金；断面水质优于目标水质一个类别以上时，责任县（区、开发区）获得生态补偿金。

《办法》明确了补偿方法和途径。以生态环境部、省环保厅、市环保局确定的监测结果作为污染赔付和生态补偿金额的依据，以高锰酸盐指数（适用水质年度目标达到或优于III类的断面，其余断面采用化学需氧量）、氨氮和总磷作为断面污染赔付因子，每月计算污染赔付、生态补偿金额。当断面污染赔付因子监测数值超过标准限值时，由责任县（区、开发区）对下游县（区、开发

---

[*] 来源：http://www.wuhu.gov.cn/content/detail/5b7b5dad7f8b9a0578284191.html。
生态环境部环境规划院，《生态补偿简报》2018 年 8 月 11 期总第 835 期转载。

区）或市财政局进行污染赔付，污染赔付金为 3 项因子指标污染赔付金之和；当断面水质类别优于年度水质目标类别，由下游县（区、开发区）或市财政局对责任县（区、开发区）进行生态补偿。

市环保局每月计算各补偿断面的污染赔付和生态补偿金额，市财政通过年终结算、直接收缴或支付等方式，对断面的污染赔付金和生态补偿金进行清算。

通过建立地表水断面生态补偿机制，将有力督促属地政府进一步加大水污染防治力度，全力改善辖区内水环境质量，促进芜湖市主要河流水质进一步改善。

金华在全国率先推行全流域水质生态补偿*

金华市"五水共治"5 年来，治水成效斐然，喜获治水工作银鼎。荣誉属于过去，治水唯有实干。在骄阳似火的盛夏，金华市治水工作同样热火朝天，长效治水机制再出"狠招"。日前，《金华市流域水质生态补偿实施办法》（以下简称《办法》）正式施行，是全国全流域实行水质生态补偿的率先试点。

生态补偿解析：加强属地责任关乎经济利益

金华市于 2016 年出台《金华市流域水质考核奖惩实施办法（试行）》，在全省率先建立了市、县两级之间"双向补偿"的流域水质考核奖惩制度，对水质稳定提升起到了积极作用。试行两年来，政府财政在水质考核奖惩上已支出1.25 亿元。

那么，在流域水质考核奖惩制度的基础上，这次推出的全流域水质生态补偿有哪些方面提升呢？市环境监测中心总工程师钱益跃表示，党的十九大要求"建立市场化、多元化生态补偿机制"，出台《办法》旨在强化县（市、区）政府流域水环境保护的属地责任，持续改善金华市流域水环境质量。

---

* 来源：http://www.jinhua.gov.cn/11330700002592599F/gzdt/201808/t20180820_2613814_1.html。
生态环境部环境规划院，《生态补偿简报》2018 年 8 月 12 期总第 836 期转载。

全市 23 个纳入补偿的断面中，有 7 个要求达到 II 类，16 个要求达到 III 类。《办法》规定：水质达标的，下游给上游补偿；水质不达标的，上游给下游补偿。"过去的监管往往是上级对下级的考核，如今融入了下游属地对上游属地的监督，直接关乎水域流经县（市、区）的经济利益。"钱益跃说。

水质监测形式：质与量相结合今昔纵向对比

有别于过去单纯监测水质的方式，本次出台的生态补偿细则更为周密细致。钱益跃说："除对常规水质进行监测外，还新增了对污染量的计算，并统一了量化标准。"简单来说，水质是对"质"的测算，而污染量则是由浓度乘以水量得出，是对环境"容量"的测算，各个指标的"容量"有大有小，再按照科学方法统一量化后才能进行比较。"虽然这种计算方式增加了工作量，但通过两个维度综合计算得出的结果更为准确，也更有说服力。"钱益跃说。

水质情况的好坏又是如何监测的呢？据悉，断面水质监测以自动监测和手工监测相结合的方式进行。目前，全市有 21 个水质自动监测站，每 4 小时会自动生成一次水质数据。同时，市环境监测中心于每月月初进行手工监测。监测人员和第三方机构将对采样水的 24 个指标进行数据分析。

近年来，金华市辖区内的交接断面水质均稳定在 III 类及以上。《办法》规定，对于功能区水质要求达到 III 类的断面，每月的监测结果还需与近三年水质进行对比，高锰酸盐指数、氨氮和总磷 3 项常规指标浓度下降或保持稳定的，下游给上游补偿；浓度上升的，上游给下游补偿。

生态补偿方式：每月核算一次年底统一结算

《办法》明确，首先根据除水温、总氮和粪大肠菌群以外的 21 项监测因子确定水质类别和补偿系数，再根据高锰酸盐指数、氨氮和总磷三个常规因子的超标幅度（改善幅度）、断面流量、补偿系数来确定补偿金额。其中，补偿系数为：I 类水 300 元/万 t 水；II 类断面依据浓度大小按比例折算，最高为 100 元/万 t 水，最低为 10 元/万 t 水；III 类断面则按照测算公式进行计算；水质超标的 IV 类、V 类、劣 V 类水则需缴纳补偿金，缴纳的补偿系数分别为

600 元/万 t 水、800 元/万 t 水、1 000 元/万 t 水。

补偿资金每月核算一次，依据每个交接断面的月均监测数据和市水利局提供的月均水量，计算该月的补偿金额，并于年底统一结算。市环境监测中心站站长周怀中说："我们经过多地调研，认为按月考核的方式更有助于推动流域属地的常态化治水工作。"

《办法》规定，对于水质达到Ⅰ类、Ⅱ类的断面及达到功能区要求且水质相比前三年保持稳定或好转的Ⅲ类断面，下游县（市、区）人民政府给予上游县（市、区）人民政府经济补偿，水质越好得到的补偿金额越多；反之，水质不达标，上游则需要付给下游补偿金，水质越差付出的补偿金额也越大。其中，市界出境断面实行市人民政府与县（市、区）人民政府的"双向补偿"，每个市界出境断面金华市财政拨付的补偿资金最高为 500 万元/年。

长江流域多地启动流域横向生态补偿机制*

日前，湖北省召开省内流域横向生态补偿机制工作推进会，选择 20 个县市区实施试点，上下游地方政府协商确定补偿金额，每年不低于 300 万元。不久前浙江受新安江生态补偿成功经验的启发，在省内八大水系源头地区，全部建立上下游的生态横向补偿机制，补偿标准由上下游县（市、区）在 500 万～1 000 万元范围内自主协商确定。《长江商报》记者发现，近一段时间内，长江流域的多个省份启动了流域横向生态补偿机制。

湖北 5 个流域 20 个县市区试点

8 月中旬，湖北省召开省内流域横向生态补偿机制工作推进会，湖北省选择通顺河、黄柏河、天门河、梁子湖、陆水河等 5 个流域及相关 20 个县市区，

---

* 来源：http://www.h2o-china.com/news/279899.html。

生态环境部环境规划院，《生态补偿简报》2018 年 8 月 13 期总第 837 期转载。

在 2018 年实施流域横向生态保护补偿试点；到 2020 年省内长江流域相关市县 60%以上建立横向生态补偿机制。

同时，湖北省财政厅、省环保厅、省发改委、省水利厅联合印发《关于建立省内流域横向生态补偿机制的实施意见》（以下简称《意见》），《意见》中提出，将流域跨界断面的水质水量作为补偿基准，地方可选取高锰酸盐、氨氮、总氮、总磷及流量、泥沙等监测指标，以签协议前 3～5 年平均值作为补偿基准。流域上下游县市区可协商选择资金补偿、对口协作、产业转移、人才培训、共建园区等补偿方式，鼓励上下游地区开展排污权、水权交易。上下游地方政府协商确定补偿金额，每年不低于 300 万元。

事实上，在湖北省内已有地方开始试点流域横向生态补偿。2017 年年底，武汉市提出《长江武汉段跨界断面水质考核奖惩和生态补偿办法》，明确在长江武汉段左右岸共设置 13 个监测断面进行水质考核。原长江水利委员会总工程师办公室主任姜兆雄认为，此举有利于进一步落实水污染防治目标经济责任制，有利于促进流域水质改善、流域和谐发展和流域健康发展。

湖北大学资源环境学院教授李兆华表示，以断面考核为依据，建立奖惩分明的生态补偿机制，将环保责任与经济挂钩，打通了横向生态补偿的技术障碍。

武汉市水务局相关负责人告诉《长江商报》记者，当前，武汉市已针对重点水体布设水体提质公示牌，市民可随时参与监督。一旦发现具体河流水体提质相关突出问题，市民可拨打公示牌上的监督电话，及时督促解决，对水体长效治理有何措施建议，也可以电话反映。

全国流域横向生态补偿进入实施阶段

2016 年年底，国家发展改革委、水利部等部门联合发布了《关于加快建立流域上下游横向生态保护补偿机制的指导意见》，指出开展横向生态保护补偿，是调动流域上下游地区积极性，共同推进生态环境保护和治理的重要手段，是健全生态保护补偿机制的重要内容。2018 年以来，全国各地流域横向生态补偿政策纷纷出台，开始进入具体实施阶段。

例如，重庆市政府印发建立流域横向生态保护补偿机制实施方案，明确

2020 年前，在龙溪河、璧南河等 19 条流域面积 500 km² 以上且跨 2 个或多个区县的次级河流建横向补偿机制。

四川省与云南、贵州签订了赤水河流域横向生态保护补偿协议，决定四川、贵州、云南三省每年共同出资 2 亿元设立赤水河流域水环境横向补偿资金，作为长江经济带生态修复奖励政策实施后的首个在长江流域多个省份间开展的生态保护补偿试点，中央财政资金将给予重点支持，此次生态补偿实施年限暂定为 2018—2020 年。

而在我国首个跨省流域水环境补偿试点——新安江流域，在首轮试点取得明显成效后，2015—2017 年新安江上下游的横向生态补偿实施了第二轮试点，试点资金由 3 年的 15 亿元增加到 21 亿元，其中中央财政 3 年 9 亿元不变，两个省每年的资金分别由 1 亿元增加到 2 亿元，新增的 1 亿元补偿资金主要用于安徽省内两省交界区域的污水和垃圾治理，特别是农村污水和垃圾治理。

在 2018 年的世界环境日上，浙江省财政厅厅长徐宇宁透露，新安江流域上下游横向生态补偿第三轮试点即将启动。受新安江生态补偿成功经验的启发，浙江省内八大水系的源头地区，从 2018 年开始全部建立上下游的生态横向补偿机制。补偿标准由上下游县（市、区）在 500 万～1 000 万元范围内自主协商确定。

江西建立市场化水生态保护补偿机制*

江西省日前印发的《江西省水利厅实施乡村振兴战略行动方案》（以下简称《方案》）明确提出，要建立市场化、多元化的水生态保护补偿机制，推进河流源头区、重要生态治理区和重要湖库生态保护补偿。

《方案》提出，要推进农业水权改革，加快推进农村集体经济组织水资源

---

* 来源：http://news.sina.com.cn/c/2018-08-25/doc-ihicsiax0169151.shtml。
生态环境部环境规划院，《生态补偿简报》2018 年 8 月 15 期总第 839 期转载。

使用权确权管理，积极引导农业水权转换和水权交易，并积极探索农村水流产权确权方式，着力构建归属清晰、权责明确、监管有效的水流产权制度。

江西要求，加强农村河湖渠塘管理保护和水利工程管理水平，有效遏制乱占乱建、乱围乱堵、乱采乱挖、乱倒乱排等现象，强化农田水利基础设施管护，建立健全权责明确、投入多元、建设有序、运行长效、管理和服务到位的农田水利建设与运行管理体制机制保障体系。

与此同时，江西还将稳步推进农业水价综合改革，建立健全合理反映供水成本、有利于节水和农田水利体制机制创新、与土地流转和投融资体制相适应的农业水价形成机制，建立可持续的精准补贴和节水奖励机制，促进农业用水方式由粗放式向集约化转变。

广东拨付福建汀江—韩江流域补偿资金*

根据 2016 年福建省与广东省签订的《关于汀江—韩江流域上下游横向生态补偿协议（2016—2017 年）》要求，日前，广东省拨付福建省 2017 年度汀江—韩江流域补偿资金 1 亿元。

2017 年，汀江跨省断面水质均值达Ⅱ类，中山河、九峰溪水质稳定在Ⅲ类以上，象洞溪水质均值提升至Ⅲ类以上，水质达标率全面达到协议要求，跨省流域生态补偿工作成效显著。

汀江，是福建省第三大河流，也是福建唯一的出省河流，南下进入广东的韩江，是闽、粤两省客家人的母亲河。据介绍，自汀江—韩江跨省流域生态补偿试点工作启动以来，福建省已投入汀江—韩江流域水污染防治资金 17 亿元，带动试点项目投资 32 亿元，全力推进流域水环境综合治理，水质持续改善并保持稳定，有力保障下游用水需要和饮水安全。

---

* 来源：http://fjnews.fjsen.com/2018-08/28/content_21413743.htm。
生态环境部环境规划院，《生态补偿简报》2018 年 8 月 16 期总第 840 期转载。

根据《关于汀江—韩江流域上下游横向生态补偿协议（2016—2017 年）》采用双指标考核，既考核年达标率，也考核每月达标率。考核实行"双向补偿"原则，即以双方确定的水质监测数据作为考核依据，当上游水质稳定达标或改善时，由下游拨付资金补偿上游，反之，若上游水质恶化，则由上游赔偿下游。

探索启动西江流域跨省生态补偿*

西江流域上下游的跨省生态补偿有望启动，粤、桂、黔、滇四省（区）还将共同完善覆盖西江流域的水质监测网络。这是笔者从近日召开的泛珠三角区域环境保护合作联席会议第十四次会议了解到的消息。

在广州召开的此次会议以"把握湾区机遇，共建美丽泛珠"为主题。承办此次会议的轮值主席方是广东省环境保护厅，福建、江西、湖南、广东、广西、海南、四川、贵州、云南和香港、澳门特别行政区的环境保护部门负责人参加了会议。广西壮族自治区环境保护厅将担任联席会议第十五次会议轮值主席，承办 2019 年泛珠区域环保合作联席会议第十五次会议。

笔者从会议的工作报告中了解到，根据会议审议的年度重点工作安排，泛珠各省区将推动建立跨省（区）流域生态保护补偿机制，研究建立地方投入为主、中央财政给予适当引导的资金投入机制，深化东江、赤水河、汀江—韩江、九洲江等流域生态保护补偿试点工作。

按照财政部、生态环境部、国家发展改革委、水利部《关于加快建立流域上下游横向生态保护补偿机制的指导意见》精神，在相关省（区）政府达成共识的基础上，加强与财政部门沟通，探索启动西江流域上下游生态保护补偿工作，研究编制西江流域跨省（区）生态保护补偿方案，搭建合作共治政策平台，加强水环境综合整治，促进流域生态环境持续改善。

---

* 来源：https://www.dzwww.com/xinwen/shehuixinwen/201809/t20180901_17793801.htm。
生态环境部环境规划院，《生态补偿简报》2018 年 9 月 1 期总第 842 期转载。

根据年度重点工作安排，在加强跨省（区）流域水环境保护方面，泛珠各省区拟共同实施《水污染防治行动计划》，协同推进东江、西江、北江、武水河、赤水河、汀江—韩江、九洲江、万峰湖等跨省（区）流域水污染防治，积极开展跨省（区）河流综合治理。其中，粤、桂两省区合作推动将九洲江流域治理纳入国家江河湖海整治计划，湘、粤两省合作推进武水河流域重金属污染防治，粤、桂、黔、滇四省（区）共同完善覆盖西江流域的水质监测网络。

垫江在全市首创县域内流域生态保护激励补偿机制[*]

2018年9月3日，《重庆日报》记者从垫江县环保局获悉，为了促进县域内流域水资源保护和水质改善，按照2015年4月发布实施的《水污染防治行动计划》"流域水环境质量只能变好，不能变差"的原则，该县在全市首创县域内流域生态保护激励补偿机制：流域上游乡镇（街道）承担保护生态环境的责任，同时享有水质改善、水量保障带来的权利；流域下游乡镇（街道）对上游乡镇（街道）为改善生态环境付出的努力作出补偿，同时享有上游水质恶化、过度用水的受偿权利。

垫江县环保局副局长罗斗明介绍，乡镇（街道）是实施流域生态保护激励补偿的责任主体，履行流域生态补偿义务，行使流域生态受偿权利，县财政对跨乡镇（街道）流域建立生态保护激励补偿机制给予引导支持，并推动建立长效机制。

为此，垫江县设立了1 500万元的"流域生态保护专项资金"，专项用于"流域生态保护激励、补偿"的资金保障工作。

---

[*] 来源：http://www.cq.xinhuanet.com/2018-09/07/c_1123393601.htm。
生态环境部环境规划院，《生态补偿简报》2018年9月4期总第845期转载。

垫江县环保局、财政局根据全县乡镇（街道）辖区内流域数量、污染现状和污染治理任务，专项补助每个乡镇（街道）20万～35万元作为流域横向生态保护激励补偿专项经费。按照"谁污染、谁补偿，谁努力、谁受益"原则，以水环境质量作为激励补偿基准，考核断面计算补偿金的水质监测数据以县生态环境监测站法定监测数据为准。

罗斗明介绍，对考核断面水质达到水环境功能要求的，考核断面水质达到水环境功能要求且较入境断面水质类别提升的，考核断面水质未达到水环境功能要求但较入境断面水质类别有提升的，由县财政对乡镇（街道）实施奖励；对考核断面未达到水环境功能类别要求且水质类别较入境断面下降的，由乡镇（街道）向县财政进行补偿。

9月3日，垫江全县共有19个乡镇（街道）因8月境内河流水环境质量恶化，向县财政缴纳了5万～8万元的流域生态保护补偿经费；此外，有23个乡镇（街道）因8月境内河流水环境质量改善，领取了1万～5万元不等的流域生态保护补偿经费。

罗斗明介绍，垫江县流域生态保护激励补偿机制于5月正式实施，有效调动了流域上下游乡镇（街道）水质保护工作的积极性，目前在河流上下游乡镇（街道）间已基本形成"成本共担、效益共享、合作共治、生态赔偿、失责追责"的流域保护和治理长效机制，有效促进了流域生态环境质量不断改善。

7 市联动　沱江流域建立横向生态保护

补偿机制*

近日，记者从成都市水务局获悉：1—9月，沱江16个国考断面中，水质

---

* 来源：http://sc.sina.com.cn/news/m/2018-10-09/detail-ifxeuwws2175843.shtml。

生态环境部环境规划院，《生态补偿简报》2018年10月1期总第852期转载。

优良断面 10 个，优良率达 62.5%，同比上升 50 个百分点；劣 V 类水质断面基本消除，同比下降 12.5 个百分点。为了保护沱江水环境，成都、自贡、泸州、德阳、内江、眉山、资阳等 7 个沱江流域市在 9 月底签署了《沱江流域横向生态保护补偿协议》，按照"保护者得偿、受益者补偿、损害者赔偿"的原则，2018—2020 年，7 市每年共同出资 5 亿元，设立沱江流域横向生态补偿资金，并建立"厂网河"一体化管理模式，构建常态长效河道管理体系。

据悉，沱江流域 7 市 24 个国、省考核断面，增加了成都市临江寺出境考核断面，达到 25 个。"十三五"流域考核断面水质目标优良率从 54.1% 提高到 76%，目前为 56.3%，考核结果将作为对流域各市河长制工作及河长综合考核评价的重要依据。

成都市水务局相关人士解释，横向生态保护补偿旨在守住沱江流域水环境质量"只能变好、不能变坏"底线，建立奖励达标、鼓励改善、惩戒恶化的正向激励、反向约束机制，搭建上下游联动、合作共治的政策平台。每年依据各市对沱江的资源环境压力，由各市按照流域 GDP 占比、水资源开发利用程度和地表水环境质量系数等确定各市的出资比例；当年，依据各市的环境工作绩效，由各市依据沱江流域面积占比、用水效率和水环境质量改善程度等进行资金分配；次年，综合考虑各市跨市断面水环境功能水质达标和水质改善情况，进行资金清算，达到目标，享受资金分配额；部分达到目标，适当减扣资金分配额；完全未达到目标，全部减扣资金分配额。

西安出台《潏河水生态补偿方案》[*]

日前，西安市河湖长制领导小组印发《潏河水生态补偿方案》，从 10 月起，月度各辖区水质情况达标时，分别给予补偿金分配奖励。

---

[*] 来源：http://www.sohu.com/a/260033866_336604。

生态环境部环境规划院，《生态补偿简报》2018 年 10 月 5 期总第 856 期转载。

该方案适用于潏河流域长安区和高新区。按照方案，成立潏河水生态保护管理委员会。潏河水生态补偿金每年度筹集一次，由长安区政府和高新区管委会从各自财政中出资，组建补偿资金库。潏河水质稳定达到地表水Ⅲ类标准之前，每年长安区政府和高新区管委会均按照上一年度各自一般公共预算收入的1‰比例出资补偿金（2018年补偿金按照2017年一般公共预算收入的0.8‰比例出资）；稳定达到地表水Ⅲ类标准后，由委员会办公室组织长安区政府和高新区管委会商定补偿金出资比例和额度。

根据潏河水功能区划要求和潏河水质现状，2018年潏河长安区和高新区的水质目标定为地表水Ⅳ类标准，自2019年起，水质目标均按地表水Ⅲ类标准执行。长安区和高新区潏河水质情况，分别以潏河长安区出境断面（西汴路断面）和高新区出境断面（潏入沣断面）每月的水质监测结果为依据。目前水质监测因子暂定化学需氧量、氨氮、溶解氧和总磷四项，四项因子全部达到水质目标相应的标准限值，视为水质达标；其中有一项因子未达到相应标准限值，即视为水质不达标。当各辖区月度水质情况达标时，分别给予补偿金分配奖励，否则没有。

琼江等建立流域横向生态保护补偿机制*

近日，重庆流域横向生态保护补偿机制推进会举行，会上潼南、铜梁等20个区县分别就重庆区域内的琼江、临江河等10条河流现场签订协议，纳入流域横向生态保护补偿机制。

市财政局负责人介绍，重庆处于长江上游和三峡库区腹心地带，是国家重要淡水资源战略储备库，承担着保护三峡库区和长江母亲河的重大职责，在长江流域乃至国家生态安全战略格局中肩负重大使命。2018年2月，财

---

* 来源：http://www.cqrb.cn/html/cqrb/2018-10/26/004/content_216235.htm。

生态环境部环境规划院，《生态补偿简报》2018年10月7期总第858期转载。

政部、生态环境部等四部委在重庆召开长江经济带生态保护修复暨推动建立流域横向生态补偿机制工作会，永川、璧山、江津 3 区在会上签协议，率先在璧南河建立流域横向补偿机制。5 月，重庆市发布建立流域横向保护补偿机制实施方案（以下简称"实施方案"），流域横向生态保护补偿机制建设开启"加速度"。

重庆出台的"实施方案"明确，以各流域区县间交界断面的水质为依据，达标并较上年度提升的，下游补偿上游，反之，则上游补偿下游。补偿金以每月 100 万元为基数，鼓励区县采取对口协作、产业转移、人才培训、共建园区等多种方式实施横向补偿。对 2018 年 10 月底前建立补偿机制、签订 3 年以上补偿协议的，一次性奖 300 万元对上下游区县建立流域保护治理联席会议制度、联防共治的，一次性奖 200 万元。对上下游区县有效协同治理、水环境质量持续改善的，市级转移支付倾斜。与此同时，对补偿机制建立滞后的区县，市里以考核基金的形式加以调控，水质超标者，市级相应扣减考核基金，并纳入两级财政强制清算。

"流域横向生态保护补偿机制的引导和带动作用明显。"该负责人介绍，以璧山区为例，该区正采取组合措施提升境内流域水环境，两年内将整治工业污染源 1 600 多家，关停不能达标的企业和治理无望的企业；升级改造生活污水处理设施，确保出水稳定达标排放；整治山坪塘水库，并加强对农药、化肥使用的指导和管控。

据悉，2020 年前，全市 19 条流域面积 500 km^2 以上且跨 2 个或多个区县的次级河流将全部建成横向生态补偿机制。经过两次集中签约，目前还剩小安溪、阿蓬江等河流未建横向补偿机制。市财政等部门正采取措施，争取年内签订协议。

国合会项目组建议设长江生态基金
财政部履行出资人职责*

中国环境与发展国际合作委员会（以下简称"国合会"）专题政策研究项目组已建议设立长江生态基金，以发挥财政在长江经济带生态环境保护中的基础和重要支柱作用，推动长江流域生态保护和治理。

项目组表示，将向长江经济带生态环境保护直接受益的水力发申、酒业（茅台、郎酒、泸州老窖）等实力较强的大型企业募资。同时，为保持基金的收益，允许一定比例的资金以股权投资的形式投资成长性好、收益性高的环保企业。

解决环保项目融资难题

正在北京召开的国合会 2018 年年会上，该专题政策研究项目组提交了有关"长江经济带生态补偿与绿色发展体制改革"的政策建议报告。

报告称，长江生态基金以支持长江经济带生态环境保护项目融资为主要目的，以市场化形式解决绿色发展、生态保护污染治理行业融资难的问题，通过充分发挥财政投资引导带动和杠杆效应，激励社会资本投入长江流域生态文明建设、绿色发展、生态保护和污染治理等项目，提升长江流域生态环境质量和可持续发展，把长江经济带建设成为高质量发展的生态文明示范带。

该项目组中外组长分别由生态环境部环境规划院院长、中国工程院院士王金南和亚行开发银行副行长 Stephen Groff 担任。

王金南介绍，该基金将长江经济带生态环境保护战略与市场机制有机结合，针对绿色发展和生态环境保护项目融资难问题，采用股权投资方式重点支持以 PPP 和第三方治理模式实施的长江经济带重大生态保护和污染治理项目，

---

* 来源：https://www.yicai.com/news/100050474.html l。

生态环境部环境规划院，《生态补偿简报》2018 年 11 月 1 期总第 859 期转载。

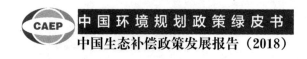

参股项目公司。

基金的募集、投资、管理、退出均按市场化原则操作，实行所有权、管理权、托管权分离，并委托专业的基金管理公司负责管理。通过中央财政资金与长江经济带地方财政资金参股并适当让利，发挥引导带动和杠杆效应，撬动社会资本投入。

项目组表示，将充分发挥财政资金引导作用，尽可能多地撬动社会资本投入。初步考虑，长江经济带生态投资基金首期目标规模为 3 000 亿元，其中，财政出资 25%，采用承诺制，根据基金运作进展分 3 年到位。

王金南介绍，财政资金主要来源于现有国家重大水利工程建设基金、中央财政资金、长江经济带 11 省市地方财政资金等。

据悉，为实现长江经济带生态环境保护战略与市场机制的有机统一，主要吸引的社会出资人包括：大型商业银行、产业投资基金等金融机构；从长江经济带生态环境保护直接受益的水力发电、酒业（茅台、郎酒、泸州老窖）等实力较强的大型企业。基金存续期为 10 年。存续期满后，根据基金运行情况，经股东会批准并履行必要程序，可续期 5 年。

财政部履行出资人职责

就基金的运作与管理问题，王金南表示，考虑到基金主要支持长江经济带生态环境保护，涉及不同省市间协调工作，建议基金在中央层面设立，由财政部、生态环境部、国家开发银行、中国长江三峡集团公司共同牵头发起，具体事宜由设立的中国长江生态基金公司主要负责。

基金采取公司制形式，国务院授权财政部履行国家出资人职责，由财政部委托中国长江生态基金公司管理。基金具体运营管理由基金管理公司负责。

按照《公司法》成立长江生态投资基金股份有限公司，设立股东会、董事会和监事会，设立投资决策委员会。董事会代表股东会行使重大经营决策权，监事会对董事会和管理人员进行监督，对股东会负责，董事和监事由出资股东推荐。

基金管理公司负责基金的具体经营管理，由有主导管理意向、对基金出资最多具备较强专业管理能力的社会出资人牵头组建，或委托专业的基金管理公司管理。基金管理公司负责基金募资和投资运营等事务，并对基金认缴一定出资份额，风险共担、利益共享。

王金南介绍，基金采用股权投资方式，重点支持以 PPP 和第三方治理模式实施的长江经济带重大生态环境保护项目，参股项目公司。投资重点支持范围为符合《长江经济带生态环境保护规划》以及党中央、国务院确定的长江经济带大气、水、土壤污染防治攻坚任务的重大生态环境保护项目。为保持基金的收益，允许一定比例的资金以股权投资的形式投资成长性好、收益性高的环保企业。

王金南介绍，基金投资项目由基金管理公司参照市场通行做法退出，如境内外 IPO 资本市场上市、股权转让、股权回购、股转债等。基金原则上通过到期清算退出；在存续期内如达到投资绩效等目标，也可考虑通过股权转让等方式退出。

国合会是国务院于 1992 年批准成立的国际性高层政策咨询机构。国合会每五年换届一次，历届国合会主席均由国务院领导担任，现任国合会主席为国务院副总理韩正，生态环境部为国合会承办部门。

重庆流域横向生态补偿年内全覆盖*

在日前重庆市召开的流域横向生态保护补偿机制推进会上，潼南、铜梁等20 个区县，分别就重庆区域内的琼江、临江河等 10 条河流现场签订协议，建立流域横向生态保护补偿机制。

具体补偿机制以各流域区县间交界断面的水质为依据，达标并较上年度提升的，下游补偿上游，反之，则上游补偿下游。补偿金以每月 100 万元为基数，

---

* 来源：http://www.cfen.com.cn/zyxw/bjtj/201811/t20181101_3059143.html。

生态环境部环境规划院，《生态补偿简报》2018 年 11 月 3 期总第 861 期转载。

并鼓励区县采取对口协作、产业转移、人才培训、共建园区等多种方式实施横向补偿。

重庆处于长江上游和三峡库区腹心地带，是国家重要淡水资源战略储备库，承担着保护三峡库区和长江母亲河的重大职责，在长江流域乃至国家生态安全战略格局中肩负着重大使命。在重庆市财政局相关负责人看来，此次签约是重庆加大财政制度供给，向力构长江上游生态屏障、力建山清水秀美丽之地迈出的又一大步。

2018年2月，财政部、生态环境部等四部委在重庆召开长江经济带生态保护修复暨推动建立流域横向生态补偿机制工作会，永川、璧山、江津3区在会上签协议，率先在璧南河建立流域横向补偿机制。5月，重庆市发布建立流域横向保护补偿机制实施方案，流域横向生态保护补偿机制建设开启"加速度"。

对于流域横向生态补偿机制的建设，重庆的态度是舍得奖、严厉惩，有奖有罚、奖罚分明。该市既奖早建又奖协作，对2018年10月底前建立补偿机制、签订3年以上补偿协议的，一次性奖300万元；对上下游区县建立流域保护治理联席会议制度、联防共治的，一次性奖200万元；更奖成效，对上下游区县有效协同治理、水环境质量持续改善的，市级转移支付倾斜。同时，对补偿机制建立滞后的区县，市里以考核基金的形式加以调控，水质超标的，市级相应扣减考核基金，并纳入两级财政强制清算。

"机制的引导和带动作用是明显的。"该负责人介绍，以璧山区为例，该区正采取组合措施提升境内流域水环境，两年内将整治工业污染源1600多家，关停不能达标的企业和治理无望的企业；升级改造生活污水处理设施，确保出水稳定达标排放；整治山坪塘水库，并加强对农药、化肥施用的指导和管控。

按照规划，2020年前，重庆全市19条流域面积500 km²以上且跨2个或多个区县的次级河流将全部建成横向生态补偿机制。经过两次集中签约，目前还剩小安溪、阿蓬江等河流未建横向补偿机制。市财政、环保等部门正采取措施，争取年内签订协议，实现目标河流横向生态保护补偿机制全覆盖。

浙皖携手：新安江流域跨省生态补偿第三轮试点实施[*]

近日，新安江流域横向生态补偿第三轮试点协议已经签署，并正式予以实施。

第三轮试点为期三年（2018—2020年），浙江、安徽每年各出资2亿元，并积极争取中央资金支持。当年度水质达到考核标准，浙江支付给安徽2亿元；水质达不到考核标准，安徽支付给浙江2亿元。

前两轮试点取得明显成效

新安江流域上下游横向生态补偿试点作为全国首个跨省流域生态补偿机制试点，是我国跨省流域横向生态补偿的具体实践，是生态文明体制和制度改革的重大创新。试点工作入选2015年中央改革办评选的全国十大改革案例，并被纳入中央《生态文明体制改革总体方案》和《关于健全生态保护补偿机制的意见》。

早在2012年，为保护千岛湖的优质水资源，解决好新安江上下游发展与保护的矛盾，使得保护水资源提供良好水质的上游地区得到合理补偿，在财政部、生态环境部牵头下，浙江和安徽正式实施横向生态补偿试点，成为全国首个跨省流域水环境补偿试点。

试点工作按照"保护优先，合理补偿；保持水质，力争改善；地方为主，中央监管；监测为据，以补促治"的基本原则，设立新安江流域水环境补偿资金，主要用于安徽省内两省交界区域的污水和垃圾特别是农村污水和垃圾治理。

---

[*] 来源：http://zjnews.zjol.com.cn/zjnews/201811/t20181103_8652876.shtml。

生态环境部环境规划院，《生态补偿简报》2018年11月4期总第862期转载。

第一轮试点（2012—2014 年）

中央资金每年 3 亿元，浙皖两省每年各出 1 亿元。

第二轮试点（2015—2017 年）

中央资金总额保持不变，浙皖两省的补偿资金由每省每年出资 1 亿元提高至每省每年出资 2 亿元。

两轮试点取得了明显的生态环境效益，新安江两省交界断面水质总体保持稳定，千岛湖湖体水质继续保持优良。流域上下游地区在做好千岛湖及新安江水质保护的同时，积极推动绿色发展，打开绿水青山向金山银山的转换通道，两省经济社会较快发展，实现了保护与发展的良性互动。

第三轮试点：总磷、总氮指标考核权重增加

为进一步建立新安江流域上下游横向生态补偿长效机制，在浙皖两省党政领导就两省生态环境联防联治、深化新安江生态补偿机制达成共识的前提下，浙江省财政厅会同环保厅积极主动做好和安徽省财政厅、环保厅的协商沟通，就第三轮试点协议和实施方案进行了多轮磋商，并达成一致。第三轮试点（2018—2020 年），两省每年继续出资 2 亿元，并继续争取中央资金支持。

为体现"问题导向"和"稳定向好"原则，根据绩效评价报告反映近年来上游来水总磷、总氮指标上升的问题，进一步优化水质考核指标。

在水质考核中加大总磷、总氮的权重，氨氮、高锰酸盐指数、总氮和总磷四项指标权重分别由原来的各 25%调整为 22%、22%、28%、28%。

相应提高水质稳定系数，由第二轮的 89%提高到 90%。

与此同时，第三轮试点在货币化补偿的基础上，两省还将探索多元化的补偿方式，推进上下游地区在园区、产业、人才、文化、旅游、论坛等方面加强合作，进一步提高上游地区水环境治理和水生态保护的积极性。

青岛《关于试行地表水环境质量生态补偿工作的通知》*

各区、市人民政府，青岛西海岸新区管委，市政府各部门，市直各单位：

为进一步落实水环境质量管理职责，强化水环境目标管理，改善我市地表水环境质量，根据《中华人民共和国环境保护法》《中华人民共和国水污染防治法》等有关规定，经市政府同意，现就我市试行地表水环境质量生态补偿工作有关事项通知如下：

一、按照"达标是义务、超标要赔付、改善获补偿"的原则，以保护水质为目的，建立区（市）级横向补偿和市、区（市）纵向补偿相结合的地表水环境质量生态补偿机制。断面水质超标，责任辖区缴纳赔付补偿金；断面水质优于目标水质一个类别以上（以下简称"跃升"），责任辖区获奖励补偿金。

二、《青岛市人民政府关于印发青岛市落实水污染防治行动计划实施方案的通知》（青政发〔2016〕27号）中明确的94个市控及以上地表水体断面，包括河流断面及湖库断面，纳入地表水环境质量生态补偿范围。地表水体断面按控制级别分为国省控断面、市控断面，其中，列入山东省与青岛市签订的《水污染防治目标责任书》的重点地表水体、集中式饮用水水源地断面为国控、省控断面；其他非国省控地表河流、湖库断面为市控断面。国家、省有关文件对国省控断面有调整的，从其规定。

三、每年由市环保局公布纳入年度生态补偿的具体水体断面和水质目标。纳入生态补偿的水体范围，先在局部重点水体试行，逐步扩展到所有市控及以上重点地表水体。水质目标主要依据《水污染防治目标责任书》和有关法律法

---

* 来源：http://www.qingdao.gov.cn/n172/n24624151/n24672217/n24673564/n24676498/181101145737626832.html。

生态环境部环境规划院，《生态补偿简报》2018年11月5期总第863期转载。

规标准确定。

以市级及以上环保部门组织或委派的监测机构监测的水体水质数据为依据，判定水体水质类别及达标情况。国控、省控断面水质监测项目为《地表水环境质量标准》（GB 3838—2012）表 1 中的项目加上电导率共 25 项；市控断面水质监测项目为表 1 中除粪大肠菌群外的 23 项。湖库及水源地断面监测项目按《地表水环境质量标准》（GB 3838—2012）表 1、表 2 中的项目，以及表 3 中优选的特定项目 33 项，共 62 项进行监测；属于集中式饮用水水源地的，需每年开展一次地表水 109 项全项目分析。

四、按照治理保护及生态补偿责任归属，将地表水体断面分为跨界断面、共同断面、出境断面。跨界断面，指上下游分属不同行政区的断面，其治理保护责任属于上游行政区，生态补偿责任实行上下游不同行政区之间的横向补偿模式。共同断面，指上游左右岸涉及两个或两个以上行政区的断面，其治理保护责任由相关行政区共担。出境断面，指上游属于独立的行政区，且下游为近岸海域、青岛辖区之外水体或集中式饮用水水源地的断面，其治理保护责任属于上游行政区。共同断面、出境断面，其生态补偿责任实行区（市）与市之间纵向补偿模式。

五、地表水环境质量生态补偿资金（以下简称补偿资金），根据核算结果，分别由青岛市及市北区、李沧区、崂山区、青岛西海岸新区、城阳区、即墨区、青岛高新区和胶州市、平度市、莱西市财政列支，实行专门账户管理。地表水环境质量生态补偿资金按月计算和公示，每季度通报，年终汇总通报并一次性结算。

根据断面控制级别，确定单个考核断面年度基准补偿资金。其中，国控断面年度基准补偿资金为 600 万元，省控断面年度基准补偿资金为 300 万元，市控断面年度基准补偿资金为 200 万元。

六、考核断面月度全部水质指标均达到水质目标，视为断面水质月度达标；考核断面月度水质所有指标实现跃升，视为断面水质月度跃升。考核断面月度任一水质指标超标，视为断面水质月度超标。河流、非集中式饮用水水源地湖库按年均值评价年度水质类别，任一水质指标年均值劣于《地表水环境质量标准》（GB 3838—2012）Ⅴ类水质标准限值的，该水体断面年度水质综合评价为劣Ⅴ类；任一水质指标年均值超过水质目标类别相应限值的，视为该断面未达到年度水质目标。集中式饮用水水源地任一月度水质超标，即视为未达到年度水质目标。

河流上游入境的区（市）界断面及下游出境的区（市）界断面水质指标均超标时，剔除上游超标指标对下游断面水质的影响后再判定下游断面水质是否达标。共同断面难以界定相关区（市）责任时，按相同比例共担。

七、断面水质实现达标且跃升的，上游责任区（市）获得下游责任区（市）或市财政基准额度奖励补偿金；断面水质达标但未跃升的，不罚不补；断面水质超标幅度在一倍以内的，由上游责任区（市）向下游责任区（市）或市财政缴纳基准额度赔付补偿金；断面水质超标幅度超过一倍的，由上游责任区（市）向下游责任区（市）或市财政缴纳基准额度 2 倍的赔付补偿金。

断面年度水质综合评价为劣Ⅴ类、未达到年度水质目标的，该断面所有跃升月份的奖励补偿金清零，超标赔付补偿金正常缴纳。辖区任一水体发生较大及以上级别突发环境事件的，辖区所有断面跃升月份的奖励补偿金清零，超标赔付补偿金正常缴纳。环境事件等级按照《国家突发环境事件应急预案》分级标准确定。

国控、省控断面年度水质由Ⅳ类及以下跃升至Ⅲ类及以上的，年终由市财政额外一次性给予责任区（市）年度基准补偿资金额度的奖励。国控、省控断面未达到年度水质目标的，年终由责任区（市）向市财政额外缴纳年度基准补偿资金额度的资金。

考核断面断流无监测数据的，当月生态补偿考核不罚不补。非特殊重大干旱年份，全年断流 8 个月及以上无监测数据的（地表湖库型集中式饮用水水源地除外）考核断面，年终由责任区（市）向市财政缴纳年度基准补偿资金额度 0.5 倍的资金。

八、共同断面月度水质超标，经核实责任完全不在某个辖区，其当月生态补偿资金由其他责任辖区承担。辖区对责任认定存在争议的，应及时以书面形式向市环保局举证复核报告，市环保局在收到报告后及时组织调查复核确定。

断面水质存在上下游地区争议事项的，由市环保局牵头负责协调核实认定。

九、各区（市）及有关部门、单位应按照河长制管理要求，将支流、沿河排水口纳入日常监管，及时查处、消除异常排水、超标排水现象。鼓励社会各界对青岛市水生态环境情况予以监督或检举，有关情况作为相关断面责任认定依据。

十、每季度第一个月内，市环保局根据水质监测结果及日常监管情况，审核确定上季度生态补偿考核结果，并书面通报到相关区（市）政府及有关部门。以当年 10 月至次年 9 月为生态补偿年度考核周期。每年第四季度，市环保局、市财政局汇总考核情况，综合形成年度生态补偿考核结果并予以通报。承担缴款责任的区（市）通过年终体制结算将生态补偿款上解市财政，获生态补偿的区（市）由市财政统一安排下达资金。

十一、获生态补偿的区（市）要将补偿资金全部用于流域污染防治、水生态保护和修复等方面，资金使用方向和支持项目报市环保局、市财政局备案。

青岛市人民政府办公厅

2018 年 10 月 29 日

京冀签订潮白河流域生态补偿协议*

为保障首都水资源安全，促进北京、河北两地生态环境保护协同发展，近日，北京、河北两地共同签署了《密云水库上游潮白河流域水源涵养区横向生态保护补偿协议》。

密云水库上游潮白河流域水源涵养区是京冀水源涵养功能区的重要组成

---

* 来源：http://ll.sxgov.cn/content/2018-11/11/content_9102116.htm。
生态环境部环境规划院，《生态补偿简报》2018 年 11 月 8 期总第 866 期转载。

部分，根据协议，北京市、河北省将按照"成本共担、效益共享、合作共治"的原则，建立协作机制，共同促进流域水资源与水生态环境整体改善。协议实施年限暂定为 2018—2020 年。

按照这份补偿协议，到 2020 年，北京市将对密云水库上游潮白河流域的河北省承德市、张家口市相关县（区）进行生态保护补偿，对污染治理工作成效进行奖励。在水质考核方面，除了国家规定的高锰酸盐指数、氨氮、总磷三项指标，还增加了总氮指标，总氮下降也将给予奖励。在水量考核上，则在 2000 年以来多年平均入境水量的基础上，实行"多来水、多奖励"的机制。

据了解，我国自 2011 年以来，已经在新安江、九洲江等多个流域探索建立起跨流域生态补偿机制。以往流域生态补偿以跨境考核断面的水质情况作为考核依据，此次密云水库上游潮白河流域水源涵养区横向生态补偿则是在参照以往经验的基础上，以水量、水质、上游行为管控三方面作为考核的依据。

2018 年 1—8 月滇池流域各辖区需缴纳生态补偿金 8.3 亿元[*]

目前，滇池治理"三年攻坚"行动计划 2018 年实施的市级、区级重点项目已 100%开工。1—8 月，滇池流域各辖区共需缴纳生态补偿金 8.3 亿元。

2018 年是实施滇池保护治理"三年攻坚"行动的开局之年，在市委、市政府的坚强领导及各位河长、各区和各部门共同努力下，滇池保护治理工作取得了新的进展。2018—2020 年，三年共计将实施市级重点项目 64 个、区级重点项目 147 个。其中市级重点项目 2018 年计划实施 62 个，截至 10 月 31 日，已完成年度目标任务的项目有 39 个，正在建设 23 个，开工率 100%，占年度目标任务的 62.9%。区级重点项目 2018 年计划实施 145 个，截至 10 月 31 日，

* 来源：http://www.maxlaw.cn/kunming/news/930678210825.shtml。
生态环境部环境规划院，《生态补偿简报》2018 年 11 月 10 期总第 868 期转载。

已完成年度目标任务的项目有 87 个，正在建设 58 个，开工率 100%，占年度目标任务的 60%。

据了解，滇池保护治理"三年攻坚"行动计划实施 69 个调蓄池，已全部开工建设，已完工 57 个，正在建设 12 个，完工率 82.61%，调蓄总量 86.319 万 m³。河道、管网清淤工作中，滇池流域 9 个区均已按年度计划完成了辖区内主要入湖河道及支流沟渠、管网的清淤工作。截至目前，共完成河道清淤长度 259.8 km，清淤量 186.79 万 m³；排水公司完成排水管网清淤 1 545.8 km，清淤量 15.9 万 m³。在智慧河道建设中，昆明市已全面完成滇池流域主要河道行政交界和入湖口断面 63 个水质自动监测站建设；在河道溢流口安装视频监控、水质水量监测设施 158 个，并已上线运行，完成盘龙江智慧河道管理监控中心建设。已完成第一、第三、第九水质净化厂超级限除磷提标改造实验示范工程建设，第一水质净化厂已投入运行，第三、第九水质净化厂正在调试；倪家营水质净化厂一期、二期极限脱磷降氮工程已完成前期工作；倪家营水质净化厂、普照水质净化厂二期改扩建工程已完成前期工作。

在全面深化河长制工作中，滇池流域 25 位市级河长均已层层签订《2018 年滇池流域河长目标责任书》，并严格执行河长会议制度、信息共享制度、信息报送制度、工作督察制度、考核问责与激励制度及验收制度。按期开展巡河并召开现场工作会议，对巡查中发现的问题及时进行梳理、通报，积极协调解决河道治理中存在的问题。同时，滇池流域入湖河道"三年攻坚"行动"一河一策"实施方案均已编制完成，明确了各条河道水质目标、污染物削减任务。全面梳理河道存在的问题，制定了具体的整治措施，经各市级河长研究审定并印发至各区、各责任单位执行。"一河一策"实施方案项目已纳入滇池保护治理"三年攻坚"项目统筹推进。2018 年 1—8 月，滇池流域各辖区共需缴纳生态补偿金 8.3 亿元，其中 7.5 亿元需向市政府缴纳，各区互缴补偿金 0.8 亿元。

下一步，昆明将按计划推进滇池"三年攻坚"行动，确保年度目标任务完成，并强化各级河长履职，确保河长制工作落到实处，细化措施，制定方案，切实抓好中央、省级环保督察反馈问题的整改。

首个跨流域生态补偿机制六年考：新安江为防污染 拒绝 180 亿元投资　跨省界断面水质达 Ⅱ 类[*]

国内首个跨流域生态补偿机制试点——新安江流域跨省生态补偿已走过 6 年。

11 月 10 日，第十六届中国水论坛暨第二届新安江绿色发展论坛召开。作为最早倡议新安江流域跨省生态补偿的全国政协原副主席、民盟中央原副主席张梅颖在论坛上介绍，2012 年我国第一个真正意义上的跨省流域生态补偿机制试点在千岛湖上游新安江流域正式实施，6 年来，新安江流域综合治理取得了明显成效，上游水质为优，跨省界面地表水为 Ⅱ 类，连年达到补偿标准。

黄山市市长孔晓宏称，上个月，皖浙两省又正式续约，第三轮试点工作全面启动。

《每日经济新闻》记者了解到，九洲江、东江、滦河、渭河流域等多条大河流已建立生态补偿机制，上下游协力共同保护流域生态环境的格局正在逐步完善。

实施产业准入负面清单制度

2012 年起，在财政部、环保部指导下，皖、浙两省开展了新安江流域上下游横向生态补偿两轮试点，每轮试点为期 3 年，涉及上游的黄山市、宣城市绩溪县和下游的杭州市淳安县。这是国内首次探索跨省流域生态补偿机制。

孔晓宏说："2012—2017 年，我们圆满完成了两轮试点任务，累计投入资金 126 亿元，其中试点补助资金 35.8 亿元。新安江流域总体水质为优并稳定向好，跨省界断面水质达到地表水环境质量标准 Ⅱ 类，千岛湖湖体水质实现与

---

* 来源：http://www.nbd.com.cn/articles/2018-11-14/1272504.html。
生态环境部环境规划院，《生态补偿简报》2018 年 11 月 12 期总第 870 期转载。

上游来水同步改善。上个月，皖、浙两省又正式续约，第三轮试点工作全面启动。"

2018年4月，由环保部环境规划院编制的《新安江流域上下游横向生态补偿试点绩效评估报告（2012—2017）》通过专家评审。报告显示，根据皖、浙两省联合监测数据，2012—2017年，新安江上游流域总体水质为优，千岛湖湖体水质总体稳定保持为Ⅰ类，营养状态指数由中营养变为贫营养，与新安江上游水质变化趋势保持一致。

"在生态补偿机制试点工作中，我们把保护修复生态作为首要任务，着力构筑绿色生态屏障。"孔晓宏说，突出工程措施，总投资30亿元的国家重大水利工程、新安江流域综合治理控制性工程——月潭水库即将竣工，完成新安江上游16条主要河道综合整治，疏浚和治理河道123 km，治理水土流失面积540多 km^2。

同时，在防控产业污染方面，实施产业准入负面清单制度，坚决不上一个污染项目，累计关停淘汰企业170多家，整体搬迁90多家，拒绝污染项目180多个、投资规模达180亿元，优化升级项目510多个，投入60亿元打造供热、脱盐、治污"三集中"的循环经济园区。

值得注意的是，目前，全国已有多个省市借鉴"新安江模式"，推动开展流域上下游保护治理和生态补偿工作。

孔晓宏介绍，下一步将拓宽补偿方式，推动从资金补偿向综合发展补偿转变，从单纯"输血"向综合"造血"转变。拓宽补偿手段，鼓励社会资本进入生态保护市场，探索用水权、排污权、碳排放权初始分配和交易制度。

绿色产业体系基本形成

张梅颖介绍，新安江流域跨省生态补偿试点取得了阶段性成果，一江绿水出新安，并带动走上了新型工业化和生态旅游的绿色发展道路。以旅游业为导向和现代服务业为支持，绿色产业体系基本形成，生产总值连续跨上500亿元、600亿元两个台阶，财政收入突破2亿元大关，探索了绿水青山向金山银山有善有效转化的路径，实现了生态效益、经济效益、社会效益的显著提升。

实际上，除了安徽与浙江在新安江流域开展跨省生态补偿，很多省份都在积极推进生态补偿机制。2018 年初，江西、湖北等地均发布了生态补偿办法。湖北省提出，到 2020 年，实现森林、水流、湿地、耕地、大气、荒漠等重点领域和禁止开发区域、重点生态功能区等重要生态区域的生态保护补偿机制与政策全覆盖，跨地区、跨流域补偿试点示范取得明显进展；基本建立与经济社会发展状况相适应的生态保护补偿制度体系，生态保护者与受益者良性互动的多元化补偿机制不断完善，促进形成绿色生产方式和生活方式。

2018 年 8 月，在国家发展改革委召开的专题新闻发布会上，发改委西部开发司巡视员肖渭明指出，目前推动了水权、碳排放权、排污权、碳汇交易等不同的生态补偿办法，现在一些省份之间的生态补偿，如广东和江西、安徽和浙江之间的生态补偿都在有序开展。通过生态补偿，促进了西部地区产业结构的调整，转变了生态保护地区的生产生活方式，拓宽了农牧民收入的来源渠道，有效增加了生态产品和服务，实现了金山银山和绿水青山的有机统一。

E20 环境平台董事长、首席合伙人傅涛对《每日经济新闻》记者说，绿色发展形势很紧迫，绿色发展确实具有非常大的潜力，例如，出口茶叶对农药残留标准要求非常高，解决好土壤、水、化肥等问题后，出口的茶叶可以卖到每千克 4 000 元，但是，达不到出口高标准的茶叶只能卖到 600 元。

傅涛认为，做好绿色发展，实现环保与经济发展平衡，需要从制度上进行探索、设计。

湖北襄阳建市内流域横向生态保护补偿机制*

为推动市内流域生态保护和治理，湖北襄阳市内流域上下游所涉及的枣阳、宜城、南漳、老河口、襄州、樊城、高新等 7 个县（市、区、开发区）共

---

* 来源：https://news.sina.com.cn/o/2018-11-22/doc-ihmutuec2680466.shtml。

生态环境部环境规划院，《生态补偿简报》2018 年 11 月 17 期总第 875 期转载。

同设立了 1.2 亿元横向生态保护补偿保证金，用于落实奖惩措施，开展市内流域横向生态保护补偿。

襄阳市根据生态保护修复的迫切程度，2018 年率先选择了汉江流域襄阳段小清河、滚河、蛮河三条支流流域所涉及的 7 个县（市、区、开发区），通过自主协商，签订流域横向生态补偿协议，构建横向生态保护补偿机制。同时，襄阳市鼓励汉江流域及长江流域其他主要支流流域唐白河、沮河、南河、漳河流域等地尽早建立实施流域横向生态保护补偿机制，最终在 2019 年年底之前实现市内流域横向生态保护补偿机制全覆盖。

据介绍，襄阳市采取奖补资金与生态保护支出责任挂钩、惩罚资金与生态治理任务完成情况挂钩的方式，建立奖惩并重的流域横向生态保护补偿机制。按照"受益者补偿、损害者赔偿、保护者受偿"的原则，流域上游地区承担保护生态环境的责任，同时享有水质改善、水量保障带来利益的权利。流域下游地区对上游地区为改善生态环境付出的努力做出补偿，同时享有水质恶化、上游过度用水的受偿权利。

据介绍，具体实施过程中将以流域跨界断面的水质水量作为补偿基准，由襄阳市环保局聘请第三方机构，在实地勘察、综合测算的基础上，根据流域上下游地区生态环境现状、保护治理成本投入、水质改善的收益、下游经济承受能力、下泄水量保障等因素，综合确定补偿标准。

据悉，目前襄阳市市内流域生态环境保护检测平台已开始运转。

2

生态补偿扶贫

江西推动生态脱贫进入全国第一方阵[*]

国家生态文明试验区（江西）实施方案明确，要把江西建设成为生态扶贫共享发展示范区。近年来，江西省通过研制精准扶贫、生态补偿扶贫标准，把生态文明建设作为重要民生工程和扶贫举措，目前已初步形成生态文明理念广泛认同、生态文明建设广泛参与、生态文明成果广泛共享的良好局面。

在推进绿色惠民方面，江西省着力实施生态扶贫工程，完成生态移民 9.6 万人。结合国有林场改革，推动 2 万名伐木工转变为生态"护林员"。全面推进光伏扶贫，争取国家下达光伏扶贫计划 62 万 kW；争取江西省列入全国网络扶贫试点，获得金融机构授信 200 亿元。

在加快建设绿色城市方面，开展城镇闲置及裸露土地排查和复绿工作，在全国率先实现国家园林城市设区市全覆盖，新增绿色建筑 600 万 m^2。推进美丽村庄建设，实施"整洁美丽、和谐宜居"新农村建设行动，启动中心村布局

---

* 来源：http://www.jiangxi.gov.cn/art/2018/1/7/art_393_135766.html。
生态环境部环境规划院，《生态补偿简报》2018 年 1 月 4 期总第 708 期转载。

选点和规划编制工作，乡村建设规划许可证发放率从 35%提升至 60%左右，新增一批宜居小镇、宜居村庄。

同时，省扶贫移民部门及时落实搬迁实施计划，严守搬迁贫困户精准"界线"，坚持搬迁贫困户人均住房面积不超 25 m² "标线"、户均自筹不超 1 万元"底线"、项目规范管理"红线"。对新搬迁贫困户采取政府统规统建的方式，强化集中安置。用好建设用地增减挂政策支持易地扶贫搬迁，允许赣南等原中央苏区、特困片区和贫困县指标在省域范围内交易流转使用。坚持"搬迁是手段、脱贫是目的"理念，落实搬迁贫困户后续帮扶措施，确保搬得出、稳得住、逐步能脱贫致富。全省脱贫攻坚整改成效得到巩固提升，到 2020 年江西省脱贫实效和质量有望进入全国"第一方阵"。

专家认为，在自然生态、环境保护方面，江西有着许多先行先试的经验。例如，暂停安排林业项目、暂停征占用林地审批；加强生态公益林保护，生态公益林补偿标准从林改前的每年每亩 5 元提高到目前的每年每亩 17.5 元；深入推进农村地区工矿污染防治、土壤重金属污染治理和畜禽养殖业污染整治等。当前，江西省正处于工业化、城镇化加速推进的关键时期，必须在绿色崛起过程中推动脱贫攻坚，汇聚起建设富裕美丽幸福现代化江西的强大合力。

贵州省生态扶贫三年实施方案印发*

为深入贯彻落实贵州省深度贫困地区脱贫攻坚行动方案，切实发挥生态扶贫的重要作用，经省政府同意，省政府办公厅近日印发《贵州省生态扶贫实施方案（2017—2020 年）》（以下简称《实施方案》）。

《实施方案》提出，贵州省将通过实施生态扶贫十大工程，进一步加大生态建设保护和修复力度，促进贫困人口在生态建设保护修复中增收脱贫、稳定

---

* 来源：http://www.gov.cn/xinwen/2018-01/14/content_5256471.htm。
生态环境部环境规划院，《生态补偿简报》2018 年 1 月 9 期总第 713 期转载。

致富，在摆脱贫困中不断增强保护生态、保护环境的自觉性和主动性，实现百姓富和生态美的有机统一。到 2020 年，通过生态扶贫助推全省 30 万以上贫困户、100 万以上建档立卡贫困人口实现增收。

生态扶贫十大工程包括退耕还林建设扶贫工程、森林生态效益补偿扶贫工程、生态护林员精准扶贫工程、重点生态区位人工商品林赎买改革试点工程、自然保护区生态移民工程、以工代赈资产收益扶贫试点工程、农村小水电建设扶贫工程、光伏发电项目扶贫工程、森林资源利用扶贫工程、碳汇交易试点扶贫工程。这些工程实施后，将为贫困地区群众带来利好。在实施退耕还林建设扶贫工程中，《实施方案》规定，退耕还林任务继续向三个集中连片特困地区和 14 个深度贫困县倾斜，对符合退耕政策的贫困村、贫困农户实现工程全覆盖，确保 69 万户贫困户每亩退耕地有 1 200 元的政策性收入。在实施生态护林员精准扶贫工程中，《实施方案》提出，到 2020 年全省生态护林员森林资源管护队伍总规模达 9.67 万人，人均管护森林面积稳定在 1 500 亩以内；带动建档立卡贫困户 5.2 万户、20 万人人均增收 2 300 元左右。

为加强生态扶贫工作的组织领导，贵州省将建立健全发展改革、林业、财政、扶贫、水利、水库和生态移民以及能源部门之间的定期会商工作机制，统筹推进生态扶贫各项工作，形成共商共促生态扶贫工作合力。

六部门联合推进生态扶贫
让贫困群众当好护林员*

近日，国家发展改革委、国家林业局、财政部、水利部、农业部、国务院扶贫办联合印发了《生态扶贫工作方案》（以下简称《方案》），提出力争到 2020 年组建 1.2 万个生态建设扶贫专业合作社，吸纳 10 万贫困人口参与生态工程

---

* 来源：http://country.cnr.cn/snsp/20180201/t20180201_524120968.shtml。
生态环境部环境规划院，《生态补偿简报》2018 年 2 月 1 期总第 719 期转载。

建设；新增生态管护员岗位 40 万个；通过大力发展生态产业，带动约 1 500 万贫困人口增收。

《方案》明确，将通过参与工程建设获取劳务报酬、生态公益性岗位得到稳定的工资性收入、生态产业发展增加经营性收入和财产性收入、生态保护补偿等政策增加转移性收入等四种途径，助力贫困人口脱贫。《方案》提出，将加强退耕还林还草、京津风沙源治理等 11 项重大生态工程建设，加强贫困地区生态保护与修复，工程项目和资金安排进一步向贫困地区倾斜，提高贫困人口受益程度。

国务院扶贫办开发指导司副司长许健民认为，由于我国大部分贫困地区都位于生态脆弱、生态治理任务繁重的地区，所以在这些地方要开展精准扶贫，面临着如何把过去相对脆弱的生态环境保护好、建设好的重任。提出生态扶贫，实际上就是要在一个战场上打好"生态治理"和"脱贫攻坚"两场战役。

许健民：这些年我们在全国很多地区进行了生态扶贫的探索。比如亿利资源集团在内蒙古就做得非常好。他们在沙漠地区大量种草种树，同时带动了周边的贫困群众开展了生态旅游，在十几年的时间里让十多万的贫困户摆脱了贫困，让过去的沙漠苦瘠之地变成了绿树成荫、欣欣向荣的旅游景点，成为联合国生态治理，特别是治沙扶贫的典范。再比如山西吕梁地区，他们把贫困群众组织起来，开办了造林合作社。在过去的荒漠化地区，特别是脆弱的地方进行大规模的植树造林。树林造好之后，再提供生态护林员的公益岗位，让贫困群众能够继续享受生态治理带来的经济成果。在短短的十多年时间里，过去荒坡荒山的吕梁也发生了翻天覆地的变化，同时贫困群众享受到生态治理的好，也享受到生态旅游带给他们的收入增长，能够分享生态发展带来的好处，真正得到了"绿水青山变成金山银山"的脱贫攻坚和精准扶贫带来的好处。

对于如何有效地落实好生态扶贫战略，国务院扶贫办开发指导司副司长许健民认为，要突出精准，让贫困群众参与，激发群众的内生动力，同时，建立一种可持续的生态治理机制。

许健民：生态扶贫涉及的范围比较广，造林扶贫也好，治沙扶贫也好，第一要注意精准，在生态建设过程中一定要让贫困群众参与进去。要有比较精准的带贫减贫机制。第二要注意始终激发贫困群众的内生动力，设置生态护林员、生态护草员包括护水员，让贫困群众参与到生态治理和生态建设中去，让他们有更多的参与感和获得感。第三要注意可持续发展机制的建立，在生态树种的选择、生态治理的模式的选择上要注意短期效果和长期可持续发展相结合，这样才能够把生态扶贫工作抓细、抓实、抓出成效。

北京山区农民生态补偿人均增幅 75%*

2月9日下午，2017年度北京市级行政机关和区政府绩效考评会议在北京会议中心继续召开。北京市园林绿化局述职表示，2017年北京兴绿富民水平不断提高。第一，完善山区生态林管护员岗位补贴政策，4.6万名管护员收入增幅20%；第二，完善山区生态公益林生态效益补偿政策，山区农民生态补偿人均增幅75%；第三，落实平原造林管护办法，实现农民绿岗就业近7万人。第四，大力发展高效节水果园、规模化苗圃、京郊花田等新兴业态。

宁夏探索建立生态扶贫新思路*

按照生态优先发展、实现绿色发展的基本原则，宁夏回族自治区扶贫部门新近提出，在中南部地区积极探索生态文明建设与开放式扶贫有机结合的生态扶贫新路子，促进中部干旱带和荒漠化治理与脱贫攻坚融合发展。

* 来源：http://www.sohu.com/a/221907701_161623。
生态环境部环境规划院，《生态补偿简报》2018年2月12期总第730期转载。
* 来源：http://sh.qihoo.com/pc/9497801ff0b357e3d？cota=4&tj_url=so_rec&sign=360_e39369d1&refer_scene=so_1。

自治区中南部地区，是集革命老区、民族地区、贫困地区于一体的特殊困难地区。从全国来看，宁夏是贫困区域占比最高的省份，集中连片贫困区域面积占 54%，贫困人口分布在全区 5 个地级市和 91%的县（市、区），依托生态建设，坚持就地就近原则，将生态移民迁出区和生态保护核心区周边建档立卡贫困人口就地转为生态护林员，增加贫困群众收入，实现 1 万人脱贫。

强化生态红线的约束作用，加强森林经营，严格林地用途管制和监督检查，特别是对六盘山、罗山森林生态功能区，杜绝实施与保护无关的开发建设活动。完善林业投资机制，在继续争取国家生态林业建设补贴性资金的基础上，建立政府引导、银行融资、企业自筹、社会参与的多元化投融资机制，引导更多民间资本和社会力量参与生态建设。对重点生态功能区、生态脆弱区进行国土绿化、水土流失治理、土壤改良，推进山区绿地化、沙区绿带化。

加大贫困地区生态保护修复力度，加快六盘山生态功能区建设。构建大六盘生态安全体系，加强天然林资源保护恢复。建设南部黄土丘陵水土保持区，实施水土流失综合治理、退耕还林还草、"400 mm 降水线"荒山造林绿化、移民迁出区生态修复和节水集蓄工程。到 2020 年，新增人工造林面积 150 万亩，封山育林 120 万亩，森林抚育 70 万亩，未成林补植补造 300 万亩。大力发展林木种苗、特色经济林和林下经济等生态产业。实施泾河、茹河、葫芦河、祖厉河等流域重点治理和清水河城镇产业带及重点水土流失区综合治理工程，继续实施生态移民迁出区生态修复、完成生态移民迁出区生态治理 285 万亩。

加强荒漠化沙化治理。建设中部荒漠草原防沙治沙区，重点加强草原生态系统和现有人工林地保护，继续实施禁牧措施，加快扬黄灌区节水改造和草原补播、人工饲草地建设。加大毛乌素沙地治理和腾格里沙漠边缘林地保护力度，推进全国防沙治沙综合示范区建设，建立沙化土地封禁保护制度，创新防沙治沙模式，合理发展沙产业。到 2020 年，完成人工造林 80 万亩、封山封沙育林30 万亩、森林抚育 50 万亩、未成林补植补造 70 万亩。

探索生态保护建设与精准扶贫结合机制。结合精准扶贫推动生态扶贫，推

生态环境部环境规划院，《生态补偿简报》2018 年 2 月 15 期总第 733 期转载。

广泾源县育苗造林模式，优先购买建档立卡贫困户苗木和劳务，引导贫困地区群众参与荒山绿化，增加农民收入。实施天然林保护工程和生态效益补偿资金项目，利用生态补偿和生态保护工程资金，将部分有劳动能力的建档立卡贫困人口优先就近就地转化为生态保护人员。进一步建立完善生态保护补偿、六盘山地区生态综合补偿机制、生态保护成效与资金挂钩的激励约束等体制机制。探索碳汇交易等市场化补偿方式。

赵应云：国家应加大对深度贫困地区
生态补偿力度*

全国人大代表、湖南省永州市市长赵应云 11 日在接受中国网记者专访时建议，从国家层面加大财政投入力度，把贫困地区纳入生态功能区，并提高生态补偿标准，在增强贫困地区特别是深度贫困地区脱贫能力的同时，防止因为脱贫造成对环境新的破坏。

"近年来，国家对环境保护高度重视，也在逐步提高生态补偿标准，但总体上来说，补偿标准偏低，难以充分激发保护生态环境的内生动力，也难以充分发挥财政政策对保护生态环境的杠杆和导向作用。"赵应云说，以永州为例，全市 2.24 万 km²，又是湘江源头，11 个县区中纳入国家级生态功能区的 8 个，纳入省级生态功能区的 3 个，一年获得的生态补偿仅 5.81 亿元。为了确保"湘江北去、漫江碧透"，永州采取了强有力的措施，集中开展环境整治，也关闭了很多资源性的污染企业，但投入远远高于 5.81 亿元。

赵应云告诉记者："贫困地区特别是深度贫困地区往往有两个方面的特点：一方面穷得令人心酸；另一方面美得让人心痛。穷是因为地处偏僻，交通落后，产业基础薄弱；美是因为开发程度低，山清水秀，天蓝地绿的自然生态环境得

---

* 来源：http://travel.china.com.cn/txt/2018-03/12/content_50699966.htm。
生态环境部环境规划院，《生态补偿简报》2018 年 3 月 4 期总第 742 期转载。

到了保护。"

赵应云认为，应从国家层面加大财政投入力度，把贫困地区纳入生态功能区，并提高生态补偿标准，在增强贫困地区特别是深度贫困地区脱贫能力的同时，防止因为脱贫造成对环境新的破坏。一是参照执行，对于没有纳入生态功能区的贫困地区，可以参照生态功能区的标准予以补偿；二是区别对待，对一般贫困地区和深度贫困地区，可以确立并执行不同的标准；三是提高标准，根据生态优先的原则，加大财政投入，并形成与经济发展相协调的增长机制，以适应环境保护和脱贫攻坚的要求。

湖北：建立健全生态保护补偿与精准扶贫相互促进机制*

在生存条件差、生态系统重要、需要保护修复的地区，结合生态环境保护和治理，探索生态脱贫新路子。这是湖北省近日出台的《关于建立健全生态保护补偿机制的实施意见》中提出的要求。

湖北提出将在生态保护补偿资金、国家和省重大生态工程项目及资金安排上，要按照精准扶贫、精准脱贫的要求向贫困地区倾斜，向建档立卡贫困人口倾斜。

为了既要护好绿水青山又不让老百姓受穷，湖北还将加大以工代赈实施力度，建立完善支持贫困农户参与重大生态工程建设、获得劳务报酬的机制。创新补偿资金使用方式，利用生态保护补偿和生态保护工程、自然文化资源保护资金，使符合条件的部分贫困人口转为生态、自然文化资源保护人员。

此外，湖北还提出将合理制定全省新一轮退耕还林还草计划，并向贫困地区倾斜。对在贫困地区开发水电、矿产资源占用集体土地的，试行给原住居民集体股权的方式进行补偿。

---

* 来源：http://big5.xinhuanet.com/gate/big5/www.xinhuanet.com/2018-03/13/c_1122530017.htm。
生态环境部环境规划院，《生态补偿简报》2018 年 3 月 7 期总第 745 期转载。

黄山探索新安江生态脱贫路径*

近日，记者从《新安江流域上下游横向生态补偿试点绩效评估报告（2012—2017年）》评审会上了解到，黄山市结合实施新安江流域生态补偿机制试点，通过生态修复工程、政府购买服务、发展乡村旅游等方式，积极构建生态产业扶贫新格局，引导上游群众把生态环境优势转化为生态经济优势。

黄山市以试点为契机，扎实推进新安江流域生态保护脱贫工程，对网箱养鱼退养户转产实行一次性补助、困难救助等扶持政策，通过推行村级保洁和河面打捞社会化管理，完善城乡均等的公共就业创业服务体系，优先聘请贫困户、困难户，解决了农村近3 000人的就业问题。另外，在实施退耕还林项目以及天然林保护、公益林管护、护林防火等用工岗位招聘时，优先安排符合退耕条件的贫困村以及建档立卡贫困户，确保在公益性岗位就业的贫困群众年收入不少于5 000元。

结合新安江生态保护，黄山市引导群众发展有机茶等精致农业，推广泉水养鱼、覆盆子种植等特色产业扶贫试点，仅2017年就有74个贫困村建成油茶、香榧、毛竹等产业基地2.6万亩。同时，依托生态资源和乡村景色，大力发展农家乐、农事体验、乡村休闲等乡村生态旅游新业态，带动贫困户出售山核桃、菊花、笋干等土特产品，使绿色产业成为全市山区困难群众脱贫致富奔小康的重要支撑。

另据环保部环境规划院专家测算，试点实施以来，黄山市共投入资金120多亿元，开展农村面源污染、城镇污水和垃圾处理、工业点源污染整治、生态修复工程、能力建设等项目225个。这些项目的投资拉动系数至少为1.25，对当地经济总量以及民生就业发挥了重要的带动作用。

---

* 来源：http://ah.anhuinews.com/system/2018/04/17/007849775.shtml。
生态环境部环境规划院，《生态补偿简报》2018年4月15期总第764期转载。

河北省加大贫困地区生态建设资金投入*

河北省加大贫困地区生态建设资金投入，吸纳贫困人口参与造林工程，助推各地精准扶贫精准脱贫。

日前，省林业厅部署生态扶贫工作，要求各地要围绕重大生态工程建设，加大贫困地区的生态建设资金投入。

据悉，省林业厅在重点生态工程的任务资金安排时，加大支持力度，其投资比例每年都高于年度国家和省投资的 40%以上，各地在工程建设中，也加大了贫困地区的生态建设资金投入。吸纳贫困人口参与造林工程，逐步增加生态护林人员，利用生态补偿和生态保护工程资金，吸纳身体健康、责任心强的贫困人口参与生态保护，助推精准扶贫精准脱贫。

省林业厅要求，各地要加大经济林栽植比重，大力发展特色经济林、林下经济、花卉苗木等绿色富民产业，大力推进森林旅游、森林康养发展，带动周边农村、农户增收致富。同时，要开展实施林果技术志愿服务活动，落实脱贫责任，健全信息反馈系统，及时解决问题，制定措施，总结经验，共同推进林业脱贫攻坚工作。

---

* 来源：https：//baijiahao.baidu.com/s？id=1598730175408097536。
生态环境部环境规划院，《生态补偿简报》2018 年 5 月 1 期总第 770 期转载。

河南：到 2020 年为贫困人口提供 2 万个护林员岗位[*]

为加大生态扶贫力度，河南省计划到 2020 年为贫困人口提供 2 万个护林员岗位，带动 6.5 万贫困人口实现增收脱贫。

根据要求，未来三年河南新增或调整天然林、公益林护林员要优先聘用贫困人口，且生态护林员补助资金不低于上年标准。与此同时，河南还鼓励探索林业专业合作社参与生态建设、生态保护、生态修复工程的政策机制，支持贫困人口组建造林绿化专业队。

在加大贫困地区生态补偿方面，未来三年河南新增或调整天然商品林管护补助、省级以上公益林面积，以及新一轮退耕还林任务，也将优先保障贫困地区。各地要及时足额落实公益林每年每亩补助 15 元、退耕还林每亩补助 1 600 元政策。

河南省 70%的贫困人口集中在大别山、伏牛山、太行山等深山区和黄河滩区，这些地区既是生态建设的主战场，也是林业资源富集的地方。据河南省林业厅测算，河南拥有 4 800 多万亩公益林和湿地面积。

---

* 来源：http://www.ha.xinhuanet.com/headlines/2018-05/13/c_1122825300.htm。
生态环境部环境规划院，《生态补偿简报》2018 年 5 月 13 期总第 782 期转载。

滇桂黔石漠化片区生态扶贫再发力[*]

近年来，国家林业和草原局深入贯彻落实习近平总书记扶贫开发重要战略思想，充分发挥林业草原资源优势，通过加强生态保护、推进生态建设、发展生态产业等多种方式，全力支持打好滇桂黔石漠化片区脱贫攻坚战。2017 年，共安排片区中央和地方林业草原保护修复投入 57.94 亿元，完成营造林任务 400 万亩、草地治理任务 120 万亩。片区农民来自林业和草原的收入超过 2 900 元，占农民总收入的 32%。

2017 年，国家林业和草原局继续完善天然林资源保护工程、森林生态效益补偿、野生动植物保护和湿地保护政策措施，累计安排各类保护补偿资金 12.03 亿元，326 万名贫困人口获得补助性收益，片区 9 240 万亩天然林得到全面保护。生态护林员继续重点向滇桂黔石漠化片区倾斜，将片区有劳动能力但又无业可扶、无力脱贫的贫困人口转为生态护林员，实现了山上就业、家门口脱贫。2017 年，滇桂黔石漠化片区共选聘 52 859 名生态护林员，带动 16.8 万贫困人口增收脱贫，脱贫人数占当年片区脱贫总人数的 1/6 以上。

推进生态建设扶贫，国家林业和草原局将新一轮退耕还林还草、石漠化治理、长江防护林体系建设等重大生态工程项目向滇桂黔石漠化片区倾斜，将造林任务集中安排到片区贫困县乡，组建扶贫攻坚林、草专业合作社近 200 个。2017 年，滇桂黔石漠化片区共完成退耕还林任务 121.3 万亩，完成石漠化区域造林 125.4 万亩、草地治理任务 120 万亩。

2017 年，国家林业和草原局还会同滇桂黔 3 省区通过重点生态工程、农业综合开发、贷款贴息等项目资金，种植经济林 2 914 万亩，发展林下经济 3 058 万亩，实现森林旅游 9 204 万人次，3 省区林业产业总产值达 1 929 亿元，同

---

* 来源：http://news.sina.com.cn/o/2018-05-30/doc-ihcffhsv6436659.shtml。
生态环境部环境规划院，《生态补偿简报》2018 年 5 月 21 期总第 790 期转载。

比增长 27.8%。3 省区积极探索"龙头企业+合作社+贫困户"模式，引导农民通过林地入股、补助资金入股，完善瞄准贫困户的利益联结机制、收益分红机制、风险共担机制，促进贫困户发展特色产业增收，巩固脱贫成果。

国家林业和草原局局长张建龙表示，目前，滇桂黔石漠化片区仍有深度贫困县 29 个、贫困人口 45.5 万人，面临着许多亟待解决的困难和问题。国家林业和草原局将认真贯彻落实习近平总书记关于生态扶贫重要指示精神，坚持"绿水青山就是金山银山"理念，将天然林保护、生态补偿资金、生态护林员指标向滇桂黔石漠化片区深度贫困县倾斜，力争未来 3 年片区生态护林员选聘规模比 2017 年翻一番，新组建 500 个脱贫攻坚林、草专业合作社，努力推动滇桂黔石漠化片区资源优势转化为经济优势，在 个战场打赢生态保护和脱贫攻坚两场战役。

黔南州生态护林员达到 10 915 名

带动 3.2 万人脱贫*

2018 年黔南州新增生态护林员指标 1 824 名，补助标准为每人每年 1 万元，所需资金省政府整合涉农资金解决。至此，全州选聘生态护林员 10 915 名，其中：中央财政生态护林员 7 434 名、省政府整合涉农资金指标 1 824 名，县（市）级财政自筹 1 507 名，企业帮扶 150 名，每年管护资金达到 10 915 万元，面上带动 3.2 万人脱贫，林业生态保护扶贫取得明显成效。

2017 年，省政府安排黔南州集中连片喀斯特石漠化特殊困难地区和国家扶贫开发工作重点的荔波、三都等 9 个贫困县新增建档立卡贫困人口生态护林员指标 1 824 名，选聘对象为尚未脱贫且采取其他帮扶措施难以脱贫的建档贫困人口，要求具有劳动能力、适合野外巡山护林工作，年龄在 18～60 岁的贫

---

* 来源：http://www.qnz.com.cn/news/newsshow-39533.shtml。

生态环境部环境规划院，《生态补偿简报》2018 年 6 月 2 期总第 792 期转载。

困人口，对符合条件的少数民族、残疾人或退伍军人贫困人口进行优先选聘。目前，这批新增生态护林员经统一培训后已正式上岗履职。

近年来，黔南州紧紧抓住"生态补偿脱贫一批"政策机遇，制定了生态补偿脱贫攻坚行动方案，落实工作责任，建立包保督察指导工作机制，多次开展摸底调查及核实工作，确保了生态护林员指标覆盖黔南石漠化的特殊困难地区和国家扶贫开发工作重点县，一批建档立卡贫困户就地转移为生态护林人员，实现了稳定脱贫。

同时，黔南州依规开展兑现公益林补偿资金和退耕还林补助资金工作，全州现已完成 2017 年度公益林补偿现金兑现 14 314.44 万元，占计划任务的 91.63%。

此外，黔南州通过有计划地向贫困乡村和贫困群众倾斜林业项目工程建设。截至目前，已为群众提供用工 89.12 万个工日，为群众增加劳务收入 10 694.4 万元。

贫困地区如何实施生态扶贫？
看世界生态扶贫对话*

2018 年 7 月 6 日，生态文明贵阳国际论坛 2018 年年会分论坛之一——"林业与生态系统治理中外专家对话会"在贵阳生态国际会议中心召开。会上，来自世界各地的专家、学者齐聚一堂，以"林业的多功能发挥"为主题进行了高端对话。其中，贵阳市政协副主席、民建贵阳市委主委、贵州大学生命科学学院院长喻理飞，北京大学国家贫困地区发展研究院院长雷明聚焦生态扶贫，为生态助推精准脱贫建言献策。

---

* 来源：https://wemedia.ifeng.com/68204283/wemedia.shtml。
生态环境部环境规划院，《生态补偿简报》2018 年 7 月 4 期总第 808 期转载。

喻理飞：生态资源就是绿水青山，绿水青山就是金山银山

贵州要守住发展与生态两条底线，发展一定要靠资源，有什么资源走什么样的路，而贵州，最重要的资源就是生态资源。除此之外，数据资源、贫困人口资源与之走出三大战略：大扶贫、大数据、大生态。

生态资源就是绿水青山，怎么把绿水青山变成金山银山，中间一定要有一个商品作为转化。

贵州省把生态资源变成了生态资产，发展成为现在的旅游产业。周边发展景区之后，贫困户可以推出大量的旅游产品，解决贫困问题。通过旅游资源和扶贫挂钩，把贫困户纳入景点的开发运营中，带动贫困户脱贫增收，让旅游产业成为贵州把绿水青山变成金山银山重要的转化器。

雷明：贫困地区如何更有效地实施生态扶贫？

生态扶贫目前是扶贫工作的一种重要方式，是通过生态的转移支付、生态补偿实现贫困群体的脱贫。现在贫困群体一般聚集地很多都是在生态脆弱区。这些地方，为了保护环境，禁止开发、限制开发，怎么样创造收入摆脱贫困？这些贫困区究竟该怎么办？这是一个难题。

生态扶贫不是生态和扶贫简单的叠加，是试图探索一条二者有机结合的途径。从两个方面实现生态扶贫，一是靠山吃山，靠水吃水。把贫困群体迁移出来，异地移民，把环境保护区域封闭起来。二是探索保护资源资产的收益，形成收益后带动当地人增收。在生态扶贫里，最强调的就是如何把生态资源变成经济中的资本，然后通过资本变成它的财富，实现它的发展。

怎么使生态扶贫做得更有效？首先，从提高生态扶贫的角度来看，制定政策、采取手段及措施时，更加精准化。其次，提高贫困群体的参与性，让更多贫困群体参与到生态扶贫过程中，让他们真正变成主体，把生态扶贫做成开放式的。最后，要实现生态扶贫最大的效果，各个主体协同起来，优势互补，共同探索一条有效的路子，提高生态扶贫的有效性。

贵州碧江区："生态补偿+林业产业发展"助推脱贫攻坚[*]

近年来，碧江区通过森林生态效益补偿、退耕还林补助、营造林和贫困人员就地转化为生态护林员等措施，覆盖贫困户 4 990 户 11 674 人，实现生态脱贫 897 人，达到了"生态补偿脱贫一批"的目标。

碧江区林业局以抢抓新一轮退耕还林契机，采用多种形式的生态补偿措施，深入推进生态效益补偿，狠抓生态护林队伍建设，同时采取"乡聘、站管、村用"方式，重点解决贫困户家庭务工收入。

碧江区在森林生态公益林效益补偿方面，全区 12 个乡（镇、街道）3 974 户贫困农户涉及森林生态效益补偿，4 年来累计兑现农户生态效益补偿 505.6 万元。2016 年，公益林面积较大的 308 名贫困人口通过生态补偿脱贫，其中国家级公益林 303 人、地方公益林 5 人。2017 年公益林面积较大的 352 人通过生态补偿脱贫，其中国家级公益林 314 人、地方公益林 38 人。

碧江区通过大力实施退耕还林工程，共实施 2.82 万亩退耕地造林，2 716 户贫困农户涉兑现退耕还林补助资金 305.3 万元，户均得到补助资金 1 124 元。

碧江区还聘请 230 名建档立卡贫困人员作为生态护林员，享受人均每年 1 万元的劳务补助。目前已发放护林员工资 163 万元，助推 450 名贫困人口脱贫。

2017 年，碧江区结合退耕还林等工程，重点针对坝黄镇苗哨溪、长坪和金龙 3 个贫困村种植了 1 800 亩油茶，通过"一折通"兑现 54 万元种苗补助和 90 万元政策性补助，涉及贫困户 155 户 591 人。

---

[*] 来源：http://www.gz.xinhuanet.com/2018-07/03/c_1123071977.htm。
生态环境部环境规划院，《生态补偿简报》2018 年 7 月 5 期总第 809 期转载。

内蒙古发展改革委　牵头编制生态扶贫方案*

为贯彻落实《中共中央　国务院关于打赢脱贫攻坚战的决定》《国务院"十三五"脱贫攻坚规划》《内蒙古自治区"十三五"脱贫攻坚规划》精神，为充分发挥生态保护在精准扶贫、精准脱贫中的作用，切实做好生态扶贫工作，内蒙古自治区发展改革委牵头会同内蒙古林业厅、财政厅、水利厅、农牧业厅、扶贫办共同编制完成《内蒙古自治区生态扶贫工作实施方案》，目前正在征求各部门意见。

方案提出，到2020年，贫困人口通过参与生态保护、生态修复工程建设和发展生态产业，收入水平明显提升，生产生活条件明显改善。贫困地区生态环境有效改善，生态产品供给能力增强，生态保护补偿水平与经济社会发展状况相适应，可持续发展能力进一步提升。

湖北三年内每年从贫困户中选聘 2.5 万名
生态护林员*

2018年起至2020年，湖北省将进一步加大林业生态扶贫力度，通过生态保护、生态治理、生态产业带动贫困地区添绿增收。其中，计划每年从建档立卡贫困户中选聘2.5万名生态护林员，帮助其通过参与生态保护工作增加收入。

---

* 来源：http://www.chinadevelopment.com.cn/fgw/2018/07/1303513.shtml。
生态环境部环境规划院，《生态补偿简报》2018年7月7期总第811期转载。
* 来源：https://www.chinanews.com/sh/2018/07-10/8562345.shtml。
生态环境部环境规划院，《生态补偿简报》2018年7月10期总第814期转载。

225

《湖北省林业生态扶贫三年规划和 2018 年工作计划》近日出台。根据规划，三年内，湖北计划把该省天保工程区外的 2 010.47 万亩天然林全部纳入保护范围，并在贫困县市实施新一轮退耕还林 25 万亩，落实生态公益林补偿资金 15 亿元、天然林管护费 9 亿元、生态护林员管护费 3 亿元，提高生态工程区贫困户纯收入。

湖北省林业厅介绍，湖北不少贫困人口集中在秦巴山、武陵山、大别山、幕阜山四大片区的山区林区，许多贫困地区既是生态保护地区，也是限制开发区。为此，湖北省计划从 2018 年起至 2020 年，每年在上述地区选聘 2.5 万名建档立卡贫困人口转化为生态护林员，发放管护补助费，帮助贫困家庭通过参与生态保护增加收入。

同时，湖北计划新增林业产业基地 40 万亩，培育省级重点林业龙头企业40 家。通过发展以木本油料为主的经济林、赏花经济、乡村旅游、林业产业原料基地和林下经济，吸纳贫困户参与林业产业经营，提高贫困地区林地利用率和产出率，让贫困人口从林业获得的收入逐年增长，夯实贫困地区脱贫基础。

近年来，湖北天然林和生态公益林补偿标准持续提升，林业产业进一步得到大力发展，全省林业年产值已增加到 3 450 亿元，林业生态扶贫效益逐步显现。

广西壮族自治区财政多措并举助力生态扶贫*

广西壮族自治区财政厅深入学习和全面贯彻党的十九大精神，深刻领会和认真落实习近平总书记关于脱贫攻坚的重要指示精神，坚决执行党中央、国务院的决策部署，牢固树立和践行"绿水青山就是金山银山"的理念，把

* 来源：http://www.mof.gov.cn/xinwenlianbo/guangxicaizhengxinxilianbo/201806/t20180628_2941061.htm
生态环境部环境规划院，《生态补偿简报》2018 年 7 月 19 期总第 823 期转载。

精准扶贫、精准脱贫作为基本方略，坚持扶贫开发与生态保护并重，坚持绿色发展、循环发展，通过多渠道筹措资金，采取各种措施，支持实施重大生态工程建设、加大生态补偿力度、大力支持发展生态产业、创新生态扶贫方式等，切实加大对贫困地区、贫困人口的支持力度，推动贫困地区扶贫开发与生态保护相协调、脱贫致富与可持续发展相促进，使贫困人口从生态保护与修复中得到更多实惠，实现脱贫攻坚与生态文明建设"双赢"。

一、大力支持重大生态工程建设

（一）支持林业重点生态修复工程建设。2017—2018 年筹措 15.67 亿元用于支持林业重点生态修复工程建设，其中退耕还林补助资金 8.28 亿元、天然林资源保护资金 0.34 亿元、石漠化综合治理补助资金 4.82 亿元、珠防林和海防林补助资金 0.7 亿元、湿地保护补贴 0.5 亿元、自然保护区建设 1.03 亿元。自治区财政厅积极筹措资金配合自治区林业厅实施林业重点生态工程，安排给 54 个贫困县的资金量占全区资金总量 50%以上，大力支持贫困地区生态建设，有效改善了贫困地区的生态环境，增强了可持续发展能力。目前自治区已完成 2014—2017 年度退耕还林 52.7 万亩任务，自治区各地政府已与退耕农户签订了退耕还林合同，政策补助资金已兑现给了退耕农户（90%为贫困户），在扶贫攻坚中发挥了巨大作用。2017 年生态建设及石漠化治理取得了较好成效，石漠化减少面积超过全国同期石漠化减少面积的一半，为全区超额完成植树造林面积营造了良好的生态环境。

（二）支持水土保持重点工程建设。2017—2018 年筹措水土保持重点工程建设资金 3.65 亿元，专项用于治理水土流失，助推各地实现脱贫难攻坚任务目标。据统计，截至 2017 年年底，共计完成水土流失综合治理面积 470.86 km^2，其中坡耕地改造面积 3.01 万亩。经过重点治理的小流域，林草覆盖率明显增加，泥沙明显减少，生态明显好转，抗御自然灾害能力增强。水土保持重点工程项目在充分保障生态效益的同时更加注重治理措施的经济效益，加强了水土流失治理与改善群众生产生活条件相结合，与培育当地特色农业产业相结合，有效促进了项目区群众脱贫致富。

二、加大生态保护补偿力度

（一）中央增加重点生态功能区转移支付。自治区从 2009 年起设立重点生态功能区转移支付补助资金，在中央的支持下，2009—2017 年共安排重点生态功能区转移支付 128.16 亿元，年均增长 20.0%。享受重点生态功能区转移支付的市县由 11 个增加到 69 个，其中国家重点补助地区从 16 个增加到 27 个。特别是 2017 年自治区着重支持纳入重点生态功能区监管范围、制定产业准入负面清单的 30 个县区，转移支付补助额达到 19.35 亿元，占转移支付总额的 81.9%。

（二）积极探索和完善生态补偿机制。2017—2018 年安排森林生态效益补偿资金 24.14 亿元（中央补助资金 21.02 亿元，自治区补助资金 3.12 亿元），用于全区重要江河源头、江河沿岸、大型水库周围等重要生态区位 7 200 多万亩国家级公益林和 900 多万亩自治区级公益林的管护补偿，有效促进了公益林管护。森林生态效益补偿政策的实施使公益林生态服务功能显著增强，转变了林业发展模式，有效促进了林农增收。

三、大力支持发展生态产业

（一）支持林下经济发展，2017—2018 年安排林下经济发展专项资金 1.6 亿元，扶持从事林下经济的专业大户、家庭农（林）场、农民专业合作社、农（林）业产业化龙头企业、林场企业、良种繁育场（站）、相关科研单位等开展林下种植、林下养殖、林下产品采集加工和林下旅游等四种类型活动。有力地实施发展林下经济"千万林农千元增收"工程和"林下经济十百千万亿"活动。

（二）支持油茶、花卉等林业特色产业发展，2017—2018 年安排专项资金 1.75 亿元，专项用于油茶和花卉产业，主要补助油茶林种植、低产林改造、高产示范林建设等，国有林场、企业和农民群众发展油茶的积极性不断提高。年度涉林产业资金 50%以上安排到 54 个贫困县，2017 年，54 个贫困县林下经济发展面积达 3 459.9 万亩，同比增长 2%；林下经济产值达 464 亿元，同比增长 15%。54 个贫困县新造改造油茶、核桃等特色经济林示范林 10 万多亩。初步统计，2016 年以来全区通过林下经济产业带动贫困户约 3 万户、贫困人口约

10 万人脱贫；2016 年以来全区通过油茶、核桃产业带动贫困户约 4 万户、贫困人口约 18 万人脱贫。

四、创新对贫困地区的支持方式

积极落实生态管护员制度。为贯彻落实中央和自治区全面打赢脱贫攻坚战的精神，根据中央"利用生态补偿和生态保护工程资金使当地有劳动能力的部分贫困人口转为护林员等生态保护人员"的要求，统筹兼顾，在 2016 年和 2017 年重点生态功能区转移支付中分别安排了 1.4 亿元和 2.14 亿元生态扶贫补助资金，鼓励自治区各地多安排建档立卡贫困人口从事生态保护公益性岗位，积极推进林业精准扶贫精准脱贫，努力为建档立卡贫困人口探索生态脱贫路子，开启"生态脱贫通道"，促进建立森林资源生态管护队伍建设新机制，使部分建档立卡贫困人口就地转为生态护林员。同时要求自治区各地加大生态扶贫投入力度，推动更多的建档立卡贫困人口转为生态公益岗位人员，实现脱贫攻坚与生态建设"双赢"。

宁夏：6 部门出台生态扶贫工作方案*

近日，自治区发展改革委、林业厅、财政厅、水利厅、农牧厅、扶贫办制定出台了《宁夏生态扶贫工作方案》。方案提出，自治区将通过生态扶贫工程、生态扶贫产业加大生态保护补偿力度，到 2020 年，力争组建 300 个生态建设扶贫专业合作社，吸纳 3 万贫困人口参与生态工程建设；新增生态管护员岗位3 400 个；通过发展生态产业，带动约 10 万贫困人口增收。

在实施重大生态扶贫工程的过程中，自治区将加强贫困地区重大生态项目资金支持力度。采取以工代赈等方式，组织动员贫困人口积极参与各类重大生

---

* 来源：http://www.gov.cn/xinwen/2018-08/16/content_5314259.htm。

生态环境部环境规划院，《生态补偿简报》2018 年 8 月 9 期总第 833 期转载。

态工程建设。通过在贫困地区重点实施退耕休耕生态扶贫、国土绿化生态扶贫、草原保护生态扶贫、坡耕地综合治理生态扶贫、生态护林（管理）员精准扶贫5大重点工程，到 2020 年，争取实施退耕还林 8 万亩，生态移民迁出区生态修复 380 万亩；新增生态护林员 3 000 人，草原生态管理员达到 400 人。

自治区将根据各地资源禀赋、产业基础、贫困群众种养意愿，大力发展生态扶贫产业。通过发展特色林、特色草畜产业和特色林下经济、生态旅游业 4 大重点产业，积极发展地方特色生态产业，推进农村一二三产业融合发展，形成主业突出、多业并举、各具特色的产业扶贫发展格局。到 2020 年，贫困县（区）枸杞种植面积达到 40 万亩，葡萄种植面积达 20 万亩，并培育一批旅游扶贫示范村、农家乐等。

同时，自治区将以国家重点生态功能区中的贫困县为重点，不断完善转移支付制度，探索建立多元化生态保护补偿机制，整合转移支付、横向补偿和市场化补偿等渠道资金，优先支持有需求、符合条件的贫困人口，逐步扩大贫困地区和贫困人口生态补偿受益程度。

新疆印发《自治区生态扶贫工作方案》*

近日，新疆维吾尔自治区发展改革委会同自治区林业厅、财政厅、水利厅、农业厅、畜牧厅、扶贫办共同制定印发了《自治区生态扶贫工作方案》（以下简称《方案》），部署发挥生态保护在精准扶贫、精准脱贫中的作用，实现脱贫攻坚与生态文明建设双赢。

《方案》提出，力争实现到 2020 年，贫困人口通过参与生态保护、生态修复工程建设和发展生态产业，收入水平明显提升，生产生活条件明显改善。贫困地区生态环境有效改善，生态产品供给能力增强，生态保护补偿水平与

* 来源：http://www.xinjiang.gov.cn/2018/09/04/151357.html。
生态环境部环境规划院，《生态补偿简报》2018 年 9 月 2 期总第 843 期转载。

经济社会发展状况相适应，可持续发展能力进一步提升。

《方案》明确四项重点推进任务。在加强重点生态工程建设，提高贫困人口受益程度方面，新疆将着力推动重点林业生态建设、草原治理和恢复、水土保持等重点生态建设项目资金进一步向南疆四地州深度贫困县（市）倾斜，加强贫困地区生态保护与恢复。

加大生态保护补偿力度，增加贫困人口转移性收入方面，积极争取国家加大对新疆重点生态功能区转移支付力度，将重点生态功能区转移支付增量资金向重点生态功能区所属的贫困县（市）倾斜，加大对重点生态功能区所属贫困县（市）的生态保护与恢复的支持力度。不断完善森林生态效益补偿补助机制，实施新一轮草原生态保护补助奖励政策，加大生态保护补偿力度。

大力发展生态产业，增加贫困人口经营性收入和财产性收入方面，依托和发挥贫困地区特别是南疆四地州生态资源禀赋优势，以发展绿色生态高效特色林果业为重点，积极引导产业化龙头企业通过入股分红、订单帮扶、合作经营、劳动就业等多种形式，推动建立新型经营主体与贫困人口的紧密利益联结机制，加快标准化生产基地建设，支持创建特色农产品优势区，以培育壮大生态产业，促进一二三产业融合发展，拓宽贫困人口增收渠道，将资源优势有效转化为产业优势、经济优势。

创新对贫困地区的支持方式，拓宽贫困人口增收渠道方面，新疆将规范管理生态管护岗位，推动组建脱贫攻坚造林合作社，支持和引导贫困县（市）积极组建脱贫攻坚造林专业合作社，充分吸纳建档立卡贫困户参与生态建设和修复，使贫困人口受益。创新资源利用方式，稳妥有序推进贫困地区农村集体产权制度改革。

《方案》要求各有关地州相关部门把生态扶贫工作作为重点，切实加大对贫困地区、贫困人口的支持力度，推动贫困地区扶贫开发与生态保护相协调、脱贫致富与可持续发展相促进，使贫困人口从生态保护与修复中得到更多实惠。

生态扶贫何止双赢^{*}

据 9 月 4 日《新疆日报》报道：近日，自治区发展和改革委员会同自治区林业厅、财政厅、水利厅、农业厅、畜牧厅、扶贫办共同制定印发了《自治区生态扶贫工作方案》（以下简称《方案》），部署发挥生态保护在精准扶贫、精准脱贫中的作用，实现脱贫攻坚与生态文明建设双赢。

《方案》明确四项重点推进任务，这其实在多方面都起着促进作用，又何止是脱贫攻坚与生态文明建设的双赢。

从农村角度看，有利于推动乡村振兴。《方案》提出自治区将着力推进重点林业生态建设、草原治理和恢复、水土保持等重点生态建设项目资金进一步向南疆四地州深度贫困县（市）倾斜，加强贫困地区生态保护与恢复。党的十九大报告明确提出乡村振兴战略。在 2018 年全国"两会"上，习近平总书记进一步为乡村振兴战略指明了具体路径，乡村生态振兴就是实现乡村振兴的路径之一。相信随着《方案》的逐步落实，自治区乡村振兴的步伐一定能更加蹄疾步稳。

从农业角度看，有利于深入推进农业供给侧结构性改革。《方案》指出，"大力发展生态产业""以发展绿色生态高效特色林果业为重点""支持创建特色农产品优势区""将资源优势有效转化为产业优势、经济优势"。显然，在《方案》的指引下，自治区贫困地区农业发展将进一步由原来过度依赖资源消耗、主要满足量的需求，向追求绿色生态可持续、更加注重满足质的需求转变。这必将进一步推动自治区农业的供给侧结构性改革。

从农牧民的角度看，有利于提升农牧民的生态文明素养。《方案》提出"加大生态保护补偿力度""不断完善森林生态效益补偿补助机制，实施新一轮草

---

* 来源：http://www.xjdaily.com/c/2018-09-07/2042921.shtml。
生态环境部环境规划院，《生态补偿简报》2018 年 9 月 5 期总第 846 期转载。

原生态保护补助奖励政策，加大生态产品价值补偿"。这些措施可以形成对贫困地区农牧民建设生态文明的激励，农牧民从生态中受益越大，生态保护的意识和自觉性就越强。

生态扶贫还是巩固脱贫成果的重要保证。脱贫攻坚不易，巩固成果更难，这一成果的巩固，离不开生态环境建设保护。如果生态环境建设跟不上，一些已经脱贫的地方可能因为环境变差难以持续发展，也有可能重新返贫。

生态扶贫是一种意义多元的扶贫方式，几乎涵盖了推进农村全面建成小康社会的方方面面。当然，要走好生态扶贫之路并不容易，需要多方努力，既要有守护好生态环境的底线思维，也要有穷则思变的创新理念。相信只要在这条路上踏踏实实前进，生态扶贫一定能创造出多赢的局面。

广西田林：2 193 名贫困户上山"护绿"*

"生态保护好了，家园更美了，当上生态护林员后，我今年可以领到 7 000 多元工资，不仅生活上得到改善，还能为保护林木资源贡献一份自己的力量，感谢党委、政府对我的帮助。"八桂瑶族乡谭合村贫困户王安新笑呵呵地说。

在田林县层峦叠翠、万木葱茏的大山深处，总会看到一群特殊的"绿色使者"，每天走上 10 多 km 的山路在山间巡查，他们便是由建档立卡贫困户担任的"生态护林员"。

田林作为广西林业大县，现有森林资源 639.2 万亩，生态公益林 143.66 万亩，森林覆盖率 77.8%。如何才能打通脱贫致富的生态通道，实现守护绿水青山和贫困户增收的"双赢"？

2018 年年初，田林县认真贯彻落实中央关于"利用生态补偿和生态保护工程资金使当地劳动能力的部分贫困人口转为生态保护人员"相关精神，积极

---

* 来源：http://bbs1.people.com.cn/post/129/1/2/169103766.html。

生态环境部环境规划院，《生态补偿简报》2018 年 9 月 7 期总第 848 期转载。

落实生态护林员政策，按照"精准落地、精准到户、自愿公正、统一管理"的原则，按照程序选聘建档立卡贫困人口生态护林员，划定管护区域，签订护林劳务协议，实行年度考核。同时，组织开展生态护林员岗前培训，实行生态护林员"县建、乡管、村用"管理机制，生态护林员通过巡山护林，及时发现和遏制破坏森林资源的违法行为，有效地保护森林资源。

"自受聘为护林员以来，我尽职尽责管好每一棵树，我所管护的近万亩林区内，未发生过森林火灾和破坏森林资源的行为……"乐里镇启文村贫困户李官福认真地对笔者说道。田林县结合森林资源实际、贫困人口数量、管护面积和难度等实际情况，2018 年共整合上级生态扶贫资金和地方财政资金 1 594 万元用于生态护林员的管护经费，惠及全县 14 个乡（镇），可实现 2 193 个家庭8 500 名贫困人口的脱贫目标。据该县林业局产业扶贫办主任梁俊视介绍，"2018 年我县共聘请了 2 193 名有劳动能力的建档立卡贫困户为生态护林员，人均管护面积 951 亩，既有效促进贫困人口在家门口就地转移就业，又进一步巩固森林生态建设成果，有效保护了林区林木和动植物，一举两得。"

"开启生态扶贫通道，实施建档立卡贫困人口生态护林员选聘，为有劳动能力且胜任野外巡护工作的贫困群众提供就业岗位，并通过支付管护收入实现稳定脱贫，这一举措不断充实了生态护林员队伍，同时也加快贫困群众的脱贫奔康步伐。"该县贫困村第一书记刘玉娇如是说。

"一个人脱贫不算脱贫，要大家脱贫才算脱贫。"该县在加强对生态护林员管理的同时，还对他们进行各类农业科学实用技术培训，切实提高他们的现代农业意识。通过他们的"传、帮、带"，引导广大贫困户充分利用全县 680 多万亩的林地资源优势，不断拓宽生态绿色脱贫致富之路，大力发展中草药、食用菌等林下种植和鸡、羊等林下养殖，实现稳定增收，助力乡村振兴发展。

海南实施生态扶贫工程
到 2020 年在贫困人口中增选 2 000 个护林员*

海南将实施生态扶贫工程，推进林业生态保护修复扶贫，到 2020 年，在有劳动能力的贫困人口中新增选聘生态护林员岗位 2 000 个。

推进林业生态保护修复扶贫。推行东方市护林、造林、用林等扶贫增收模式，以中部山区为重点，支持依法通过购买服务开展公益林管护，到 2020 年在有劳动能力的贫困人口中新增选聘生态护林员岗位 2 000 个，林业经营主体为贫困人口提供稳定就业岗位 1 000 个。深化贫困地区集体林权制度改革，鼓励贫困人口将林地经营权入股合作社，增加贫困人口资产性收入。开展湿地保护与恢复行动，鼓励贫困人口通过投工投劳方式参与湿地保护与修复工作，提升贫困人口收入。

完善森林生态效益补偿标准动态调整机制。推进赤田水库（保亭县与三亚市）横向生态补偿试点工作，并逐步扩大试点范围，2020 年力争在流域面积 500 km^2 及以上河流和重要集中式饮用水水源基本建立上下游横向生态保护补偿机制，让保护生态的贫困县（市）获得更多收益。鼓励纳入碳排放权交易市场的重点排放单位购买贫困地区林业碳汇。

积极实施生态移民。对生态核心区、江河源头、水源保护地、公益林保护区、热带雨林生态保护红线区、地质灾害易发区等区域内的贫困村和缺乏基本生产生活条件的贫困村实施生态移民，带动贫困群众脱贫。重点推进热带雨林国家公园生态移民搬迁工作。统筹生态移民搬迁安置住房、产业、就业、土地、教育、医保等政策，确保搬得出、稳得住、能致富。建立跨行政区域生态移民搬迁安置机制，优先选择靠近城镇、产业园区、旅游景区规划建设集中安置点，鼓励实施整村整组搬迁。到 2020 年，基本完成国家公园建设生态移民搬迁计划任务。

---

* 来源：http://www.hinews.cn/news/system/2018/09/26/031527937.shtml。
生态环境部环境规划院，《生态补偿简报》2018 年 9 月 10 期总第 851 期转载。

助力生态文明建设和脱贫攻坚工程实施
重庆完善生态补偿机制*

重庆市财政局日前发布市财政对区县生态功能区转移支付管理办法，进一步完善生态功能区转移支付制度，推动生态文明建设和脱贫攻坚工程实施，支撑绿色发展。

市财政局人士介绍，生态功能区转移支付是党中央、国务院作出的一项重大决策，旨在引导基层加强生态环境保护，提高基本公共服务能力。

哪些区县可纳入生态转移支付范围？办法将全市生态转移支付对象划分为五类区县：限制开发的国家重点生态功能区所属县和国家禁止开发区域，纳入《全国主体功能区规划》的世界文化自然遗产、国家级森林公园、地质公园等生态功能重要区域所属区县，财政部纳入国家重点生态功能区转移支付的区县，选聘建档立卡人员为生态护林员的区县，经市委、市政府同意纳入转移支付的生态功能区域。

市财政局人士介绍，转移支付补助额度由核定的基数、引导性补助、补偿性补助、成本性补助和奖惩资金五部分组成。重庆将在市与区县核定生态功能区转移支付基数的基础上，视其空气质量、水质达标率、污染减排、限制或禁止开发区域面积、生态保护红线面积、森林覆盖率等给予引导性补助，考虑生态护林员补助、湿地生态效益补偿等给予补偿性补助，根据生态功能区域的重要性和外溢性特征，按照生态环境综合整治成本等给予成本性补助。

与此同时，重庆市将视生态环境质量监测和资金使用结果实施奖惩。奖励考核评价结果优秀的区县，对生态环境质量变差、发生重大环境污染事件、实行产业准入负面清单不力和生态扶贫工作成效不佳的区县，根据实际情况扣减

---

* 来源：http://cq.qq.com/a/20181010/005074.htm。

生态环境部环境规划院，《生态补偿简报》2018 年 10 月 2 期总第 853 期转载。

转移支付资金。

办法还要求，转移支付资金用于保护生态环境和改善民生，不得用于楼堂馆所及形象工程建设和竞争性领域。市财政将加强资金使用追踪问效，最大限度地发挥财政资金在维护生态安全、推进生态文明建设中的重要作用，促进提高生态功能区公共服务水平。

青海刚察：生态补偿成为牧羊人
脱贫新引擎*

"现在每年有 5 700 元的禁牧补助、600 多元的草畜平衡补助，家里的 200 亩草场让我繁活了 14 只羊羔，2017 年一年的收入有 3 万多元。"17 日，家住青海省海北藏族自治州伊克乌兰乡压贡麻村的牧民旦君加告诉记者。也是在 2017 年年末，旦君加一家实现了脱贫。

自 2016 年新一轮草原生态保护补助奖励机制政策实施以来，刚察县落实禁牧面积 453.41 万亩，禁牧资金大 6 325.07 万元；草畜平衡面积 461.4 万亩，奖励资金 1 153.5 万元。涉及牧户 8 208 户，人均奖补 2 383 元，其中贫困户 1 382 户 3 713 人。

2011 年 9 月，在国家政策支持下，青海省全面启动草原生态保护补助奖励机制，开始对 2.45 亿亩中度以上退化天然草原实施禁牧，对 2.29 亿亩可利用草原实施草畜平衡动态管理。而海北州刚察县的牧民也是草原生态保护补助奖励机制实施的受益者。43 岁的旦君加是在 2015 年 10 月被精准识别为贫困户的，当时他家只有 200 亩草场，没有牛羊，一家三口就靠每年 8 000 元的草场租赁费勉强度日。

"2016 年政府给了我们家每人 6 400 元的到户资金，我买了 24 只羊，现在

---

* 来源：https://news.sina.com.cn/o/2018-10-17/doc-ihmhafis2545857.shtml。
生态环境部环境规划院，《生态补偿简报》2018 年 10 月 4 期总第 855 期转载。

有 70 只，2018 年卖了 10 只羊羔就挣了 5 500 元。"旦君加介绍，自脱贫攻坚政策实施以来，乡上给了每户 17 只周转母羊，他只需每年给村里上交 3 只，剩下的羊都可以自行繁育，加上禁牧补助、草畜平衡补助等 2017 年年底的收入已达到 3 万多元。

与此同时，当地政府积极开发公益林、天然保护林及草原管护员岗位，解决安排建档立卡贫困户 482 名。结合创建"国家级卫生城镇""全域无垃圾示范县"和打造国家 4A 级旅游景工作，按照贫困村配备 10 名和非贫困村不少于 5～8 名的要求，每年落实资金 154.8 万元，在全县 31 个行政村建档立卡贫困人口中自主择优聘用，组建成立了 326 名村级扶贫保洁队伍，实现了农牧区生活垃圾长效治理、贫困劳动力就地就近就业和稳定脱贫的"三赢"局面。

国家林草局：加快新增 30 万个生态护林员*

11 月 16 日，国家林业和草原局在贵州荔波召开生态扶贫暨扶贫领域监督执纪问责专项工作会议。2017 年，国家林业和草原局 4 个定点扶贫县共有 6.15 万人脱贫，减贫率 36%。截至目前，在集中连片特困地区累计选聘建档立卡贫困人口生态护林员 50 多万名，精准带动 180 万贫困人口增收脱贫。

近几年，国家林业和草原局在定点帮扶的广西龙胜县、罗城县，贵州独山县、荔波县，结合 4 县生态情况与贫困实际，以生态扶贫为帮扶重点，积极创新生态扶贫机制，利用各地宝贵的绿色生态，给当地带来实实在在的脱贫效果和惠民成果。

贵州省独山县紫林山村，地处山区，交通不便，加上高寒湿冷的气候和恶劣的生态环境，脱贫攻坚是当地面临的一个大问题。统计数据显示，2015 年全村共 921 户 2 538 人，贫困人口 279 户 1 068 人，贫困发生率高达 42%。随

---

* 来源：https://finance.sina.com.cn/roll/2018-11-17/doc-ihnyuqhh4240009.shtml? tj=none&tr=12。
生态环境部环境规划院，《生态补偿简报》2018 年 11 月 14 期总第 872 期转载。

着独山县被国家林业和草原局列为定点生态扶贫帮扶县，通过实施一系列林业重点工程、引进项目投资、选派优秀干部挂职等行动，探索出生态扶贫路，利用水苔种植、茶叶种植以及蜜蜂养殖三大生态产业，啃掉深度脱贫硬骨头。截至 2017 年年底，已有 142 户、605 人实现脱贫，贫困发生率由 42%降至 18.2%。

生态脆弱与生产落后高度重合，生态治理与脱贫攻坚任务相互叠加，生态建设和精准脱贫的耦合度非常高，这是国家林业和草原局进行生态帮扶的 4 个县的生态实际。国家林业和草原局局长张建龙在会上表示，当前和今后两年，要着力推进生态补偿扶贫，吸纳贫困人口参与管护和服务，新增 30 万个生态护林员、草官员岗位，探索"林长+护林队+生态护林员"管理模式；推进生态产业扶贫，鼓励引导国家级龙头企业与贫困县合作，加强与金融机构的合作。同时，着力推进国土绿化扶贫，着力加强定点帮扶，着力加强作风建设和监督执纪问责，全力做好林业草原生态扶贫工作，为坚决打赢脱贫攻坚战做出更大贡献。

在会上，国家林业和草原局与中国邮政储蓄银行股份有限公司签订《全面支持林业和草原发展战略合作协议》。邮储银行计划在未来五年内，在一定条件下择优支持 100 个国家林业和草原重点工程、专项或向重点林业领域投放信贷资金 1 000 亿元。邮储银行还与国家林业和草原局 4 个定点扶贫县签订贷款项目合同、协议。

陕西出台生态脱贫攻坚三年行动实施方案*

为扎实推进全省生态脱贫工作，坚决打赢生态脱贫攻坚战，陕西省日前印发《陕西生态脱贫攻坚三年行动实施方案（2018—2020 年）》的通知。根据方案，到 2020 年，全省贫困地区生态屏障进一步筑牢，生态补偿兑现机制进一步完善，林业产业发展愈加发达，贫困人口参与生态建设和受益林业产业水平

* 来源：http://sn.ifeng.com/a/20181115/7028890_0.shtml。

生态环境部环境规划院，《生态补偿简报》2018 年 11 月 15 期总第 873 期转载。

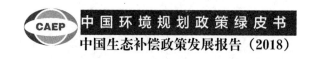
显著提升。

全省生态脱贫攻坚三年行动的主要任务是：选聘 3 万多名贫困人口就地转化为生态护林员；吸纳一定比例具有劳动能力的贫困人口参与林业重点工程建设；贫困人口符合退耕还林政策且愿意参与退耕还林的全部纳入退耕还林实施范围；贫困人口生态效益补偿政策严格按照中央和省上要求兑现到户；贫困地区林业产业发展带动贫困人口增收水平显著；贫困人口掌握林业实用技术能力显著提升，内生动力得到有效激发。

据悉，陕西省将实施深度贫困地区生态脱贫攻坚行动，持续加大深度贫困地区林业生态建设力度，提升贫困人口生态建设和保护参与度；新增生态护林员指标优先解决深度贫困地区需求；进一步优化生态效益补偿、退耕还林等财政转移支付兑现机制；深入挖掘贫困地区资源优势，因地制宜发展绿色生态循环产业，培育和引进涉林新型经营主体，带动贫困人口从林业产业发展中持续增收。

陕西省将从 8 个方面精准落实生态脱贫举措行动：实施生态护林员政策，到 2020 年在全省 56 个贫困县聘用 3 万多名生态护林员参与生态保护，带动 10 万左右贫困人口稳定脱贫；加快推进贫困地区生态建设，实施林业重点工程项目资金、任务向贫困地区、贫困户"双倾斜"政策，到 2020 年贫困地区参与林业重点工程建设和经营管理的贫困人口总数不低于建档立卡贫困人口的 3%；切实发展贫困地区林业产业，到 2020 年，贫困地区林业产业发展愈加发达、涉林经营新型经济主体带贫益贫机制更加完善，林业产业发展带贫益贫作用大大增强；兑现公益林生态效益补偿，到 2020 年公益林生态效益补偿制度进一步完善，贫困人口生态效益补偿政策严格按照中央和省上要求兑现到户；加大退耕还林实施力度，到 2020 年完成新一轮退耕还林还草 450 万亩，70%退耕还林任务安排在贫困地区实施；开发公益性岗位助力生态脱贫，到 2020 年开放 500 个基层林业单位，吸收 5 000 名以上贫困人口参与林业生产和经营管理活动；切实开展林业扶志、扶智工作，到 2020 年愿意接受林业培训的贫困人口林业实用技术培训实现全覆盖；做实驻村联户结对帮扶工作，到 2020 年驻村联户结对帮扶贫困村稳定退出，贫困户稳定脱贫不返贫。

同时，全省将开展脱贫攻坚巩固提升行动。脱贫摘帽后的贫困县（区）、贫困村和贫困户，在脱贫攻坚期内继续享受扶持政策，稳定脱贫基础，确保脱贫质量。

贵州到 2020 年森林覆盖率达 60%
助推生态补偿脱贫 78 万人*

近日，贵州省政府办公厅印发《生态优先绿色发展森林扩面提质增效三年行动计划（2018—2020 年）》（以下简称《行动计划》），提出到 2020 年，森林覆盖率达到 60%，森林蓄积量达到 4.71 亿 m^3，城市建成区绿化覆盖率达到 35%，林业增加值年均增长 10% 以上，助推生态补偿脱贫 78 万人，逐步形成空间布局合理、结构持续优化、保护措施有力、综合效益显著、生态环境宜居、服务功能增强的森林生态系统，促进人与自然和谐共生。

《行动计划》指出，当前贵州省在生态绿色发展方面主要有五大重点任务：

一是扩大森林面积。要大力实施青山工程，大力实施退耕还林还草和种植业结构调整，大力实施城乡绿化美化，到 2020 年，建成 9 个国家级森林城市、30 个省级森林城市，50 个森林乡镇、500 个森林村寨、5 000 户森林人家；大力实施社会化造林，开展"互联网+全民义务植树"活动，每年义务植树 5 000 万株以上；

二是提升森林质量。着力提高造林质量，加强造林全过程监督管理，切实加强森林经营。完成森林抚育 1 800 万亩、低质低效林改造 300 万亩。推进国家储备林建设，完成国家储备林建设 500 万亩以上；

三是强化生态保护。全面保护天然林和公益林，全面管控林业生态红线，全面保护和恢复湿地资源，全省湿地保有量不低于 315 万亩，建成湿地公园 70 个、湿地保护小区 200 个，湿地保护率达到 50% 以上。全面构建生物多样

---

* 来源：http://news.cnr.cn/native/city/20181205/t20181205_524440640.shtml。
生态环境部环境规划院，《生态补偿简报》2018 年 12 月 1 期总第 877 期转载。

性保护网络，全面加强森林防火和林业有害生物防治，加强森林火灾预防、扑救、保障三大能力建设，构建全民联防、全民联控机制；

四是发展林业产业。建设产业基地，发展林下经济，加大林地空间利用力度，发展立体复合型经营，发展森林旅游和森林康养，打造森林生态旅游精品路线 10 条，建成国家生态旅游示范区 4 个以上，国家级森林公园 30 个，省级森林公园 45 个，森林康养基地 100 个，森林旅游占全省旅游总收入的 30%以上。培育市场主体，建立健全林业产权交易平台，建设林业电子商务平台；

五是实施生态脱贫。推进森林生态效益补偿脱贫，到 2020 年将地方公益林补偿标准提高到 15 元，带动 30 万建档立卡贫困户、100 万贫困人口增收；推进森林保护购买服务脱贫，继续从建档立卡贫困人口中选聘生态护林员，2020 年护林员队伍规模达 9.67 万人，带动建档立卡贫困户 5.2 万户、20 万人脱贫；推进森林生态赎买脱贫，推进国土绿化脱贫。

对于以上五大重点任务，《行动计划》中也提出保障措施，一是要加强组织领导，逐级建立"林长制"和领导干部"巡山制"；二是要严格考核问责，建立完善奖惩机制；三是要不断改善基础设施，建设贵州林业生态云，提升林业信息化水平，加快贵州智慧林业建设步伐；四是要增强支撑能力，加强林业学科建设，培养和引进一批林业高层次人才和创新团队，建立林业专家库和人才信息库；五是要创新投资机制，积极推进政策性森林保险，探索开展商品林保险；六是要强化舆论监督，营造良好的社会舆论氛围。

林业草原生态扶贫三年行动明确任务分工[*]

国家林业和草原局日前印发《林业草原生态扶贫三年行动实施方案》及贯彻落实分工方案，提出大力实施生态补偿扶贫、积极推进国土绿化扶贫、认真

---

* 来源：http://www.gov.cn/xinwen/2018-12/20/content_5350486.htm。
生态环境部环境规划院，《生态补偿简报》2018 年 12 月 3 期总第 879 期转载。

实施生态产业扶贫、全力开展定点扶贫，实现生态改善和脱贫攻坚双赢。行动所列的 32 项政策措施，已分别明确分工项目的牵头单位和主要参加单位。

大力实施生态补偿扶贫。推进生态保护扶贫行动，到 2020 年在有劳动能力的贫困人口中新增选聘生态护林员、草管员岗位 30 万个。在贫困县的各类自然保护地和国有林场，鼓励开放公益岗位，吸纳贫困人口务工就业。探索生态护林员、草管员分级组织管理机制，将贫困人口培养成为造林员、技术推广员、生态知识宣传员等生态建设一线排头兵、脱贫带头人。加大对贫困地区天保工程建设支持力度，推广"合作社+管护+贫困户"模式，吸纳贫困人口参与管护。天保工程、森林生态效益补偿、草原生态保护补助奖励政策资金向贫困地区倾斜，逐步提高贫困地区补偿标准，吸纳贫困人口参与生态工程管护。

积极推进国土绿化扶贫。建设生态扶贫专业合作社（队）1.2 万个，吸纳贫困人口参与重大生态工程建设。优先安排贫困地区重大生态工程项目任务。推进贫困地区低产低效林提质增效工程，恢复和提升退化林生态防护功能。合理配置部分生态和经济效益兼顾树种，重点对优势特色经济林进行改造。加大贫困地区新一轮退耕还林还草支持力度，将新增任务向贫困地区倾斜，对符合政策的贫困村、贫困户实现全覆盖。深化贫困地区集体林权制度改革，引导规范有序流转，带动贫困人口通过林地流转和参与经营增收。

地方可自主探索通过赎买、置换等方式，将贫困户所有的重点生态区范围内禁止采伐的非国有商品林调整为公益林。

认真实施生态产业扶贫。因地制宜加快发展对贫困户增收带动作用明显的林草业。加快发展木本油料、特色林果、森林旅游、国家储备林、种苗花卉等生态产业。发展林下中药材、特色经济作物、野生动植物繁（培）育利用、林下养殖、高产饲草种植等林下经济产业。积极发展森林康养产业，创造就业机会。培育引进龙头企业和新型经营主体，建立扶贫带贫机制。多渠道筹措资金，对生态核心区内的居民实施生态搬迁，加大以国家公园为主体的自然保护地建设，在不损害自然生态系统的前提下，开展基础设施、科研、教育、旅游等建设。鼓励纳入碳排放权交易市场的重点排放单位购买贫困地区林业碳汇，探索面向贫困户的单株碳汇精准扶贫模式。

全力开展定点扶贫。选派优秀中青年干部、后备干部到定点县挂职。开展送科技下乡活动。组织贫困人口脱贫技能培训。制定完善生态扶贫政策举措，逐项明确责任单位、责任人和时间进度。加大现有资金向贫困地区倾斜力度，争取专项扶贫资金、金融资金政策支持。

生态环境部：以生态环境保护助力脱贫攻坚*

继生态环境部第 26 次党组扩大会专题研究扶贫工作后，生态环境部近日印发了《关于生态环境保护助力打赢精准脱贫攻坚战的指导意见》（以下简称《指导意见》）和《生态环境部定点扶贫三年行动方案（2018—2020 年）》（以下简称《行动方案》），这两个文件将是生态环境部指导未来一段时间行业扶贫和定点扶贫工作的方向性、纲领性文件。

两个文件强调要进一步落实行业扶贫责任，充分发挥生态环境部门行业优势，树立搞好生态环境保护就是扶贫的意识，创新工作机制，将生态环境保护帮扶转化为精准脱贫成效，以生态环境保护助力脱贫攻坚，支持贫困地区打好打赢污染防治和精准脱贫两个攻坚战，为决胜全面建成小康社会筑牢基础。

《指导意见》规定了行业扶贫的四项基本原则，即坚持绿色发展、坚持精准施策、坚持协同推进、坚持改革创新。在加大对深度贫困地区支持力度方面，强调协同处理好发展和保护的关系，集中力量促进解决区域性整体贫困。在加强生态环境保护扶贫方面，强调落实行业扶贫责任，让贫困地区、贫困人口从生态环境保护中稳定受益，建立生态环境保护扶贫大格局。特别是在推动贫困地区绿色发展、加快解决突出环境问题、巩固生态资源优势等方面进一步加大支持力度。

《指导意见》明确了进一步帮助贫困地区提质增效的做法，如推动将深度

* 来源：http://grassland.china.com.cn/2018-12/20/content_40620144.html。
生态环境部环境规划院，《生态补偿简报》2018 年 12 月 4 期总第 880 期转载。

贫困县纳入重点生态功能区转移支付范围，加大转移支付力度；扩大区域流域间横向生态保护补偿范围，让更多深度贫困地区受益；鼓励纳入碳排放权交易市场的重点排放单位优先购买贫困地区林业碳汇；全国生态环境系统具备规划环评能力的事业单位，优先承接贫困地区的规划环评编制项目，费用减免；推动调整和完善生态补偿资金支出或收益使用方式等内容。既有生态环保扶贫特色，又对贫困地区经济发展具有实际推动效用，令人眼前一亮。

《指导意见》还提出"加快开展生态环保扶贫效益评估，将绿水青山向金山银山的转化价值量化表达"，生态环境部脱贫攻坚领导小组办公室相关负责人指出，此举既便于全社会理解和接受"做好贫困地区的生态环境保护工作也是扶贫"的理念，又能帮助把绿色发展理念灌注、固化到扶贫工作全过程，有利于贫困地区更可持续地发展。

生态环境部定点帮扶的河北省围场县、隆化县（以下简称两县），将通过全方位加大帮扶力度，支持两县按计划完成脱贫攻坚任务，2020 年再巩固提升一年。《行动方案》结合两县需求，要求要深化政策措施，在发挥行业优势、结对帮扶、选派干部、督促检查、创新帮扶方式、动员社会力量参与、宣传推广等方面进一步加大力度，落实落细，创新机制，务求取得实效。

针对产业扶贫和精准扶贫，《行动方案》提出结合两县"一村一策"脱贫方案，将进一步统筹资源力量，集中打捆设计，力争在两县贫困村和产业相对集中的地区分别打造 1～2 个看得见、摸得着的特色产业，辐射带动周边一批贫困村、贫困户、贫困人口提高收入和增加收益。

《行动方案》在落实层面有 5 个突出亮点。一是进一步加强组织领导。部党组将每季度听取一次部扶贫办工作汇报，部主要领导每年至少到两县调研督查指导 1 次；各部门、各部属单位主要负责同志是第一责任人，亲自抓扶贫工作，具体工作责任到人。

二是强化扶贫一线力量。选派有能力、有培养潜力的优秀中青年干部到两县挂职，每个扶贫工作小组每年选派干部到每个结对帮扶贫困村参与脱贫攻坚，每年每村驻村至少 1 人、时间不少于 1 周。

三是组建两县脱贫攻坚前方工作组。由一位副司级干部到承德市挂职并担任前方工作组组长，两县挂职副县长任副组长，两县驻村第一书记为成员，加强对两县脱贫攻坚工作、各扶贫工作小组定点帮扶措施的统筹协调和跟踪督促，配合开展定点扶贫环保资金项目监督检查。工作组每月汇报并形成督办清单。

四是抓党建促扶贫。生态环境部 13 个扶贫工作小组将与结对帮扶的贫困村，特别是深度贫困村开展党支部联学共建，进一步夯实基层党组织能力建设，培育脱贫攻坚内生动力。

五是强化作风建设。以扶贫领域腐败和作风问题专项治理为抓手，落实"严、真、细、实、快"工作要求，把握"为什么去""去做什么""能干成什么"，坚持真正深入贫困村贫困户，坚持调研必解决问题，用作风建设的成果促进各项扶贫举措的落实、成效的巩固和能力的提升。

3

森林、草原等其他类型补偿

贵州省培育发展环境治理和生态保护市场主体实施意见：到 2020 年全省环保产业总产值达到 400 亿元[*]

贵州省发改委发布的《关于印发贵州省培育发展环境治理和生态保护市场主体实施意见的通知》提出：市场主体进一步壮大。到 2020 年，全省环保产业总产值达到 400 亿元，年均增长 15%以上；培育一批具有重要影响力、带动力的环保龙头企业，打造一批聚集度高、优势特征明显的环保产业示范基地和科技转化平台。

鼓励多元投资。对垃圾焚烧发电、工业废水处理、河道综合治理、生态修复等，能由市场提供环境治理和生态保护公共产品和服务的，按照政府出政策、社会出资金、企业出技术的方式，吸引各类资本参与投资、建设和运营。

---

[*] 来源：http://www.h2o-china.com/news/view? id=268786&page=1。

生态环境部环境规划院，《生态补偿简报》2018 年 1 月 1 期总第 705 期转载。

贵州省发展改革委 贵州省环境保护厅
关于印发《贵州省培育发展环境治理和
生态保护市场主体实施意见》的通知

黔发改环资〔2017〕1965 号

各市、自治州人民政府，贵安新区管委会，各县（市、区、特区）人民政府，省政府各部门、各直属机构：

《贵州省培育发展环境治理和生态保护市场主体实施意见》已经省人民政府同意，现印发给你们，请认真贯彻执行。

贵州省发展和改革委员会

贵州省环境保护厅

2017 年 12 月 27 日

贵州省培育发展环境治理和生态保护市场
主体实施意见

培育环境治理和生态保护市场主体，建立统一、公平、透明、规范的市场环境，由过去政府推动为主转变为政府推动与市场驱动相结合，加快推进环境治理和生态保护市场化，有利于提高市场主体的积极性，提升综合服务能力和创新动力，推进供给侧结构性改革；有利于释放巨大的市场潜力，发展壮大绿色环保产业，培育新的经济增长点；有利于提供更多优质生态环境产品，满足人民群众对良好生态环境的需要，是推进国家生态文明试验区建设，落实省委、省政府大生态战略行动的重要举措，对守好发展和生态两条底线具有重要意义。为贯彻落实《国家发展改革委　环境保护部关于培育环境治理和生态保护市场主体的意见》，提出以下实施意见。

一、总体要求

（一）指导思想

全面贯彻党的十九大和省第十二次党代会精神，牢固树立创新、协调、绿色、开放、共享发展理念，强力实施大生态战略行动，以改善生态环境质量为导向，以供给侧结构性改革为主线，着力壮大绿色环保产业，培育绿色发展新动能，着力规范市场秩序，营造公平竞争环境，着力创新体制机制，构建有效的政策激励体系，激发市场主体活力，形成政府、企业、社会三元共治新格局，为建设国家生态文明试验区、加快推动绿色发展提供有力支撑。

（二）基本原则

政府引导，企业主体。充分发挥市场配置资源的决定性作用，培育和壮大企业市场主体，提高环境公共服务效率，增加生态环境公共产品和公共服务有效供给。

法规约束，政策激励。健全法律法规，强化执法监督，规范和净化市场环境，发挥规划引导、政策激励和工程牵引作用，调动各类市场主体参与环境治理和生态保护的积极性。

创新驱动，能力提升。推行环境污染第三方治理、政府和社会资本合作，引导和鼓励技术与模式创新，提高区域化、一体化、标准化、专业化服务能力，不断挖掘新的市场潜力。

深化改革，逐步推进。结合国家生态文明试验区建设，推进自然资源资产产权制度、生态保护领域市场化等改革，鼓励国有资本加大生态保护修复投入，探索建立吸引社会资本参与生态保护的机制。

（三）主要目标

市场主体进一步壮大。到 2020 年，全省环保产业总产值达到 400 亿元，年均增长 15%以上；培育一批具有重要影响力、带动力的环保龙头企业，打造一批聚集度高、优势特征明显的环保产业示范基地和科技转化平台。

市场体系趋于完善。到 2020 年，环保技术、产品和服务基本满足环境治理需要，生态环保建设运营、设计咨询产业和市场健康发展，基本建成全面开放、政策完善、监管有效、规范公平的环境治理和生态保护市场体系。

二、推行市场化环境治理和生态保护模式

（四）创新投资运营模式

在市政公用领域，健全以特许经营为核心的市场准入制度，大力推行 PPP 模式，构建政府和社会资本方合作机制、政府部门联动机制，搭建信息交流平台，及时公布 PPP 有关政策和信息，加大 PPP 项目推介，每年由省级层面组织至少两次及以上的 PPP 项目推介活动。在全省 100 个产业园区和钢铁、水泥、酿酒、火电、焦化、化工等重点行业，推行环境污染第三方治理模式，鼓励采取环境绩效合同管理、合同能源管理、合同节水管理、委托治理、委托运营等方式引进第三方治理，开展环境诊断、绿色认证、清洁生产审核、节能减排技术改造、环境损害鉴定评估、循环化改造等综合服务。在赤水河、六冲河、三岔河、南北盘江、都柳江、"两湖一库"、三板溪、洪家渡、万峰湖、千岛湖等 12 个重要水体及酿酒、造纸、电镀、煤化工、磷化工、氮肥等高污染行业，对被环保部门依法采取挂牌督办、责令限制生产、停产整治且拒不自行治理污染的企业，依法向社会公布企业名单，按照法律、法规规定探索实施委托第三方治理。

（五）推行环保基础设施建设运营一体化模式

按照"县城统筹、以城带乡、整体推进"的模式，鼓励打破以项目为单位

的分散建设运营模式，实行打捆建设、规模化经营，吸引社会资本投入，降低建设和运营成本，提高投资效益。鼓励以市、县为单位对城镇环境公用基础设施以行业"打包"，进行投资、建设、运营管理一体化的环保服务总承包或环境治理特许经营；已建设施可通过打捆委托社会资本运营管理。鼓励以一个县或相对集中区域对农村污水垃圾处理设施、畜禽养殖污染治理工程等项目进行打捆建设和运营，推进农村环境综合治理。

（六）推行综合服务模式

实施环保领域供给侧改革，对以政府为责任主体的区域和流域环境综合整治、土壤污染治理与修复等领域，推广基于环境绩效的综合性整体解决方案、区域综合服务模式。推动政府由购买单一治理项目服务向购买整体环境质量改善服务方式转变。鼓励企业为流域、城镇、园区、大型企业等提供定制化的综合性整体解决方案。在生态保护领域，探索实施政府购买必要的设施运行、维修养护、监测等服务。发展环境风险与损害评价、绿色认证、生态环境修复、排污权交易、环境污染责任保险等新兴环保服务业。

（七）实施"互联网+"绿色生态模式

针对水、大气、土壤、森林、湿地等各类生态要素，开展生态环境大数据试点，整合云上贵州资源，结合"互联网+"专项行动，搭建跨地域、跨部门的开放式生态环境大数据综合平台，开展环境和生态监测、设施运营与监管、风险监控与预警，开展生态环境大数据分析，实现生态环境监管部门之间、生态环境监管部门与社会公众之间数据互联互通。支持环境治理企业研发环保智能运营管理平台系统，推动污染治理设施的远程管控和低成本运营维护。推动贵阳市、遵义市等中心城市智慧环卫软硬件系统的研发及规模应用，加快垃圾收运系统与再生资源回收系统的结合。

251

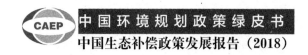

三、构建市场化多元投融资体系

（八）鼓励多元投资

对垃圾焚烧发电、工业废水处理、河道综合治理、生态修复等，能由市场提供环境治理和生态保护公共产品和服务的，按照政府出政策、社会出资金、企业出技术的方式，吸引各类资本参与投资、建设和运营。对以政府投资为主的环境治理和生态保护项目，通过加大石漠化治理、退耕还林、水土保持、流域治理、历史遗留重金属治理等生态环保工程带动力度，积极支持符合条件的企业、农民合作社、民营林场、专业大户等经营主体参与投资建设，推动投资主体多元化。

（九）拓宽融资渠道

加大绿色信贷发放力度，完善绿色信贷支持制度，明确贷款人的尽职免责要求和环境保护法律责任。稳妥有序探索发展基于排污权等环境权益的融资工具，拓宽企业绿色融资渠道。引导符合条件的企业发行绿色债券。推动中小型绿色企业发行绿色集合债，探索发行绿色资产支持票据和绿色项目收益票据等。健全绿色保险机制，鼓励保险机构探索发展环境污染责任险、森林保险、农牧业灾害保险等产品。依法建立强制性环境污染责任保险制度，选择环境风险高、环境污染事件较为集中的区域，深入开展环境污染强制责任保险试点。

（十）发挥政府资金引导带动作用

在划清政府与市场边界的基础上，将环境治理和生态保护列入各级政府保障范畴。发挥政府资金的杠杆作用，优化和整合资金渠道，创新政府性资金投入方式，提高资金使用效益，采取投资奖励、补助、担保补贴、贷款贴息等多种方式，调动社会资本参与环境治理和生态保护领域项目建设积极性。加快设立贵州省生态文明建设投资集团公司。设立生态环境保护投资基金。推行环保

"领跑者"制度，加大推广绿色产品。

四、实施有效的激励机制

（十一）完善环境保护价格政策

推进全省设区的市、县（市、特区）和建制镇污水处理费收费标准调整至不低于国家规定的最低标准及开征工作，按照"污染付费、公平负担、补偿成本、合理盈利"原则，合理提高污水处理收费标准，收费标准要补偿污水处理和污泥处置设施的运营成本并合理盈利。在总结贵阳市试点经验的基础上，抓紧建立完善城镇生活垃圾收费制度，提高收缴率。完善环境服务市场化价格形成机制，垃圾焚烧处理服务价格应覆盖飞灰处理与渗滤液处置成本，污水处理设施运营服务费应当覆盖污水处理设施维护运营单位合理服务成本并使运营单位合理收益。严格落实垃圾发电价格政策。建立健全鼓励使用再生水、促进垃圾资源化的价格机制。全面实行居民用水、用电、用气阶梯价格制度。全面落实燃煤发电机组脱硫、脱硝、除尘等环保电价政策。

（十二）落实税收和土地优惠政策

落实《环境保护专用设备企业所得税优惠目录》《节能节水专用设备企业所得税优惠目录》《资源综合利用产品和劳务增值税优惠目录》。实行增值税税率由四挡减至三挡，税率分别为 17%、11%和 6%；农产品、天然气等增值税税率从 13%降至 11%。落实国家对治理修复的污染场地以及荒漠化、沙化整治的土地，给予增加用地指标或合理置换等优惠政策。

（十三）制定支持科技创新的政策

鼓励企业加强科技创新、服务创新、商业模式创新，通过兼并、联合、重组等方式，实行规模化、品牌化、网络化经营。以环保产业园区、骨干环境服务公司、高校等为载体，建设一批产学研用紧密结合的环保技术创新和成果转化平台。支持高校、科研院所等专业技术人员在职和离岗创业，加快科技成果

转化。落实高新技术企业所得税优惠政策。对纳税人提供技术转让、技术开发和与之相关的技术咨询、技术服务免征增值税。自 2017 年 1 月 1 日到 2019 年 12 月 31 日，将科技型中小企业开发新技术、新产品、新工艺实际发生的研发费用在企业所得税税前加计扣除的比例，由 50%提高至 75%。加快自主知识产权环境技术的产业化规模化应用，不断提升市场主体技术研发、融资、综合服务等自我能力。健全科技成果转化机制，促进环境治理和生态保护先进技术的推广应用。

五、建立有效监管和执法体系

（十四）强化环境执法监管

强化环保督察，采取定期与不定期督察相结合的方式，推进联合执法、区域执法、交叉执法，强化执法监督和责任追究，每两年对全省 9 个市（州）政府、贵安新区管委会、省直管县政府及环保责任部门开展环境保护督察，对存在突出问题的地区和部门，不定期开展专项督察，落实环保党政同责制、生态环境损害责任终身追究制，提高地方政府领导环保责任意识。全面推动行政执法与刑事司法联动，实现立案移交、行政刑事处罚无缝衔接。继续开展"六个一律"环保"利剑"执法专项行动，加强重点排污企业和工业园区环保执法监察，严厉打击"黑烟囱""黑臭水""黑废渣""黑废油""黑数据"以及"黑名单"企业，对违法企业，依法加大处罚力度。建立"双随机一公开"抽查工作机制。

（十五）加快环境信用体系建设

推进实施《企业环境信用评价办法（试行）》《贵州省企业失信行为联合惩戒实施办法（试行）》《贵州省环境保护失信黑名单管理办法（试行）》等，建立排污企业和环保企业的环境信用记录，将环境违法失信的行政处罚信息通过"双公示"平台归集，推送到国家企业信用信息公示系统（贵州）和中国人民银行金融信用信息基础数据库，作为相关部门实施协调监管和联合惩戒的依据。对列入环境保护失信黑名单的企业，将被列为重点检查对象并实施重点监管，受到涉及信贷、担保、融资，资质评定、项目审批、用地审批、申报、升级、验证、免检（审）等方面的限制，并按照有关规定向社会公布。

（十六）推动环境信息公开

认真执行《环境信息公开办法（试行）》，定期、及时、准确地公布全省环境质量月报、设市城市空气质量排名、饮用水水源地水质月报、重点流域水质月报等环境质量状况数据，发布年度环境状况公报；市、县政府应及时准确公布本辖区内水、空气等环境质量数据。监督企业按照规定，及时、准确地公开企业环境信息。排污单位应按照排污许可制的规定，及时公开排污许可证执行情况。重点排污单位应依法向社会公开主要污染物名称、排放方式、排放浓度和总量、超标排放情况，以及污染防治设施的建设和运行情况。

六、规范市场秩序

（十七）清理有悖于市场统一的规定和做法

市政公用领域的环境治理设施和服务，其设计、施工、运营等全过程应严格采用竞争方式，不得以招商等名义回避竞争性采购要求。竞标资格不得设置与保障项目功能实现无关的竞标企业和单位注册地、所有制、项目经验和注册资本等限制条件。地方性法规、规范性文件不得设置优先购买、使用本地产品等规定。加快推进简政放权，简化审批手续，规范审批流程，建立全省统一的权责清单体系，实行"一站式"网上审批，大幅缩短审批流程和审批时间。

（十八）完善招投标管理

重点加强环境基础设施项目招投标市场监管，探索环境基础设施 PPP 项目的强制信息公开制度。探索招投标阶段引入外部第三方咨询机制，识别公共服务项目全生命周期中的风险，平衡各方风险分担比例，推动风险承担程度与收益对等。加强从项目遴选、设计、投资、建设、运营、维护的全生命周期整体

优化，提升环境服务质量和降低成本。

（十九）建立多元付费机制

建立健全环境治理和生态保护项目绩效评价体系，强化环保项目全周期绩效管理。探索环境 PPP 项目受益者付费、政府付费、政府和受益者混合付费机制。地方政府应将环境服务费用纳入财政预算，及时、足额支付。完善环境服务价格调整机制，明确调整周期、调整因素和启动条件等，建立长效机制。

（二十）强化监督和行业自律

在市政公用基础设施领域，进一步完善行业监管机制，重点对运营成本、服务效率、产品质量进行监审，研究探索中标价格跟踪披露机制。推动行业（协）会开展行业自律，鼓励行业内企业依法相互监督。认真执行相关产业政策和行业标准，有效遏制同行恶性竞争。开展业务培训，提高行业整体素质。

七、强化体制机制改革和创新

（二十一）改革资源产权制度和环境管理体制

健全水土流失和石漠化治理机制，创新政府资金投入方式，调动社会资金投入水土流失、石漠化治理。按照谁治理、谁受益的原则，赋予社会投资人对治理成果的管理权、处置权、收益权，形成水土流失、石漠化综合治理和管理长效机制。严格执行矿产资源开发利用、土地复垦、矿山环境恢复治理"三案合一"，切实做好水土流失预防和治理。完善森林生态保护补偿机制，逐步实现地方公益林与国家公益林补偿标准统一，进一步完善生态效益横向补偿机制。落实贵州省健全生态保护补偿机制实施意见，逐步在省域范围内推广覆盖八大流域、统一规范的流域生态保护补偿制度。积极探索生态建设和保护与资源开发、旅游景观开发、生态养殖、林下经济等融合发展模式。改革环境管理体制，建立环境质量分级管理体制。完善控制污染物排放许可制度，实施企事业单位排污许可证管理，实现污染源全面达标排放。

（二十二）实施污水垃圾处理设施运营体制改革

事业性经营单位要加快事转企改制步伐，在清产核资、明晰产权的基础上，按《公司法》逐步改制成独立的企业法人。现有国有污水垃圾处理企业要加强内部管理，严控运营成本，提高服务效率。在 2020 年年底前，县以上污水垃圾处理设施运营管理单位的企业化改革基本完成，全面形成市场化的污水垃圾处理设施运营管理体制。

（二十三）加快建设市场交易体系

建立健全排污权交易制度，逐步推行以企业为单位进行总量控制、通过排污权交易获得减排收益的机制，制定全省排污权有偿使用和交易管理相关规程，建立排污权交易管理信息系统。推行碳排放权交易制度，积极探索林业碳汇参与碳排放权交易的规则和模式。完善矿产资源有偿使用制度，全面推行矿业权招、拍、挂出让制度，加快建设全省统一的矿业权交易平台。

八、加强宣传教育和交流合作

（二十四）提高全民意识，强化公众舆论监督

加强生态文明宣传，大力倡导绿色发展理念，创作一批反映生态文明建设的艺术作品。把生态文明建设纳入各类教育培训体系，编写生态文明干部读本和教材。开展形式多样的宣传活动，推进绿色理念进机关、学校、企业、社区、农村，提高全民生态环保意识。大力发展生态环保志愿者队伍，吸引公众积极参与。充分发挥新闻媒体、民间组织和志愿者作用，报道先进典型，曝光反面事例；建立全省环保微信举报平台，实行有奖举报，鼓励公众对污染现象"随手拍""随手传""随手报"，推动市场主体履行环境治理和生态保护责任和义务。对污染环境、破坏生态的行为，支持公众和环保团体提起环境公益诉讼，有序参与、有序保护、有序维权。

（二十五）推进交流与合作

继续办好生态文明贵阳国际论坛，与联合国相关机构、生态环保领域有关国际组织等加强沟通联系，积极开展交流、培训等务实合作，构建项目建设、技术引进、人才培养等方面长效合作机制。坚持既要"论起来"又要"干起来"，建立论坛成果转化机制，加快论坛理论成果和实践成果转化。鼓励国外、省外先进环保企业来省内投资，建立分支机构；鼓励省内环保企业参加各类环保论坛、展览及贸易投资促进活动，引进先进环保技术，借鉴先进管理经验，不断提高自身实力和水平。

各地区、各部门要高度重视培育环境治理和生态保护市场主体工作，进一步强化认识、强化领导、强化协作，进一步明确任务、明确分工、明确责任，扎实工作，确保各项任务措施落实到位，取得实效。

海南省出台健全生态保护补偿机制实施意见
逐年加大省级财政生态保护补偿资金投入力度*

海南省政府近日印发《关于健全生态保护补偿机制的实施意见》（以下简称《意见》），明确通过系列举措解决生态补偿工作中补给谁、谁来补、补多少、如何补等普遍存在的问题，有利于地方有序开展生态补偿，具有很强的可操作性。

《意见》以改善生态环境质量为目标，以体制机制创新为动力，做好重点生态功能区、生态保护红线区、国家公园、森林、流域、湿地、海洋、耕地等领域的生态补偿工作，发挥转移支付机制的政策效应，提升生态保护补偿效益，探索建立多元化生态保护补偿机制，形成符合省情、公平合理、制度完善、运

---

* 来源：http://www.hainan.gov.cn/hn/yw/zwdt/tj/201801/t20180103_2515965.html。
生态环境部环境规划院，《生态补偿简报》2018年1月2期总第706期转载。

258

作规范的生态保护补偿制度体系。

根据《意见》，海南省将开展以下重点工作：建立差异化保护目标体系，提升生态环境保护效益；完善生态公益林保护补偿，建立森林分类补偿机制。同时，将推进湿地生态保护补偿，发挥湿地生态服务效益；推进海洋生态保护补偿，促进区域可持续发展，以及健全耕地生态保护补偿，促进绿色农业发展；探索流域横向生态补偿，建立多元化补偿模式等。

值得一提的是，《意见》明确要优化整合资金，建立多元化生态补偿机制。逐年加大省级财政生态保护补偿资金投入力度，自 2018 年起，省本级每年按年初地方一般公共预算收入预期增量的 15%增加生态补偿资金规模，逐步建立资金长效增长机制，并将在 2020 年前出台海南省生态补偿条例，健全生态补偿机制的顶层设计。

现有生态补偿机制种类繁多　影响实施效果
代表委员对症开方*

【把脉】

- 四川省陆续实施的生态补偿机制种类繁多，执行起来"各唱各的戏"
- 有的生态补偿机制不重视环境管理效果，管理得好不好，都是一样拿钱
- 补偿来源多靠政府转移支付，且在执行时存在"撒胡椒面"现象

【开方】

- 建立省级主管部门的联动机制，统筹生态补偿种类、标准
- 用货币和技术手段量化各地生态文明建设成果，进而推动相关交易

---

* 来源：http://kbtv.sctv.com/xw/gngj/201801/t20180125_3751087.html。

生态环境部环境规划院，《生态补偿简报》2018 年 1 月 13 期总第 717 期转载。

●业务主管部门可以参照市场价格，按比例对生态功能区县进行补偿

【众议堂】

自 1998 年启动天然林保护工程以来，四川的生态补偿探索走过 20 年。期间，四川省陆续实施的各类生态补偿机制（含试点）不下 10 余种，颇为纷繁复杂。在省"两会"到来之际，部分代表委员再次将目光对准生态补偿机制。

代表委员们表示，在建设美丽繁荣和谐四川、筑牢长江上游生态屏障的背景下，建立更加市场化、系统化的生态补偿机制势在必行。

【看问题】

生态补偿机制种类繁多，且多靠政府转移支付

"现在生态补偿机制种类繁多，执行起来'各唱各的戏'。"省政协委员、共青团雅安市委书记王惠明带来的提案呼吁系统化的生态补偿机制。

他说，以芦山县为例，当地森林覆盖率 76.76%，境内有大熊猫、金丝猴等珍稀动物 80 余种，出境水质常年保持在 II 类以上，但生态补偿执行过程却异常复杂。以公益林补贴为例，四川有国家和省级国有公益林、集体和个人所有公益林，"补贴标准各异，执行起来非常复杂，让基层工作者脑壳痛"。再比如对于地表水，环保、水利部门各有一套考核方式和补贴方式，有的针对水质，有的针对水量。

"还有的生态补偿机制不重视环境管理效果。如草场、森林管理得好不好，都是一样拿钱，这样地方积极性可能受挫。"同样聚焦生态补偿机制的省政协委员、雅安市政协副主席李诚呼吁，进一步推动生态补偿的市场化，既能更好地鼓励地方保护生态环境，也能拓宽补偿来源、灵活执行补偿政策。

省人大代表、省林业厅野保处处长王鸿加进一步提到，这些年四川先后实施了退耕还林补贴、天保补贴、湿地生态效益补偿，以及流域内横向补偿等，"但现行生态补偿制度多是在业务主管部门框架下、重大生态项目实施背景下制定的，主要不足有二：缺乏系统性，甚至缺乏科学性；市场化不足，社会主体参与度不够，缺乏灵活性。"

缺乏系统性，是指不少生态补偿往往是重大生态项目的配套措施，具有应急性、缓冲性，诸如退耕还林补贴等。市场化不足，指补偿来源是政府转移支付，且执行时存在"撒胡椒面"现象，"比如只要是国有公益林，都由政府按一个标准补偿，反映不出管护水平、森林质量这些具体指标变化。"

【找路径】

量化各地生态文明建设成果，推动相关环境交易

那么，如何系统化、科学化推进生态补偿？

代表委员们表示，应该瞄准痛点、分别施策，统筹推进四川省生态补偿制度走向系统化和市场化。

系统化，指建立省级生态环境业务主管部门的联动机制，统筹生态补偿种类、标准。省政协委员、九三学社四川省委副主委沈光明说，生态补偿主要由林业、环保、农业、水利等业务部门执行，因此应建立联动机制，以年度为单位，协商各市县的生态补偿具体执行办法，"比如，有的县 95% 以上土地都是生态功能区、限制开发区，相关业务部门联合研究后，可以考虑在补偿资金方面给予酌情倾斜。"

市场化即引入市场机制，用货币手段和技术手段量化各地生态文明建设成果，进而推动相关交易。

"这里包括货币和技术两方面，缺一不可。"省政协委员、宜宾市副市长王力平建议了两条思路。首先，应用好排污权交易、碳汇交易等环境交易手段，鼓励市场主体对生态功能区进行补偿。"例如，一个县的森林每年能固碳多少？在技术部门统计核准后，碳汇就是商品，可以把这部分指标拿去交易。换句话说，你的生态环境好不好，技术统计和市场主体说了算。"其次，在使用技术手段量化地方生态建设成果后，中央和省级业务主管部门可以参照市场价格，按比例对生态功能区县进行补偿，"总之，能够动态反映地方生态变化。"

为确保生态补偿机制能够顺利执行，省政协委员、自贡市政协副主席叶智英在提案中建议，应完善地方环境容量评估测算体系，并建立刚性考核办法，"在考核倒逼之下，环境交易市场能够进一步活跃起来。"

天津建立湿地生态补偿制度[*]

  天津市政府办公厅近日印发《天津市湿地生态补偿办法（试行）》（以下简称《办法》），生态补偿范围包括国家级和地方级湿地自然保护区核心区、缓冲区实施退耕还湿、退渔还湿工程流转集体土地，实施生态移民，以及对湿地自然保护区实施生态补水的补偿。《办法》共 15 条，自 2018 年 1 月 1 日起试行，有效期 3 年。

  《办法》规定，对补偿范围内的集体土地流转，每年每亩补偿 500 元，列入市财政年度预算，超出部分由属地区政府筹措解决。用于流转集体土地的补偿资金，以现金方式发放到集体土地所有权人或者使用权人。

  用于集体土地流转的补偿资金严禁用于发放行政管理人员的工资、津贴、奖金及福利，不得用于出国（境）、考察、接待及购置交通工具等行政管理支出，不得用于楼堂馆所、办公用房建设等支出，不得用于对个人的非生态环境保护性的补贴、补助、奖励等。

  《办法》明确要求获得湿地生态补偿的单位和个人承担相应的保护责任，不得在已经流转的土地上从事农业生产活动或养殖活动；对骗取补偿资金或者不按照规定使用补偿资金的，由有关部门依法追究相关人员的法律责任；构成犯罪的，由司法机关追究刑事责任。

---

* 来源：http://www.shidi.org/sf_3068B21AF8BD40218886A9F538BB1BB7_151_0A38A9C4409.html。
生态环境部环境规划院，《生态补偿简报》2018 年 1 月 6 期总第 710 期转载。

青岛空气质量改善十区市获生态补偿 2 888 万元*

近日，依据省市环保部门委托的第三方监测运营机构提供的各区市空气质量自动监测数据和环保部秸秆禁烧卫星遥感监测核定结果，青岛市公布 2017 年各区市环境空气质量及生态补偿考核情况，十区市共获生态补偿奖励 2 888 万元。

空气质量改善十区市获奖

根据《青岛市 2017 年环境空气质量生态补偿方案》，按照"将生态环境质量逐年改善作为区域发展的约束性要求"和"谁改善、谁受益，谁污染、谁付费"的原则，青岛市对各区市细颗粒物（$PM_{2.5}$）、可吸入颗粒物（PM_{10}）、二氧化氮（NO_2）、二氧化硫（SO_2）年度平均浓度达标改善情况，以及空气质量优良天数比例进行考核。考核数据采用青岛市环境监测中心站提供的各区市环境空气质量自动监测数据。青岛市设立环境空气质量生态补偿资金用于对各区市环境空气质量进行生态补偿，生态补偿金实行市、区（市）分级筹集。青岛市对各区市实行年度考核和年终一次性结算。

2017 年，市南区、市北区、李沧区、崂山区、西海岸新区、城阳区、即墨区、胶州市、平度市、莱西市分别获得市财政环境空气质量生态补偿奖励资金 266 万元、193 万元、344 万元、261 万元、127 万元、372 万元、410 万元、208 万元、345 万元、122 万元。

秸秆禁烧火点 2018 年下降为两处

此外，还在西海岸新区、城阳区、即墨区、胶州市、平度市、莱西市考核

---

* 来源：https://item.btime.com/m_2s21u6es5ox。

生态环境部环境规划院，《生态补偿简报》2018 年 2 月 3 期总第 721 期转载。

秸秆禁烧工作。根据环保部秸秆禁烧卫星遥感监测核定结果，在重点禁烧区域（机场、交通干线、高压输电线路附近、人口集中区、各级自然保护区和文物保护单位等）每出现 1 处火点，所在辖区向市财政缴纳 10 万元，其他区域每出现 1 处火点，缴纳 5 万元。对全年未出现秸秆焚烧火点的区市，市财政奖励 50 万元。

2017 年，西海岸新区、城阳区、胶州市、平度市、莱西市未出现秸秆禁烧火点，各获得年终一次性奖励 50 万元；即墨区出现 2 处秸秆禁烧火点（非重点禁烧区域），需向市财政缴纳秸秆禁烧生态补偿金 10 万元。

据介绍，青岛市在 2016 年首次将秸秆禁烧火点纳入生态补偿考核，相关区市均提高了重视程度，火点由 2015 年的 35 处大幅下降到 7 处，2018 年青岛市适当提高处罚额度，重点禁烧区域、其他区域每次出现火点的处罚金额由 2016 年的 5 万元、3 万元分别提高到 10 万元、5 万元，火点由 2016 年的 7 处下降到 2 处，取得了明显成效。2018 年，青岛市将努力实现火点零出现。

据介绍，补偿各区市的资金是从省级环境空气质量生态补偿资金和市级环保专项资金中安排，由各区市统筹用于本区域大气污染防治。各区市应当制定资金使用方案，加强资金管理，提高使用绩效，并报市财政局、市环保局备案。

国家海洋局强化滨海湿地保护管理[*]

为有效加强滨海湿地保护，国家海洋局近日公布了编制的《滨海湿地保护管理办法（征求意见稿）》（以下简称《办法》），并向社会公开征求意见。明确国家实行滨海湿地面积总量管控制度，分批确定重点保护滨海湿地名录和面积，使重点保护滨海湿地面积到 2020 年占全国滨海湿地面积比例不低于 50%。

《办法》提出，滨海湿地保护应当坚持生态优先、保护优先、分级管理、

---

[*] 来源：http://www.dzwww.com/xinwen/shehuixinwen/201802/t20180208_17022257.htm。
生态环境部环境规划院，《生态补偿简报》2018 年 2 月 7 期总第 725 期转载。

科学修复、合理利用的原则。各级海洋主管部门探索建立滨海湿地生态补偿制度，按照"谁受益，谁补偿"的原则，率先在国家级湿地自然保护区和国家重点保护湿地开展补偿试点。

《办法》明确，根据滨海湿地生态区位、生态系统功能和生物多样性，对滨海湿地实施分级管理，分为重点保护滨海湿地和其他滨海湿地，重点保护滨海湿地又分为国家重点保护滨海湿地和地方重点保护滨海湿地。国家海洋局制定国家重点保护滨海湿地划定标准，发布国家重点保护滨海湿地名录。省级海洋主管部门制定地方重点保护滨海湿地划定标准，发布地方重点保护滨海湿地名录。

《办法》规定，符合以下条件之一的，应划定为国家重点保护滨海湿地：某一生物地理区域内具有典型性、代表性、稀有性或独特性的滨海湿地；处于各类国家级保护区范围内的滨海湿地；处于珍稀濒危物种栖息地、候鸟关键栖息地、重要海岛范围内的滨海湿地；具有生物多样性保护、生物连通、防灾减灾等重要生态价值的滨海湿地。

《办法》要求，各级海洋主管部门应当通过设立海洋自然保护区、海洋特别保护区（海洋公园）以及纳入海洋生态保护红线等方式，对重点保护滨海湿地加以保护。禁止擅自占用重点保护滨海湿地，已侵占的要限期予以恢复。禁止围填、永久性截断水源、超标排放污染物等破坏重点保护滨海湿地及其生态功能的活动。

在监督管理方面，《办法》规定，各级海洋主管部门应当组织滨海湿地保护专项执法检查，严肃查处违法利用滨海湿地的行为。对于未经批准将滨海湿地转为其他用途的，各级海洋主管部门应当要求责任者按照"谁破坏、谁修复"的原则实施恢复和重建，对无法恢复和重建的，责任者应进行生态损害赔偿。地方各级人民政府要将滨海湿地面积、滨海湿地保护率、滨海湿地生态状况等保护成效指标纳入本地区生态文明建设目标评价考核等制度体系，建立健全奖励机制和终身追责机制。

青海省将实现重点领域生态保护补偿全覆盖*

到 2020 年，在"一屏两带"等重点生态功能区，青海省将实现草原、森林、湿地、荒漠、水流、耕地等重点领域生态保护补偿全覆盖。

党的十九大明确提出"加快生态文明体制改革，建设美丽中国"。党中央、国务院高度重视青海生态文明建设，批准建立了三江源自然保护区，实施了《青海三江源自然保护区生态保护和建设总体规划》。2016 年 8 月，习近平总书记视察青海时提出"四个扎扎实实"重大要求，强调青海生态地位重要而特殊，必须担负起保护三江源、保护"中华水塔"的重大责任。

近年来，全省上下认真贯彻党中央、国务院特别是习近平总书记关于生态环境保护的重大决策部署和要求，围绕加快"四个转变"，积极探索并有序推进生态保护补偿机制建设，初步形成了生态保护补偿政策体系框架，生态保护效益初步显现，生态文明建设取得阶段性成效，同时也存在补偿范围偏小、标准偏低，保护者和受益者良性互动体制机制尚不完善等问题。

为此，青海省将继续健全生态保护补偿机制，探索建立多元化生态保护补偿制度体系，以更加良好的生态保护成效惠及城乡群众，全力推进富裕文明和谐美丽新青海建设。在总结三江源生态保护补偿试点工作经验基础上，将试点先行与逐步推广、分类补偿与综合补偿有机结合，因地制宜选择生态保护补偿模式，不断完善不同领域、区域生态保护补偿机制政策措施，小步快走，合理补偿，稳步推进全省生态保护补偿的制度化、规范化建设，提高生态保护成效；将生态保护补偿与实施主体功能区规划、西部大开发和集中连片特困地区脱贫攻坚等战略有机结合，重点在三江源草原草甸湿地生态功能区屏障、青海湖草原湿地生态带、祁连山地水源涵养生态带等"一屏两带"重点生态功能区开展

---

* 来源：http://sjy.qinghai.gov.cn/article/detail/1119。

生态环境部环境规划院，《生态补偿简报》2018 年 2 月 10 期总第 728 期转载。

生态保护补偿，促进绿色转型发展，努力实现经济社会发展与生态环境保护的良性互动和互利双赢；推进生态保护补偿政策框架和标准体系建设，强化部门间生态保护补偿协作，加快形成"受益者付费、保护者得到合理补偿"的运行机制。以此构建符合实际和具有本省特点的生态保护补偿制度体系，促进形成绿色生产，构建人与自然和谐发展的现代化建设新格局。

江西省推进一批重大生态保护与修复工程*

　　江西省不断加大生态补偿力度，新增东江流域跨省生态补偿资金 3 亿元，2017 年全省流域生态补偿资金总量达 26.9 亿元，比上一年增加 6 亿元；不断扩大天然林补偿范围，下达天然林停伐管护资金 6.65 亿元，补偿面积达 2 290.5 万亩。

　　2017 年以来，江西省坚持山水林田湖草生命共同体理念，集中力量推进一批重大生态保护与修复工程。实施山水林田湖草综合修复工程，启动赣州国家山水林田湖草生态保护修复试点，28 个项目全面开工；实施 15 条生态清洁型小流域建设；推动重点生态功能区、江河源头地区水土流失治理，治理面积 840 km^2；实施森林质量提升工程，新增造林 142.1 万亩，封山育林 100 万亩，退化林修复 160 万亩，森林抚育 560 万亩；推动南岭山脉低产低效林改造，建设 20 个省级森林经营样板基地；全省自然保护区、森林公园、湿地公园总面积达到 2 551 万亩，占国土面积的 10.2%；实施耕地保护和修复工程，新建高标准农田 290 万亩，建立耕地质量评价和等级监测制度，启动耕地休养生息试点、建设占用耕地耕作层剥离和再利用试点，开展土壤污染状况详查；实施矿山环境恢复治理工程，在矿产资源开发活动集中的区域执行重点污染物特别排放限值，开展重点矿山恢复整治，新增矿山复绿面积 20 km^2，启动赣州、德兴绿色矿业发展示范区建设。

---

* 来源：http://difang.gmw.cn/jx/2018-02/22/content_27758900.htm。

生态环境部环境规划院，《生态补偿简报》2018 年 2 月 14 期总第 732 期转载。

建立健全海洋生态补偿法律机制*

党的十九大报告提出，"实施重要生态系统保护和修复重大工程，优化生态安全屏障体系，构建生态廊道和生物多样性保护网络，提升生态系统质量和稳定性"。实施海洋生态补偿是贯彻党的十九大提出的"提升生态系统质量和稳定性"的重要措施，是应对海洋生态环境恶化、提升海洋生态系统安全性的有力举措。近年来，各地政府海洋生态补偿工作不断推进，建立健全与之相配套的法律运行机制呼之欲出。对此，要充分认识建立健全海洋生态补偿法律机制的必要性，瞄准亟待突破的主要问题，寻求相应的解决方案。

一、建立健全海洋生态补偿法律机制的必要性

建立健全海洋生态补偿法律机制的实质，是运用法律手段调整相关主体在开发、利用、保护海洋生态环境之间的利益关系，围绕"谁来补、补给谁、补多少、如何管"等核心内容来明确海洋生态补偿法律关系，以法治方式推进海洋生态系统质量的稳定性和安全性。

建立健全海洋生态补偿法律机制是地方政府勇于先行先试、推进海洋生态文明示范区建设的重要要求。构建海洋生态补偿法律机制契合社会主义生态文明建设的现实需求，不仅可从制度上助推建立蓝色经济的生态屏障，还可为突破现有海洋生态保护体制机制瓶颈探索新路径，为全国生态文明建设提供制度创新的有益借鉴。

建立健全海洋生态补偿法律机制是推动海洋经济转变发展方式、优化经济结构、实现绿色发展的应有之义。建立健全海洋生态补偿法律机制，有利于涉海企业提升科技创新能力，推动海洋新兴产业和海洋可再生能源产业发

---

* 来源：http://news.gmw.cn/2018-03/13/content_27963915.htm。
生态环境部环境规划院，《生态补偿简报》2018 年 3 月 5 期总第 743 期转载。

展，提升海洋经济发展的质量；同时，加大涉海企业损害生态系统的经济成本、明确其社会责任，将有助于促使他们更加科学合理地开发利用海洋资源。

建立健全海洋生态补偿法律机制是实现"百姓富"和"生态美"有机统一的机制保障。实现"百姓富"与"生态美"的统一，要正确处理"为谁发展"和"如何发展"的关系。通过构建科学合理的海洋生态补偿利益分配机制，推动沿海地区步入海洋经济发展与生态环境保护良性互动的轨道，既满足当地百姓需求又满足生态系统修复的需要，更好地激发海洋生态系统保护的内在动力。

二、建立健全海洋生态补偿法律机制亟待解决的主要问题

鉴于海洋生态补偿的特殊性和复杂性，构建与之配套的法律机制仍面临一系列亟待解决的问题。

缺乏相应配套的法规制度，掣肘海洋生态补偿工作的全面铺开。总体而言，海洋生态补偿工作面临着立法供给不足的问题。目前多地出台的关于海洋生态补偿的规定大都未上升到地方性立法层面，难以为开展海洋生态补偿工作提供法规依据。

补偿资金来源渠道过窄、资金不足影响海洋生态系统保护和修复效果。相对于海洋生态系统恢复治理的资金需求量，海洋生态补偿资金缺口更大。由于海洋生态补偿资金主要依靠政府财政，资金来源渠道过窄、结构不合理，在一定程度上致使海洋生态修复综合效应难以得到有效发挥。

各地尚未建立一套与海洋生态补偿实际相适应的补偿标准。海洋生态补偿标准过低，难以实现激励生态保护行为和生态修复的目的。当前，由于海洋生态补偿标准体系不完善，缺乏可量化的补偿标准，加之补偿资金收取标准不合理、不统一，致使海洋生态补偿工作难以深入开展。

海洋生态补偿方式单一，无法有效满足海洋生态系统修复的现实需求。目前海洋生态补偿主要采取收取海洋生态补偿金、海洋生物资源增殖放流等方式进行补偿，较少发挥社会资本参与补偿、海洋牧场建设、产业扶持、技术援助、人才支持、就业培训等方式的作用。

海洋生态补偿监管机制缺位，导致海洋生态补偿制度难以落实。从地方实

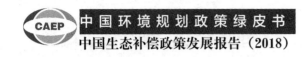

践来看，由于缺乏统一的海洋渔业资源基础数据库，主管部门无法对相关海洋生态系统整体损耗情况进行适时检测和实时监控。此外，海洋生态补偿涉及的监管主体较多，在实践中容易出现多头监管造成的职权交叉、问责不明、相互推诿等问题。

三、建立健全海洋生态补偿法律机制的对策建议

应将建立健全海洋生态补偿法律机制纳入海洋生态文明体制机制改革的整体布局加以考量，探索切实可行的海洋生态补偿法律机制。

适时出台海洋生态补偿的行政法规，破解海洋生态补偿金征收法律依据不足难题。国家层面可在总结地方海洋生态补偿实践和经验的基础上适时出台关于海洋生态补偿的行政法规，侧重解决海洋生态补偿实施中的法定原则、补偿主体、补偿对象、补偿标准、补偿方式、监管评估机制等主要问题，为地方实施海洋生态补偿提供更为充分的依据。

树立多元化的海洋生态补偿法定责任主体，为拓展海洋生态补偿奠定基础。应当构建政府为主导、企业为主体、社会组织和公众积极参与的海洋生态补偿治理体系。政府部门要行使法律法规赋予的行政监管职责。涉海企业要承担起主体责任，同时，还要鼓励和扶持环保公益类社会组织参与海洋生态补偿工作的积极性和主动性。

构建完善的海洋生态补偿评估技术和补偿标准体系，增强海洋生态补偿的科学化和精准化。鼓励高等院校、科研机构积极参与海洋生态补偿评估技术研究工作，开展关键技术的联合攻关，建立起符合海洋生态补偿需求的评估技术和技术导则，为增强海洋生态补偿科学化提供技术保障。同时，政府应充分利用信息技术，在全国范围内搭建统一科学的海洋生态补偿评估基础数据库和技术指标体系。

明确多样化的海洋生态补偿方式，以适应海洋生态文明建设的需要。主要应包括资金补偿、实物补偿、政策扶持、提供再就业技术培训、实施鱼苗增殖放流、建设人工渔礁等海洋生态环境恢复补偿等。通过上述多样化的补偿方式，最大限度地实现海洋生态补偿的经济价值和生态修复功能。

健全海洋生态补偿配套管理制度，深入推进海洋生态补偿工作。明确海洋生态补偿金征收与管理的法定主体，明确海洋生态补偿金专项使用制度以及相应的监督机制，形成一整套文明、高效、公正、严格的专项执法机制。通过建立并不断完善执法机制，加大对破坏海洋生态行为的打击力度，不断优化推进海洋生态补偿工作的法治环境。

溧水率先扩大生态保护补偿范围*

日前，溧水区正式出台《溧水区生态补偿实施意见》，率先在全市扩大了生态保护补偿范围，把饮用水水源地、市级湿地公园纳入补偿范围，并在市级以上生态红线补偿资金基础上配套区级补偿资金，提高了补偿标准。

"一级管控区按照每年每平方千米 15 万元核算、二级管控区按每年每平方千米 5 万元核算，共 897.39 万元，由区级财政承担，主要用于生态红线区域内的环境保护、生态修复等工作。"该区环保局副局长周兴财介绍，方便水库、中山水库两个区级以上集中式饮用水水源地保护区涉及的镇也将得到定额补助。金额总计 170 万元，由区级财政承担，主要用于饮用水水源地保护区内的环境保护、生态修复等工作。同时，环山河、方便水库两个市级湿地公园所在镇每年每个专项补助 40 万元，共 80 万元，由区财政承担，主要用于湿地动植物保护、水系维护、水环境治理、环境整治、林木抚育等。

溧水区还建立了由区环保、财政部门牵头，区发改、审计、监察、法制、农业、水务、国土、城建、城管等部门组成的区生态保护补偿工作联席会议，负责协调解决生态保护补偿机制建设具体问题，加强对生态保护补偿工作推进和落实。

据了解，该区早在 2015 年就在全市率先制定并出台了《溧水区生态补偿

---

* 来源：https://baijiahao.baidu.com/s? id=1594971068358372214&wfr=spider&for=pc&sa=vs_ob_realtime。
生态环境部环境规划院，《生态补偿简报》2018 年 3 月 6 期总第 744 期转载。

工作实施意见（试行）》，每年都拿出 7 000 万元资金，用于生态补偿。补偿范围主要包括水稻、公益林、湿地、水源地、生态红线区域。周兴财介绍："这次正式出台的《实施意见》在严格落实《南京市生态保护补偿办法》文件的基础上，结合了 2015 年试点生态补偿机制的探索经验，进一步完善了生态保护补偿机制。"

"今后我区每年将拿出更多的资金用于生态补偿，把溧水的生态招牌擦得更亮。"溧水区相关负责人表示，下一步，溧水将稳妥有序开展生态环境损害赔偿制度改革试点，加快形成损害生态者赔偿的运行机制。

河南省 2 月份生态补偿清单公布*

2018 年 3 月 21 日，记者从省环保厅获悉 2 月份全省生态补偿情况，全省共支偿城市环境空气质量生态补偿金 1 799 万元，得补 1 530.8 万元；共支偿水环境质量生态补偿金 2 002 万元，得补 506 万元。其中，综合大气和水两项生态补偿，支偿金额前 3 位依次是：信阳 675 万元、安阳 480 万元、开封 370 万元；得补金额前 3 位依次是：三门峡 333.5 万元、驻马店 163.5 万元、濮阳 143 万元。

根据省政府办公厅印发的《河南省城市环境空气质量生态补偿暂行办法》和《河南省水环境质量生态补偿暂行办法》，按照"谁污染、谁赔偿，谁治理、谁受益"原则要求，河南省严格落实按月实施生态补偿。

空气质量补偿方面，根据河南省城市环境空气质量考核目标 3 项因子——PM_{10}、$PM_{2.5}$ 浓度和优良天数计算，2 月份 18 个省辖市中有 9 个市在全省省辖市平均值以下，需进行生态支偿，支偿金额由高到低依次是：安阳 580 万元、南阳 175 万元、开封 170 万元、商丘 155 万元、许昌 130 万元、平顶山 120 万元、周口 70 万元、漯河 47.5 万元、济源 35 万元；有 8 个省辖市获得得补金额，由

---

* 来源：http://www.jcbctv.com/show-18-461077-1.html。
生态环境部环境规划院，《生态补偿简报》2018 年 3 月 8 期总第 746 期转载。

高到低依次是：三门峡 473.5 万元、信阳 225 万元、新乡 152 万元、濮阳 143 万元、驻马店 123.5 万元、鹤壁 87.5 万元、郑州 51.5 万元、洛阳 23 万元。

10 个省直管县（市）中，有 6 个县（市）在全省直管县平均值以下，支偿金额由高到低依次是：巩义 200 万元、汝州 36 万元、邓州 24 万元、长垣 17 万元、鹿邑 16 万元、滑县 3.5 万元。4 个县（市）获得补金额，由高到低依次是：固始县 136.2 万元、新蔡县 67.3 万元、永城 39.7 万元、兰考 8.6 万元。

在水环境质量补偿方面，河南省水环境质量生态补偿包括地表水考核断面、饮用水水源地、南水北调中线工程河南段和水环境风险防范的生态补偿。2 月份，依据 18 个省辖市和 10 个省直管县（市）水环境质量目标任务完成情况，在 18 个省辖市中，共有 10 个市进行生态支偿，金额由高到低依次是：信阳 900 万元、洛阳 240 万元、开封 200 万元、济源 170 万元、三门峡 140 万元、南阳 110 万元、新乡 80 万元、漯河 70 万元、郑州 30 万元、鹤壁 30 万元；进行生态得补的共有 7 个市，金额由高到低顺序依次是：平顶山 150 万元、许昌 120 万元、安阳 100 万元、商丘 50 万元、驻马店 40 万元、焦作 30 万元、周口 10 万元。

10 个省直管县（市）中，有 4 个县（市）进行了生态支偿，金额由高到低依次是：巩义 12 万元、汝州 12 万元、兰考 4 万元、永城市 4 万元、有 3 个县（市）获得了生态得补，金额依次是：长垣 2 万元、邓州 2 万元、鹿邑 2 万元。

2 万余人受益 湖南南山国家公园启动
林地流转和生态补偿试点*

2018 年 3 月 28 日，城步苗族自治县白毛坪乡坳岭村村民伍开郁的心情由"阴"转"晴"：湖南南山国家公园管理局在该村启动集体林地和林木使用权流

* 来源：https://baijiahao.baidu.com/s?id=1596367634763479326&wfr=spider&for=pc&sa=vs_ob_realtime。
生态环境部环境规划院，《生态补偿简报》2018 年 3 月 11 期总第 749 期转载。

转及生态补偿试点。按照拟实施的补偿新标准，他每年可以新增一笔相当可观的生态补偿收入。伍开郁承包的 2 000 亩公益林，地处深山，养护特难，即便依法砍伐，也获利甚微。在他心里，林地一度成为"鸡肋"。

2016 年 8 月，作为全省唯一、全国首批 10 个国家公园体制试点之一的湖南南山国家公园体制试点正式启动。2017 年 10 月 13 日，试点机构湖南南山国家公园管理局经省人民政府批准成立。该局有关负责人介绍，在全国的 10 个试点区中，湖南南山国家公园试点区的情况比较特殊：集体林占的比重较大，管理难度较大。试点区的山林面积为 82.7 万亩，其中集体林就有 54.4 万亩，国有林只有 28.3 万亩。

对此，湖南南山国家公园管理局本着农民得实惠、生态受保护、林业得发展的宗旨，大力改革创新，努力探索生态系统保护和可持续发展互促共赢的新模式，积极推进集体林地和林木使用权流转及生态补偿机制，合理分割所有权和管理权，集体林由公园管理局统一管理，以实现"国家所有、全民共享、世代传承"的目标。据初步统计，在整个湖南南山国家公园试点区，将有 2 万余人受益于生态补偿政策。同时，公园管理局积极实施购买服务机制，充分吸纳当地群众进入生态公益岗位，既增加了居民收入，又有效缓解了保护与发展过程中人力资源短缺的矛盾。

白毛坪乡坳岭村属于试点区范围，集体林多，湖南南山国家公园管理局选择在该村进行生态补偿试点。2018 年 3 月 14 日，该局有关负责人和相关部门负责人在坳岭村与 30 多名村民代表座谈，宣传政策，听取集体林地和林木使用权流转及生态补偿的意见和建议。所有村民代表一致表示：愿意将自己承包的山林流转给湖南南山国家公园，同意管理局拟定的生态补偿标准。

伍开郁当时在外地，没能在现场参会。3 月 28 日当他得知有关政策后，喜不自禁："如果没有国家公园体制试点，没有集体林地和林木使用权流转及生态补偿政策，我承包的 2 000 亩山林不知什么时候才能看到效益。现在的政策真是好，我守着绿水青山就能过上小康生活了！"

构建生态文明法律体系
有效推进生态文明建设*

"生态文明"写入《宪法》，组建生态环境部，为美丽中国建设奠定了坚实的管理体制基础。3 月 25 日，在天津大学法学院暨中国绿色发展研究院举办的"自然资源生态环境法治研讨会"上，环境与资源保护法学界专家表示，本轮机构改革对我国生态文明法治建设将产生巨大影响，建议我国构建生态文明法律体系，以有效推进生态文明建设发展。

研究法治新课题，构建生态文明法律体系

"组建生态环境部对我国生态文明法治建设将产生怎样的影响，立法机关与有关部门将如何运用法治与之对接，这是一个亟须研究的重大理论及实践课题。"与会环境与资源保护法学领域专家普遍表示。

作为十三届全国人大代表，中国工程院院士、生态环境部环境规划院院长王金南参加了 2018 年"两会"，亲历了宪法修改和国务院机构改革。他说，关于生态环境建设的宪法和法律改革主要体现在四个方面：生态文明、绿色发展、生态环境、综合执法。生态文明入宪为生态文明建设提供了根本的法律保障，生态文明已经成为政府管理的重要职能，建议构建生态文明法律体系，制定生态文明建设促进法。

中国绿色发展研究院名誉院长胡保林认为，生态文明已经写入《宪法》，当前最迫切的是构建完善两个体系：一个是在《宪法》指导下推进立法体系的协调和统一，制定专门的生态文明建设综合性法律，规定生态文明的基本政策、法律制度、保障机制，对现有的环境资源法的体系进行重塑，对现行的各个环

---

* 来源：http://www.spp.gov.cn/spp/llyj/201804/t20180403_373364.shtml。
生态环境部环境规划院，《生态补偿简报》2018 年 4 月 1 期总第 750 期转载。

境资源法律中规定不一致的内容进行修改；另一个是完善生态文明法律制度体系的建设，即构建符合生态文明要求的经济和绿色生产方面的法律制度，构建符合生态文明建设要求的生活消费法律制度，构建符合生态文明建设要求的环境监管法律制度。

在生态环境部政策法规司司长别涛看来，生态环境立法体系的完善方向，可参考民法典模式，这是一个法典化的立法模式，从通则到总则，再到专篇和分篇。建议参考民法典模式推进环境立法的适度法典化，在现行环保法和相关污染防治专项法的基础上，研究编纂环境法典，集中解决污染防治形成的多个专项法律的合理整合。

统筹兼顾立法，首先要制定生态环境基本法

与会专家表示，生态文明法律体系的构建是一项综合工程，首先应制定与之相关的基本法，并研究制定各专项法。

天津大学法学院院长、中国绿色发展研究院执行院长孙佑海教授表示：一要制定新法，建议制定生态环境基本法，解决当前生态环境立法分散问题；二要适时修改有关法律；三要在法律清理基础上及时废止不合时宜的法律法规。

北京林业大学生态法研究中心主任杨朝霞则提出，推进生态文明立法体系建设，重点要制定综合性的生态文明建设基本法，制定生态领域的"龙头法"生态保育法；健全和完善生态保障领域的专项法，如湿地保护条例、生态补偿条例等；推进生态文明专门法的生态化，如矿产资源法要强化矿产资源开发利用中的生态保护工作，土地管理法要树立统一土地法的理念，加强对生态用地如湿地、林地、草地、自然保护地等的保护；推进传统部门法的绿色化，如可考虑在侵权责任法中添设生态破坏侵权的特殊侵权责任等。

"保护生态首先要保护森林，保护森林首先要保护天然林，森林问题是全球生态问题的核心。"中南林业科技大学林业法研究所所长周训芳教授从"微观立法"上提出自己的看法，以天然林保护立法为例，保护天然林主要有 3 个途径，全面停止天然林商业性采伐，实施天然林保护工程，建立和完善国家公园、自然保护区、风景名胜区、森林公园、湿地公园、地质公园等保护地体系。

全国人大环境与资源保护委员会法案室副主任王凤春认为，生态文明体制改革的法律保障分为长期任务和中短期任务，长期任务为生态文明建设和法律体系的"生态化"，中短期任务为建立健全自然资源与生态环境保护法律体系。

完善配套体系，让生态环境法律落地生根

立法是根本，关键在落实。在资源环境执法方面，孙佑海建议，一要整合组建生态环境保护综合执法队伍，统一生态环境保护执法；二要继续探索实行跨领域跨部门综合执法，建立健全综合执法主管部门、相关行业管理部门、综合执法队伍间协调配合、信息共享机制和跨部门、跨区域执法协作联动机制。对于资源环境司法，孙佑海认为，一方面，要继续强化环境司法，按照审判专业化和内设机构改革的要求，科学配置审判资源，立足经济社会发展、生态环境保护需要和案件数量、类型特点等实际情况，积极探索设立专门审判庭、合议庭或者巡回法庭，提高环境资源审判专业化水平；另一方面，要继续积极发挥检察机关在生态环境保护中的重要作用，推进环境行政公益诉讼，对破坏生态环境的犯罪行为及时提起公诉。

"环保督察过去在环境保护上发挥了至关重要的作用。"中南大学法学院教授陈海嵩表示。2014 年之前是以"督企"为核心的环境监督体系，2014 年以后是以"督政"为核心的环保综合督察，取得了明显的成效；2016 年以来发展成为"党政同责"的中央环保督察巡视。2015 年 7 月，中央全面深化改革领导小组通过《环境保护督察方案（试行）》，之后进行了四个批次的中央环保督察，实现了中央环保督察巡视的"全覆盖"。环保督察需要其他制度措施的配合，要改进政府间横向关系的制度措施，建立高层级的生态环境保护协调机制，实现环境与发展的综合决策。

"要做好生态环境保护综合执法与环境监察、环境监督、环保督察的衔接，协调好环保执法与监察法、国家监察委员会的关系。"王金南最后提出。

277

《福建省综合性生态保护补偿试行方案》
政策解读*

近日，省政府下发了《福建省综合性生态保护补偿试行方案》（以下简称《试行方案》），从 2018 年起，在全省试行综合性生态保护补偿。为什么要出台这个政策，有哪些干货，哪些地方可受益？怎样才能拿到补偿资金？我们根据文件精神做个解读。

一、方案出台的背景是什么？

根据中共中央办公厅、国务院办公厅《国家生态文明试验区（福建）实施方案》（中办发〔2016〕58 号）要求，福建省 2018 年开展综合性生态保护补偿的试点，对不同类型、不同领域的生态保护补偿资金进行统筹整合，以加大对重点生态保护区域的补偿力度，使绿水青山的保护者有更多的获得感。按照省委、省政府部署，福建省从 2017 年 7 月启动综合性生态保护补偿试行方案的制定工作，组织开展了多次调研座谈会，并对资金整合范围、试行区域等进行了测算调节，形成了《福建省综合性生态保护补偿试行方案》。省政府多次召开专题会议对《方案》进行研究并修改完善。2018 年 2 月 23 日，省政府常务会议审议通过了《方案》，现正式印发。

二、方案的主要思路是什么？特点或亮点有哪些？

方案的主要思路有：一是省级整合，县级统筹。针对当前生态保护资金分类补偿、分散使用方式，将省级 9 个部门管理的与生态保护相关的 20 项专项资金按照一定比例统筹整合；统筹后剩余的专项资金，省直相关部门仍按原渠

* 来源：http://www.fujian.gov.cn/zc/flfgjd/szfzcjd/201803/t20180327_2254527.htm。
生态环境部环境规划院，《生态补偿简报》2018 年 4 月 3 期总第 752 期转载。

道下达，主要采取因素法并继续向实施县倾斜进行分配，赋予实施县统筹安排项目和资金的自主权。二是综合补偿，政策联动。将实施县可获得的省级生态保护专项资金和综合性生态保护补偿奖励资金与区域生态环境质量挂钩，实现政策联动；支持实施县将获得的补偿资金与本级资金捆绑使用，集中投入，综合治理，形成政策合力。三是强化考核，奖惩结合。将指标考核结果与补偿资金紧密联系，并采用先预拨后清算的办法，实现奖优罚劣，体现正向激励，充分发挥综合性生态保护补偿考核"指挥棒"作用。

方案的出台，是福建省在生态领域先行先试的又一创新举措。其主要的特点或亮点有三方面：一是推动了资金的统筹整合。统筹整合资金是改革的难点，在综合平衡、反复沟通的基础上，福建省采取了分步统筹、逐年加大的思路，即以 2017 年为基数，2019—2021 年对 9 个部门 20 个生态保护类专项资金分别统筹 5%、8%、10%，统筹资金由财政部门根据绩效考核结果下达，既考虑改革方向，也兼顾各部门现实工作需要。二是体现了综合性。除资金来源多渠道外，试行方案设置考核指标 11 个，综合了林业、环保、水利、住建、经信、国土、统计等 8 个部门的指标，改变了传统的"九龙治水"的考核及资金分配方式。并对试点提出更高的目标要求。三是强化结果导向。补偿资金与考核结果挂钩，倒逼各地从以往重完成工作量任务向注重绩效结果转变。同时积极推动项目资金管理权限下放，要求省直相关部门应赋予实施县统筹安排项目和资金的自主权，支持实施县与本级资金捆绑使用，因地制宜制定实施方案和年度计划，集中投入，综合治理。提升性补偿资金由实施县自主用于补齐生态环境保护短板的重点项目。

三、实施范围是如何确定的？哪些县可享受此项政策？

根据省政府《关于健全生态保护补偿机制的实施意见》（闽政〔2016〕61号）选择若干具有代表性的县（市）先行开展试点的要求，《方案》选择《福建省主体功能区规划》划定的重点生态功能区所属的 12 个县（市），以及纳入国家重点生态功能区转移支付补助范围的 20 个县（市），扣除 9 个交叉重复的县（市）外，实施县共为 23 个县（市）。分布在 7 个设区市，其中，三明 7 个县，龙岩、宁德各 4 个县，南平、泉州各 3 个县，漳州、福州各 1 个县。这些县（市）是全省的重点生态保护区域，根据主体功能区的规划定位，其主要功能是保护生态。通过方案的实施，将综合性生态保护补偿资金与生态保护绩效挂钩，构建符合区域主体功能定位的利益导向机制，实现生态保护者得益。

四、实施县可拿到多少补偿？怎样才能拿到补偿资金？

根据上一年度指标考核结果，综合性补偿分为保持性补偿和提升性补偿两部分。保持性补偿，是以实施县年度获得的省级纳入整合范围的各项专项资金的补助总额为基数，实施县如完成生态保护考核指标（100 分），可全额获得补助总额；如未完成，则按一定比例相应扣减专项资金。保持性补偿资金由各部门按现行渠道下达。提升性补偿，是实施县环境质量如得到提升（超过 100分），根据提升分值，从统筹的专项资金中给予不同档次提升性补偿。分数前10 名的实施县每年给予 2 000 万～3 000 万元奖励，其他实施县给予 1 000 万～1 500 万元奖励，奖励金额将根据资金规模的加大而增加。提升性补偿资金由省级财政统一下达。

五、考核指标是如何设计的？

考核指标体系以目标为导向，按照"环境质量只能更好，不能变坏"的原则设计，并与中央及福建省现有的资源环境考核相关指标相衔接，共享部门考核结果。指标设计重在生态环境质量的保持和提升，体现正向激励作用，共设有 11 个考核指标。主要包括森林、空气、水质、污水垃圾处理、能耗等指标。考核采用综合评分法，基础分值为 100 分，再按照不同指标的评价标准对各评价指标进行评分，最后汇总计算综合性生态保护补偿考核总分数。考核结果分数为 100 分，视为完成生态保护指标；分数少于 100 分，视为未完成生态保护目标；超过 100 分视为环境质量得到提升。指标考核之外，实施县考核期间发生重特大突发环境事件、造成恶劣社会影响的其他环境污染责任事件、严重生态破坏责任事件的，每发生一起，由主管部门按严重程度扣 1～3 分，最多可扣 10 分。

2018 年山东森林生态效益补偿新政：
每亩补助多少钱？*

近日，山东制定印发《山东省林业改革发展资金管理办法》，表示 2018 年在森林资源管护支出方面，明确现行森林生态效益补偿补助标准为每亩 15 元，其中公共管护支出每亩不超过 0.25 元。

据统计，2017 年，省以上财政积极筹措安排林业改革发展资金共计 10.65 亿元投入全省造林绿化建设。2018 年，在确保四大支持领域财政投入力度不减的前提下，省里又增加省级林业科技资金 2 000 万元。据山东省财政厅负责同志介绍，2017 年，山东省以上财政积极筹措安排林业改革发展资金共计 10.65 亿元投入全省造林绿化建设，其中，省级财政安排专项资金 4.2 亿元、积极争取中央财政专项资金 6.45 亿元。省以上财政资金主要用于 4 个方面：投入 4.76 亿元用于森林资源培育，主要用于对全省面上荒山、平原和沿海造林绿化进行补助、开展林业生态修复与保护试点工程、森林质量精准提升试点工程、推进国家森林城市建设、开展森林抚育和林木良种培育，以及省派"第一书记"帮包村绿化补助等方面。投入 3.18 亿元支持森林资源管护，主要用于森林生态效益补偿补助、开展森林资源监测、林木种质资源保护等方面。投入 2.25 亿元支持生态保护体系建设，主要用于开展全省湿地保护与恢复、开展退耕还湿试点、支持林业国家级自然保护区建设、开展航空护林、加强防火物资储备、开展美国白蛾和松材线虫病等林业有害生物防治、支持基层森林公安建设等方面。投入 4 600 万元支持林业产业发展，主要用于林业贷款财政贴息、开展林业科技推广示范等方面。

2018 年，在确保上述几个支持领域财政投入力度不减的前提下，省里又

---

* 来源：https://www.tuliu.com/read-77195.html。
生态环境部环境规划院，《生态补偿简报》2018 年 4 月 4 期总第 753 期转载。

增加省级林业科技资金 2 000 万元，大力支持林业科技研发和成果转化，通过实施林业科技创新和推广项目，着力产出一批林业建设急需的新成果、新专利、新技术、新品种，培养一支优秀的林业科研团队和人才队伍，打造一批示范带动作用突出的科研推广基地。

广东首笔生态公益林补偿收益权质押贷款
在高要成功试水*

近日，广东首笔生态公益林补偿收益权质押贷款在肇庆市高要区成功发放，该区小湘镇上围村村民吴汉兴成为全省第一个受益人。

吴汉兴两年前承包了 1 300 多亩生态公益林，每年能得到公益林补偿款 30 000 多元。2018 年 4 月 2 日，他成功用自家的公益林补偿收益权质押贷款到 73 000 元，吴汉兴说，现在手中有更多的资金，他打算准备用这笔贷款用于生态公益林抚育和发展林下经济，预计年收益可以增加一倍。

依据现行法律，公益林砍伐受限，不能流转、不能抵押融资，公益林资源成了"沉睡的资产"。生态公益林补偿收益权质押贷款创新了补偿收益权益证明和质押方式，由高要区林业局出具记载受益人、公益林面积、经营方式、年度补偿金额等信息生态公益林补偿收益权证明，并通过中国人民银行"中征应收账款统一登记平台"办理质押登记，有效破解了公益林补偿收益权核实难、登记难的问题。同时，合理放大贷款额度、创新补偿资金账户监管方式、实行优惠贷款利率等，标志着高要区走出了一条运用绿色金融手段进行市场化林业生态补偿的新路子。

肇庆市高要区林业局生态公益林管理负责人冯秀玲说："生态公益林补偿收益权质押贷款不仅有效提高林农建设生态林的积极性，增加他们的收入，也

---

* 来源：http://www.gd.chinanews.com/2018/2018-04-10/2/395383.shtml。

生态环境部环境规划院，《生态补偿简报》2018 年 4 月 5 期总第 754 期转载。

有助于推动高要提高生态林比例"。

目前,高要区生态公益林面积45万亩,生态公益林年度补偿资金超过1 000万元,按照贷款额度放大倍数进行初步测算,公益林补偿收益权质押贷款规模最大可达到7 000多万元。该区将继续完善区域生态补偿机制,把生态公益林收益权质押贷款业务扩展到精准扶贫等领域。

武汉实施生态补偿 补偿区域面积全国领先[*]

近日,《市人民政府办公厅关于进一步规范基本生态控制线区域生态补偿的意见》(以下简称《意见》)出台。武汉市将实施生态要素补偿和综合性补偿。据悉,补偿区域面积之大、比例之高,居全国城市领先地位。

《意见》按照"权责统一、合理补偿;成本共担、效益共享;统筹兼顾、区别对待;多方并举、合作共治"的原则,以《武汉都市发展区 1∶2 000 基本生态控制线落线规划》和《武汉市全域生态框架保护规划》所划定的基本生态控制线区域为范围,实施生态要素补偿和综合性补偿。在《长江武汉跨区断面水质考核奖惩和生态补偿办法》的基础上,生态要素进一步广覆盖。

据悉,通过市区共同分担、责任系数和综合性补偿系数等制度设计,保障了基本生态控制线区域面积占比大、经济实力相对较弱地区享受到更多的财政补偿,促进了区域间的横向补偿。此外,《意见》中进一步规范了补偿标准及资金使用,保障了全市生态补偿资金科学性合理性。

该《意见》对保障全市城市生态安全格局、促进生态环境与经济社会协调发展、建设生态化大武汉具有重要意义。《意见》实施后,全市基本生态控制线区域生态环境将得到有效管护并逐步改善提升,生态补偿工作将实现新的跨越,为国内同类城市生态补偿提供良好示范。

---

* 来源:http://hb.ifeng.com/a/20180405/6483092_0.shtml。

生态环境部环境规划院,《生态补偿简报》2018 年 4 月 6 期总第 755 期转载。

只要生态保护搞得好
福建一个县每年能拿 3000 万元[*]

近日，福建省政府办公厅下发《福建省综合性生态保护补偿试行方案》（以下简称"方案"）。方案明确从 2018 年起，以县为单位开展综合性生态保护补偿，以生态指标考核为导向，统筹整合不同类型和领域的生态保护资金，探索建立补偿办法，激发地方政府加强生态环保的积极性。

这是福建省率先在全国试行综合性生态保护补偿。上述方案规定实施县考核分数位列前十名者每年可获得 2 000 万～3 000 万元奖励，且金额将随资金规模加大而增加。

国务院发展研究中心资源与环境政策研究所副所长李佐军在接受经济观察网采访时表示："建立和完善生态补偿机制，要突出市场化、多元化特征，充分发挥市场在配置生态资源上的决定性作用。"

上述方案对开展综合性生态保护补偿定下了总体思路——要进一步将生态优势转化为发展优势，统筹山水林田湖草系统治理，加大对重点生态功能区、重点流域上游地区和欠发达地区等区域的补偿力度，促进沿海和山区协调发展，实现经济发展与环境保护双赢。

李佐军对经济观察网说："实施生态保护补偿是为鼓励生态环境保护做得比较好的地区，进一步做好相关工作。这些重点生态功能区、重点流域上游地区和欠发达地区，自然生态条件相对较好，在生态环保框架中处于关键的源头地区。通过实施市场化、多元化生态补偿机制，可以鼓励这些地区，进一步激发其生态环保积极性。"

在资金整合上，此次福建省将省级 9 个部门管理的与生态保护相关的 20

---

* 来源：https://baijiahao.baidu.com/s？id=1597275394225950453&wfr=spider&for=pc。
生态环境部环境规划院，《生态补偿简报》2018 年 4 月 7 期总第 756 期转载。

项专项资金按一定比例统筹整合，其余专项资金，省直相关部门仍按原渠道下达，继续向实施县倾斜进行分配。

引人关注的是，福建省将省级综合性生态保护补偿资金安排与生态环境质量改善指标考核结果挂钩，采用先预拨后清算办法，通过正向激励，推动生态环境保护体制机制创新。

在李佐军看来，实施生态保护补偿可实现资源优化配置的效果。列为补偿的地区在发展工业、产业方面的条件相对落后，下游地区条件则相对较好，所以可针对各自特点发挥比较优势，通过多元化生态补偿，各得其所，实现大区域资源优化配置。

此次福建省确定的 23 个实施县分别包括三明市的 7 个县、宁德市的 4 个县、龙岩市的 4 个县、泉州市的 3 个县、南平市的 3 个县和福州市的 1 个县以及漳州市的 1 个县。据了解，这 23 个实施县都是全省重点生态保护区域，其主要功能是保护生态。

福建省环保厅相关负责人对经济观察网说，这些实施县需在上一年度指标考核结果的基础上实行保持性补偿和提升性补偿。其中，保持性补偿以实施县年度获得的省级纳入整合范围的各项专项资金的补助总额为基数，实施县如完成生态保护考核指标，可全额获得补助总额，未完成则按一定比例相应扣减专项资金。

"若实施县环境质量得到提升，根据提升分值，从统筹专项资金中给予不同档次提升性补偿。分数排在前十名的实施县每年给予 2 000 万～3 000 万元奖励，其他实施县给予 1 000 万～1 500 万元奖励，奖励金额将根据资金规模的加大而增加。"该负责人说。

另外，上述考核方式采用百分制，指标共列有 11 项，分别涉及森林、空气、水质、污水垃圾处理、能耗等方面。完成生态保护指标的为 100 分，未完成的少于 100 分，100 分以上则视为环境质量得到提升。此外，如考核期间发生重特大突发环境事件、造成恶劣社会影响，将由主管部门按严重程度进行扣分，最多可扣 10 分。

耕地轮作休耕试点渐趋制度化[*]

万物土中生，有土斯有粮。耕地作为自然生态系统的重要一环，必须实行最严格的保护，让负重的耕地"歇一歇"。党的十九大提出扩大轮作休耕试点。2018 年的《政府工作报告》明确，耕地轮作休耕制度试点面积增加到 3 000 万亩。

农业农村部日前召开的耕地轮作休耕制度试点推进落实会透露，2018 年轮作休耕试点在制度化上取得新突破，轮作以县（市）为单位、休耕以乡镇或行政村为单位，集中连片整建制推进。轮作新增长江流域江苏、江西两省的小麦稻谷低质低效区，休耕新增新疆塔里木河流域地下水超采区、黑龙江寒地井灌稻地下水超采区。

资源节约、品质改善：农业绿色发展的应时之举

开展耕地轮作休耕制度试点，就要改变过度依赖资源消耗的发展方式。长期以来，河北黑龙港地区地下水超采过度，形成了约 3.6 万 km^2 的漏斗区；湖南长株潭地区由于土壤本身重金属含量高，加之工业"三废"问题，导致重金属污染严重；西南西北部分地区生态环境脆弱，耕地过度开发利用。2016 年，全国轮作休耕在以上述地区为重点的 616 万亩土地上率先进行试点，2017 年扩大到 1 200 万亩。

轮作休耕涉及污染耕地修复治理、地下水超采压减、耕地质量保护提升等，要求节约与高效并重、修复与治理结合，形成技术模式。农业农村部副部长余欣荣说，过去我们的耕地"连轴转"，四海无闲田。如今，试点努力让耕地得到休养生息，生态得到治理修复。冷凉区建立了玉米与大豆、杂粮、饲草等轮

---

[*] 来源：https：//baijiahao.baidu.com/s？id=1597463094461267069&wfr=spider&for=pc。

生态环境部环境规划院，《生态补偿简报》2018 年 4 月 9 期总第 758 期转载。

作倒茬模式，重金属污染区和生态退化区建立了控害养地培肥模式，地下水漏斗区建立了一季雨养一季休耕模式。

"在河北，农业用水是社会总用水的大头，冬小麦灌溉又是农业用水的大头。全省 200 万亩季节性休耕，年减少开采地下水 3.6 亿 m^3。"河北省农科院旱作农业研究所副所长刘贵波说，河北是资源型缺水省份，亩均水资源占有量仅为全国平均值的 1/7。黑龙港流域是最缺水地区，主要靠抽取深层地下水灌溉，已形成漏斗区。把小麦、玉米一年两熟改为早播玉米一年一熟，实现一季（小麦）休耕、一季（玉米）雨养，可以利用玉米雨热同期的优势，平均每亩减少用水 180 m^3。

耕地轮作休耕带动了农业绿色发展，作物布局日趋合理，产业结构不断优化。两年多来，东北等地通过推广粮豆等多种轮作模式，减少了库存较大的籽粒玉米，增加了有市场需要的大豆。2017 年全国调减籽粒玉米近 2 000 万亩，大豆增加 870 多万亩。通过作物间的轮作倒茬和季节性休耕，给下茬作物提供了良好的地力基础和充足的发育时间，不仅产量有提高，品质也明显改善。吉林省在东部冷凉区推行玉米大豆轮作，每亩化肥使用量减少 30%、农药使用量减少 50%；在西部易旱区推行玉米杂粮轮作，每亩节水 1/3。

不吃亏、有进账：生态补偿机制的创新探索

近两年，各地积极推行试点，对改善农田生态、调节土壤环境，起到了推动作用。不过，受传统思想观念、种植比较效益等影响，有的地方农民接受程度较低。短期来看，目前轮作休耕还需要政府的推动引导，需要财政资金的补助支持。长期来看，把这种种植制度变成农民的自觉行为，还需要有一个过程，离不开多元化的生态补偿机制。

业内认为，轮作休耕能不能制度化实施，补助政策是试点阶段的重要保障，也是撬动社会资本参与绿色发展的有力杠杆。轮作休耕后，因为作物变化，农民的种植收益也会产生影响。只有让农民不吃亏、有进账，才能主动轮、愿意休。一般来讲，休耕补助标准大体在当地土地流转费上下波动，过高了容易造成"奖懒罚勤"、形成不良导向，过低了就会造成"宁种不休"、任务难以落实，

287

把握好度很关键。

财政部农业司副巡视员凡科军说，轮作要注重作物间收益的平衡，根据年际间不同作物的种植收益变化，对轮作补助标准进行科学测算，让不同作物收益基本相当。例如，东北地区玉米大豆轮作，按照 1∶3 的收益平衡点进行测算，确保改种大豆后收益基本平衡。休耕要注重地区间的收入平衡，综合考虑不同区域间经济发展水平、农民收入、市场价格等因素，合理测算休耕补助标准。对农户原有作物种植收益和土地管护投入，给予必要的补助。

在 2018 年 3 000 万亩试点面积中，由中央财政支持的是 2 400 万亩，聚焦东北冷凉区、地下水超采区、重金属污染区、生态严重退化地区，这些区域是当前最迫切需要开展试点的区域；还有 600 万亩鼓励地方自主开展。凡科军说，今后，根据农业结构调整、国家财力和粮食供求状况，还要适时研究扩大试点规模。总的考虑是，中央财政支持重点区域开展轮作休耕，地方因地制宜自主开展轮作休耕，形成中央撬动、地方跟进的有序发展格局。

江苏省是率先自主开展省级耕地轮作休耕制度试点的地区。2016 年起，江苏省财政专项安排 5 000 万元用于试点，选择在沿江及苏南等小麦赤霉病易发重发地区、丘陵岗地等土壤地力贫瘠化地区、沿海滩涂等土壤盐渍化严重地区先行先试。"试点效果非常好，特别是在冬季培肥和轮作换茬过程当中，不种小麦，种了绿肥油菜、豆科植物，促进了休闲农业的发展。"江苏省农委副主任张坚勇说，全省试点已扩大到 20 个县。

"天眼"察、"地网"测：常态化实施的机制保障

如何确保轮作休耕落到实处？记者了解到，各地有两大妙招。一是种植面积变化"天眼"察。采用卫星遥感技术，对轮作休耕区域进行遥感监测，跟踪监测轮作区种植作物变化、休耕区养地作物种植情况，轮在哪里、休了多少，一扫就知、一目了然。二是耕地质量变化"地网"测。针对轮作休耕区土壤类型和集中连片情况，按照"大片万亩、小片千亩"的原则，全国布置近 800 个土壤监测网点，定点跟踪耕地质量和肥力变化，为客观评估轮作休耕成效提供依据。

据测算，轮作休耕试点对国家粮食安全的影响是有限的。2017 年实施轮

作休耕 1 200 万亩，影响粮食产量近 40 亿 kg，仅占我国粮食产量的 0.6%。农业农村部种植业司司长曾衍德表示，开展轮作休耕，不是不重视粮食，相反是提升粮食产能的重要措施。因此在制度边界上要严格掌控。轮作是用地养地结合，休耕要注意地力培肥。在试点中，坚持轮作为主、休耕为辅，同时禁止弃耕，严禁废耕，不能改变耕地性质，不能削弱农业综合生产能力，确保急用之时耕地用得上、粮食产得出。

曾衍德说，加快构建有中国特色的耕地轮作休耕制度，2018 年要着力完善政策框架。在区域上，动态调整。轮作休耕地块三年不变，确保见成效。连续实施几年后，如果土壤改良了、结构优化了，可以考虑适时退出，恢复农业生产。在标准上，分类施策。轮作休耕区域覆盖范围广、涉及作物种类多，标准上不搞"一刀切"，各省可因地制宜调整不同地区、不同作物间的补助标准。随着轮作休耕长期效果的逐步显现、绿色发展理念的深入人心，地力提升了，环境改善了，农民就会自觉地开展轮作休耕，使之成为常态。

"近两年，轮作休耕面积逐年扩大，但仍处于小规模试点阶段，重点在资源约束紧、生态压力大的区域先行先试。"余欣荣说，下一步，要逐步扩大试点区域和规模，力争实现"三个全覆盖"，就是对东北地区第四五积温带轮作全覆盖，对供需矛盾突出的大宗作物品种全覆盖，对集中实施区域内的新型经营主体全覆盖，进而使轮作休耕全面推开，力争到 2020 年轮作休耕面积达到 5 000 万亩以上。

"谁使用、谁补偿"
海洋生态补偿厦门出新规[*]

为保护和改善海洋生态环境，规范厦门市海洋生态补偿工作，推进海洋生

---

* 来源：http://www.mnw.cn/xiamen/news/1975923.html。

生态环境部环境规划院，《生态补偿简报》2018 年 4 月 10 期总第 759 期转载。

中国环境规划政策绿皮书

中国生态补偿政策发展报告（2018）

态文明示范区建设，近日，《厦门市海洋生态补偿管理办法》（以下简称《办法》）已经由市政府研究同意，并印发有关部门贯彻执行。根据《办法》，海洋生态损害补偿要求，凡在厦门市管辖海域内依法取得海域使用权，从事海洋开发利用活动导致海洋生态损害的单位和个人，应采用实施生态修复工程或者缴交海洋生态补偿金的方式，对其造成的海洋生态损害进行补偿。法律、法规另有规定的，从其规定，海洋生态损害补偿实行"谁使用、谁补偿"原则。

而海洋生态环境保护补偿是指，市、区政府在履行海洋生态保护责任中，结合经济社会发展实际需要，对海洋生态系统、海洋生物资源等进行保护或修复的补偿性投入。海洋生态保护补偿实行"政府主导、社会参与"原则。

《办法》自2018年4月4日印发之日起施行，有效期3年。

国家发展改革委：三江源地区生态系统退化趋势初步遏制*

青海三江源生态保护和建设二期工程规划中期评估结果出炉。结果显示，三江源地区生态优势正逐步转化为发展优势，生态红利溢出效应日益明显。

国家发展改革委13日消息称，为加强三江源地区的生态保护与建设，加快构筑国家生态安全屏障，2005年以来，我国先后启动实施了《青海三江源自然保护区生态保护和建设总体规划》和《青海三江源生态保护和建设二期工程规划》。

近期，国家发展改革委组织有关方面开展了二期工程规划实施中期评估工作。评估结果显示，三江源地区生态系统退化趋势得到初步遏制，生态建设工程区生态环境状况明显好转，生态保护体制机制日益完善，农牧民生产生活水平稳步提高，生态安全屏障进一步筑牢。

---

* 来源：https://www.yicai.com/news/5415209.html。
生态环境部环境规划院，《生态补偿简报》2018年4月12期总第761期转载。

290

三江源地区地处青藏高原腹地，是长江、黄河、澜沧江的发源地，是我国淡水资源的重要补给地，是高原生物多样性最集中的地区，是亚洲、北半球乃至全球气候变化的敏感区和重要启动区，在全国生态文明建设中具有特殊重要地位，关系国家生态安全和中华民族长远发展。

评估结果显示，工程实施以来，三江源地区生态系统退化趋势初步遏制，生态服务功能进一步凸显。通过退牧还草、禁牧封育、草畜平衡管理、黑土滩治理、草原有害生物防控等措施，三江源地区草原植被盖度提高约 2 个百分点，实际载畜量减少到 1 599 万羊单位，退化草地面积减少约 2 300 km²，各类草地草层厚度、覆盖度和产草量呈上升趋势，草原鼠害危害面积大幅下降，大多数地区草原鼠害由重度危害转为中度或轻度危害，草畜矛盾趋缓，草原生态退化趋势得到遏制，严重退化草地生态恢复明显。

通过实施封山（沙）育林、人工造林、现有林管护和中幼林抚育等措施，促进三江源地区森林覆盖率由 4.8%提高到 7.43%，各树种郁闭度呈正增长趋势，工程区灌木林平均盖度增加 0.21%，平均高度增加 0.82 cm，森林涵养水源、保持水土的生态效益逐渐释放。可治理沙化土地治理率提高到 47%，沙化扩大趋势得到初步遏制，流沙侵害公路等现象得到缓解。

监测数据显示，工程实施以来，三江源地区水域占比由 4.89%增加到 5.70%，封禁治理湿地 137.4 万亩，湿地监测站点植被盖度增长了 4.67%，样地生物量呈增长趋势，变幅介于 2.32～22.80 g/m²。年平均出境水量比 2005—2012 年均出境水量年均增加 59.67 亿 m³，地表水环境质量为优，监测断面水质在 Ⅱ 类以上，27 个城镇生活饮用水水源地水质均达到《生活饮用水卫生标准》（GB 5749—2006），主要城镇环境空气质量达到《环境空气质量标准》（GB 3095—2012）一级标准；土壤环境质量达到《土壤环境质量标准》（GB 15618—1995）一、二级标准。通过采取围栏、设立封育警示牌等措施，减少了人为干扰，湿地面积显著增加，植被盖度逐步提高，湿地生态系统得到了有效保护，湿地功能逐步增强。藏羚、普氏原羚、黑颈鹤等珍稀野生动物种群数量逐年增加，生物多样性逐步恢复。

评估结果显示，通过实施生态监测和基础地理信息系统建设工程，整合先进监测手段，运用通信传输和信息化技术，实现了三江源地区环境、生态、资源等各类数据的高密度、多要素、全天候、全自动采集，形成了以"3S"技术为支撑、遥感监测与地面监测相结合的三江源综合试验区区域生态监测体系和监测技术保障体系，初步建立了"天空地一体化"的生态环境监测评估体系和数据集成共享机制。

工程实施以来，青海省开展了三江源生态资产和服务价值核算、绿色绩效考评、监测预警评估机制建设、三江源地区生态保护补偿机制建设等试点，改革成效明显。尤其是先后实施了退耕还林、退牧还草、生态公益林补偿、生态移民补助、湿地生态补助、草原生态保护补助奖励机制等工程和政策，初步建立了三江源地区以中央财政为主、地方财政为辅的生态补偿体系，生态补偿机制得到进一步完善。

评估结果显示，通过生态畜牧业基础设施建设、农村能源建设、技能培训以及退牧还草、草原森林有害生物防控、退化草地治理、水土保持等生态保护工程实施，三江源地区生态优势正逐步转化为发展优势，生态红利溢出效应日益明显。一方面绿色生态创造经济效益。如海南州生态畜牧业可持续发展试验区成为全国面积最大的有机畜产品生产基地，生态旅游方面，三江源地区实现旅游总收入 79.48 亿元，年均增速 20.75%。另一方面，通过全面落实各项支农惠农政策和各类生态保护政策，设立草原生态公益管护岗位，拓宽了农牧民就业渠道，促进当地农牧民年人均可支配收入增加到 7 300 元，农牧民生活水平明显提高。

评估结果显示，三江源地区通过边实践、边完善、边提高、边推进，在科学规划、综合协调、管理机制、资源整合、科技支撑等方面积累了大量实践经验，探索形成了黑土滩综合治理、牧草补播及草种组合搭配技术、"杨树深栽"技术、"拉格日模式"等一批可借鉴、可复制、可推广、可操作的模式和技术，为全面推进青藏高原、黄土高原、祁连山脉等重点区域生态保护综合治理工作提供了有益借鉴，为新时代实施重要生态系统保护和修复重大工程、优化生态安全屏障体系提供了好的做法和经验。

湖南省人民政府办公厅关于建立湖南南山国家公园体制试点区生态补偿机制的实施意见*

湘政办发〔2018〕28号

各市州人民政府，省政府各厅委、各直属机构：

根据《中共中央办公厅　国务院办公厅关于印发〈建立国家公园体制总体方案〉的通知》（中办发〔2017〕55号）、《国务院办公厅关于健全生态保护补偿机制的意见》（国办发〔2016〕31号）精神，按照国家公园体制改革试点要求，结合湖南南山国家公园体制试点区（以下简称"南山试点区"）的实际，经省人民政府同意，现就建立南山试点区生态补偿机制提出以下实施意见。

一、指导思想

全面贯彻党的十九大精神，以习近平新时代中国特色社会主义思想为指导，紧扣"保护优先"核心主题，牢固树立"国家代表性、全民公益性"和"绿水青山就是金山银山"国家公园发展理念，坚定不移实施主体功能区战略，严守生态保护红线，以加强自然生态系统原真性、完整性保护为基础，以实现国家所有、全民共享、世代传承为目标，以体制创新为动力，探索建立可持续、可推广的创新型生态保护补偿机制，促进生态补偿规范化、制度化，探索一套环境保护、转型升级、民生改善、和谐发展的"南山模式"。

---

* 来源：http://www.hunan.gov.cn/xxgk/wjk/szfbgt/201804/t20180427_5002251.html。
生态环境部环境规划院，《生态补偿简报》2018年5月3期总第772期转载。

二、基本原则

统筹兼顾，逐步推进。做好生态补偿机制与激励型财政机制和中央、省、市、县四级财政投入的衔接，统筹推动生态保护与产业绿色转型、保障改善民生有机结合，促进南山试点区全面协调可持续发展。

因事制宜，分类补偿。根据南山的生态要素、资源禀赋特征和发展要求，综合生态保护成本、发展机会成本以及自身条件因素，采用定额、定项相结合的补偿方式，对生态资源保护类项目采用定额分配方式，对发展建设类、科研监测类项目采用定项分配方式。

科学合理，绩效优先。坚持"谁保护、谁得益""谁改善、谁得益"的原则，充分考虑南山国家公园对湖南省生态文明建设的典型示范意义，根据生态保护的需要，研究制定科学合理的补偿办法，积极探索自然资源资产负债表试点和领导干部自然资源资产离任审计试点等制度机制，实施严格的绩效考核，动态调整补偿力度。

三、总体目标

力争通过三年左右的时间，在南山试点区建成生态绿色保护、产业绿色转型、社会绿色发展的生态补偿长效机制，重点建立科学合理的补偿架构、持续稳定的补偿资金、规范高效的补偿规则和衔接紧密的补偿程序，形成具有典型示范意义的自然生态系统保护统一管理、分级负责的新体制机制，有效解决多头交叉重叠、碎片化管理的问题，切实保护好南山国家公园自然生态系统的原真性和完整性。

四、生态补偿的范围和内容

（一）补偿范围。本补偿机制适用于试点区所覆盖全部范围，包括但不限于湖南南山国家级风景名胜区、金童山国家级自然保护区、两江峡谷国家森林公园、白云湖国家湿地公园等 4 个国家级保护地，具体面积以省政府批准的总体规划为准。

（二）补偿内容。主要包括五类：一是以保护生态平衡、修复生态资源、维护生态多样性为主的生态保护类项目；二是以保护现有自然、人文资源为主的资源保护类项目；三是以防控和监测动植物资源为主的科研监测类项目；四是以教育事业发展、农牧民生产性补贴和生态保护性基础设施建设为主的民生保障类项目；五是以探索多元化补偿模式为主的创新探索类项目。

1. 生态保护类。包含但不限于公益林、退耕还林、天然湿地、天然草场、耕地、江河湖库水域水体以及生态移民搬迁。

生态公益林保护补偿。科学划定生态公益林面积和四至边界，合理制定补偿标准。探索政府"赎买"和"租赁"集体公益林的模式，提升林农资产性收益。探索公益林补偿收益权为质押标的融资新模式。

草畜平衡补偿。加强草场资源监测，根据功能分区规划，对严格保护区和部分生态保育区实行退养，对传统利用区和生态体验区要根据草原载畜能力，确定草畜平衡点，核定合理承载量，对未超载的牧民给予草畜平衡奖励，对按期进行草山修复、实施划区轮牧、草山保护基础建设好的草场区域牧民给予草山保护奖励。

耕地保护补偿。开展土地整治和高标准农田建设，建立基本农田保护和耕地保有量调整的动态补偿制度。

生态移民搬迁及技能培训补偿。按照"搬得出、稳得住、过得好"的原则，妥善做好南山试点区内移民搬迁安置工作，并给予适当经济补偿。同时与现行促进就业的相关政策相衔接，提高培训和转移输出补助标准，定向开展自主创业技能培训，推动富余劳动力向城镇转移。

2. 资源保护类。包含但不限于沿线公路、搬迁或改建企业周边生态修护，风电、水电绿色化改造与逐步退出，矿山地质环境保护，自然资源及文化资源保护。

自然资源保护补偿。加大对南山试点区内界桩、界碑、生态保护站建设、生物多样性保护、珍稀物种分布地/栖息地保护、原始次生林斑块保护与修复、山地森林沼泽保护、高山草场保护与修复、水体保护与修复，开展自然资源资产专项调查和确权登记。

文化资源保护补偿。打造知名的革命教育基地，加大对老山界、高山红哨等红色景点的保护性补偿。加大对"城步吊龙"、山歌节等苗乡非物质文化遗产保护性补偿。加大对苗族村寨、传统民居、文物建筑、历史建筑的保护性补偿。

风电场、水电站绿色转型及退出补偿。对南山试点区内的风电场、水电站的生态影响进行全面评估和分析论证，根据实际评估结果，实施生态修复、季节性关停或彻底关停，对相关绿色转型和退出予以适当补贴。

矿山地质环境保护补偿。开展矿山地质环境恢复和综合治理，严格按国家要求退出自然保护区的探矿权、采矿权，并依法给予补偿。

企业、招商项目退出补偿。严控新上工业项目，对严格按政策要求及时有序搬迁退出的企业予以适当补贴，并原则上集中安排至当地工业园区。对招商引进的在建项目，根据国家公园生态环境保护要求，重新进行环境影响评价，对经论证需调整或中断的项目予以适当补偿。

绿色产业发展补偿。引导和鼓励移民自主创业和转产择业。增加资金投入，积极引进先进技术和发展生态环保产业，扶持发展生态旅游业、现代农业、有机食品、现代特色奶业、中药材产业等新型绿色产业。

3. 科研监测类。加大对防灾系统监测体系建设、环境监测站、气象监测站、草原管理站、草原和森林防火队、草原监理站、水文站、水电站、林业监测站、国土资源所、野生动植物保护管理站、动物防疫站、畜牧技术推广站、农牧区经营管理站等生态机构的补偿力度。重点开展草地、湿地、森林、水文、水资源、河湖、水土保持、生物多样性、群测群防和耕地、矿山地质环境等监测保护工作。

4. 民生保障类。教育经费补偿。对南山试点区内的农牧民家庭子女，接受学前教育的，给予家庭经济困难幼儿入园补助；接受义务教育的，免除学杂费、寄宿费，免费发放教科书，补助家庭经济困难寄宿生生活费；接受普通高中教育的，免除建档立卡等家庭经济困难学生学杂费，对家庭经济困难学生发放国家助学金。

农牧民生产和生活补偿。加大奶牛良种、牧草良种等生产性补贴力度；对牧民购买牧草、草种、柴油、化肥、饲料等生产资料予以适当补贴。对标准化牛舍、饲草料储存加工库房等现代畜牧业标准化设施建设实施补贴；对退养牧民实施生态补偿和生活补贴。

基础设施建设补偿。重点完善南山试点区内交通基础设施网络，加大对社区发展、科普教育、科研培训、游览服务设施、野生动物通道、防灾减灾设施建设、生活垃圾污水处置等投入，以及其他必要的保护利用设施投入。

5. 创新探索类。根据南山试点区实际需要与阶段性工作重点，积极拓展多元化的生态补偿形式。

探索公共服务均等化投入模式。对城乡公共服务设施日常维护、群众文化体育事业发展、社会养老保险、医疗救助、计划生育补助、基层政府运转、水资源保护、防汛抗旱、维护社会稳定等方面，认真执行现行相关政策，围绕国家公园试点区经济、产业、社会特征，推动公共服务均等化。

探索市场化的生态补偿方式。推动建立生态产品市场交易、生态环境损害赔偿与生态保护补偿机制。推进碳权、水权、排污权的有偿使用和交易，健全生态权益储备机构和体系。积极推广 PPP 模式，吸引社会资本参与南山国家公园基础设施和生态建设。

探索生态补偿与精准扶贫相结合。坚持生态保护与脱贫攻坚并重，加快实施易地扶贫搬迁工程，探索生态脱贫新路径。生态补偿资金、重大生态工程项目和资金按照精准扶贫、精准脱贫的要求向建档立卡贫困人口倾斜。

探索财政绩效评价新机制。全面实施财政绩效评价制度，积极探索自然资源资产负债表试点和领导干部自然资源资产离任审计试点等新的制度机制，努力提升政府供给效率和财政管理水平。

本实施方案中的补偿内容以国家批复试点时间（2016 年 7 月 22 日）为基准，对于批复之日前已发生的违规建筑物、违规产能和人员输入，批复之日后新发生的且未经行政主管部门同意的建筑物、产能和人员输入，不属于本实施方案的补偿范围。

五、生态补偿的具体方式

（一）补偿资金的测算和核定。生态补偿资金总量为定额补偿资金量与定项补偿资金量之和。研究设立湖南省国家公园生态补偿专项资金，综合考虑试点区人口数、水流、草场、林地等生态区域面积、生态保护和修复资金需求等各类基础数据，确定年度生态补偿资金总量，并按比例分为定额补偿和定项补偿：定额补偿是在确定绩效考核系数基础上，对试点区提供固定额度的补偿资金，原则上按照因素法分配。定项补偿是根据《南山国家公园总体规划（2018—2025 年）》及相关政策要求申报的项目补助资金，原则上按项目法分配。补偿资金实行"当年考核、次年补偿"的办法，由省财政厅将补偿资金拨付至南山国家公园管理局。

定额补偿资金量为考核系数与定额补偿资金基数之积。考核系数由省财政厅牵头，以年度绩效评价结果为基本依据，会同涉及补偿的省直部门联合制定考核方案，根据考核结果确定考核系数。定额补偿资金基数以省财政安排的年度补助资金为参考依据。

定项补偿资金量为各项目申报资金核定数总和。由湖南南山国家公园管理局归总当年生态项目基本情况、数量和补偿需求量，报请国家公园体制试点领导小组审定。省财政厅根据国家公园体制试点领导小组审定情况和当年度考核结果，制定补偿资金分配方案，报请省政府审定后拨付补偿资金。

（二）补偿资金的来源。生态补偿资金的来源主要包括但不限于：一是中央对地方重点生态功能区转移支付资金，中央财政用于文化旅游提升工程、"三农"、林业、节能环保、生态补偿等方面的专项或预算内基建资金，中央支持国家公园体制创新的其他资金。二是按照"明确任务、渠道不乱、用途不变、分口安排、优先保障"的原则，从省级现代农业发展专项、森林营造与资源保护专项、农村水电增效扩容专项、湘西开发专项、国土整治与测绘地理信息专项、矿产资源勘查开发与地质环境保护专项、交通事业发展专项、新型城镇化建设专项、环境保护专项、旅游发展专项、扶贫专项、文物保护专项、能源类专项等省级专项中安排部分资金，以及省财政预算新增安排部分资金，统筹用于支持南山国家公园生态补偿。三是市县财政各类用于交通、能源、"三农"、节能环保、生态补偿等方面的资金。四是政策允许的各类国内、国际融资贷款、提供配套服务的特许经营机构所缴纳的特许经营费等。五是社会捐赠等其他资金。

（三）补偿资金的使用和管理。湖南南山国家公园管理局按照省直一级预算单位管理，比照其他省直单位严格执行国库集中支付、投资评审、政府采购、绩效评价、财政监督等政策。湖南南山国家公园管理局是南山国家公园机制试点区生态补偿的责任主体，要建立健全生态补偿资金使用管理制度，强化生态补偿资金日常管理，认真开展补偿资金绩效自评，明确生态补偿资金申报流程，对财政投资项目和重点支出预算、结算、决算等应进行财政投资评审，重大项目资金的使用责任落实到具体单位、部门和人。省财政厅会同相关省直部门要采取定期检查、重大项目跟踪检查、重点抽查等方式，及时了解和掌握补偿项目的进展情况和补偿资金安排使用情况，任何单位和部门不得截留、挤占或挪用补偿资金。对检查中发现的问题应及时提出整改意见，并向省人民政府报告。同时，应自觉接受省级以上人大、政协、纪检监察、审计等部门的监督检查。

（四）补偿资金调整机制。生态补偿资金总量根据当年生态投入需求情况进行动态调整。省财政厅应进一步加大力度争取中央支持，同时要加大资金整合力度，尽可能增加补偿资金规模。

六、强化保障措施

（一）强化组织领导。省财政厅牵头制定生态补偿的具体实施办法，协调推进补偿工作深入开展，以及补偿资金的筹集、使用和管理。各省直相关部门要积极认真学习领会党中央、国务院关于生态文明体制改革的精神，深刻认识建立国家公园体制的重要意义，推进相关领域的补偿机制建设，密切配合，整合资源，编制和完善科学合理、可操作性强的补偿标准，强化对生态补偿工作的统筹推进、监督检查和效果评估，共同推进生态补偿制度化、规范化。湖南南山国家公园管理局要把生态补偿工作作为推进南山国家公园机制试点的重要内容，明确目标任务，结合实际探索科学可行的补偿办法，为我国生态补偿机制开创南山经验。

（二）引导大众参与。加强大众宣传和政策解读，及时回应社会关切。搭建国家公园志愿服务平台，建立志愿者管理制度，鼓励大众参与国家公园保护和生态补偿工作。与国外国家公园机构、国内外科研机构、大专院校、国际组织建立良好合作关系，展开多种形式的合作交流活动，建设成国内知名的科研、教学、实习基地。鼓励企业捐赠，引导企业为生态补偿作贡献。

（三）加强法制建设。开展生态补偿立法研究，积极推进国家公园生态补偿的地方立法工作。通过立法进一步明确生态补偿机制的原则、程序、来源、相关利益主体的权利义务关系、责任追究等，为生态补偿的规范化运行提供法律保障；进一步明确国家公园管理局的行政管理边界，规避与地方政府和其他部门的职能冲突；进一步明确国家公园生态补偿在地方公共支出中的财政地位；进一步完善生态补偿激励和惩戒制度，根据获得的成效给予地方政府适当奖励，加大对破坏生态环境的惩戒打击力度，提升生态补偿的可持续性和稳定性。加快生态资本评估技术导则编制，探索建立生态补偿项目监督评价机制和资源费征收使用管理办法。

湖南省人民政府办公厅

2018 年 4 月 25 日

不让保护环境者吃亏*

日前，山东省一季度 17 市生态补偿考核结果出炉，其中，聊城市获得生态补偿金 1 980 万元。而前不久安徽通报的 2018 年 1 月地表水断面生态补偿

---

* 来源：http://wemedia.ifeng.com/58904889/wemedia.shtml。
生态环境部环境规划院，《生态补偿简报》2018 年 5 月 6 期总第 775 期转载。

结果中，针对断面水质超标责任市的罚款超过了 2 000 万元。

空气质量好转，有补偿奖金；水质超标，则要缴纳罚款——这样的生态补偿制度奖惩分明，有助于强化地方的生态保护责任，更好地调动地方保护生态环境的积极性。

生态保护补偿机制，在我国生态文明建设进程中有着重要意义，可以更合理地平衡保护者与受益者的利益，让保护环境的人不吃亏、能受益，更有积极性和主动性，是对"绿水青山就是金山银山"理念的生动注解。

近年来，我国在建设生态保护补偿机制方面做出了不少努力，在森林、草原、湿地、水流等领域以及重点生态功能区等区域取得了阶段性进展。2016年 4 月，国办印发《关于健全生态保护补偿机制的意见》，提出多渠道筹措资金、加大保护补偿力度。2018 年 2 月，财政部出台意见，建立健全长江经济带生态补偿与保护长效机制。还有不少省份，也出台了生态保护补偿的相关意见和办法。

"谁保护、谁受益，谁污染、谁付费"，如今已经在越来越多的地方得到实践。但生态保护补偿制度是一项系统工程，从目前来看，要让这项制度得到更好实施，在补偿的对象、具体标准和操作方法等方面，还需得到进一步细化和明确。例如，对于一个自然保护区的生态保护，不仅会改善其自身的环境质量，还会对其周边区域或是流域上下游的环境改善、水土保持等产生积极影响。因此，对于自然保护区、重要生态功能区等重点区域，要通过建立健全相关生态补偿制度，增强这些地区提升环境质量、维护生态安全的能力。而针对以往补偿方式单一等问题，我国近年来推行的碳排放权交易制度等，就是在这方面进行的有益探索，有望让保护者通过生态产品的交易获得相应收益，促进补偿方式的多元化发展。

我们相信，随着生态补偿保护的力度进一步加大、机制进一步完善，生态环境的保护者与受益者之间一定会产生良性互动，让保护者更有积极性、让生态环境得到不断改善。

我国为生态环境保护"开药方"
让人民群众感受更多绿色变化*

日前，在十三届全国人大常委会第二次会议上，受国务院委托，生态环境部部长李干杰作了关于2017年度环境状况和环境保护目标完成情况的报告。

"现在每天关注天气预报，不是看有没有雨，而是看有没有霾，有没有扬沙浮尘。要是清早起来碰到一个天蓝云白的好天气，心情就会特别好。可以说，现在人们对环境保护的关注和重视前所未有。"在随后的分组审议中，全国人大常委会副委员长吉炳轩的一番话，引发了强烈共鸣。

这些年，为治理生态环境的突出问题，我国重拳出击，其中包括加强环境立法和执法督察，到强化宏观调控和源头预防，具体推进大气、水、土壤污染防治等。在真抓实干之下，生态环境质量正在出现积极变化。"刚刚过去的冬天，北京的蓝天多了。""我家门口的小河变清了。"这是广大人民群众的切身感受，老百姓期盼着从每天的生活中体会到更多美好的改变。

改善环境是长期过程

在李干杰部长所作报告中，对于环境保护目标和任务完成情况有这样的表述：2017年，在保持经济中高速增长、污染治理任务十分艰巨的情况下，较好地完成了环境保护年度目标。数据从一个侧面印证了人们的主观感受：$PM_{2.5}$未达标地级及以上城市浓度下降7.7%，好于年度目标4.7个百分点；劣V类水体比例下降到8.3%，好于年度目标0.1个百分点；化学需氧量、氨氮、二氧化硫、氮氧化物排放量同比分别下降3.1%、3.6%、8.0%、4.9%，均超额完成年度目标。

---

* 来源：http://www.pinlue.com/article/2018/05/0808/236303242408.html。
生态环境部环境规划院，《生态补偿简报》2018年5月8期总第777期转载。

但是，报告也指出了与目标存在差距的 2 项：一是全国地级及以上城市空气质量优良天数比例为 78.0%，完成了《大气十条》要求，满足"十三五"时序进度，但低于年度目标 1 个百分点；二是地表水达到或好于Ⅲ类水体比例为 67.9%，好于"十三五"时序进度，但低于年度目标 0.4 个百分点。"经过努力，这两项指标有望实现'十三五'规划目标。"李干杰表示。

成绩和问题同时摆在桌面上，高虎城委员表示，在充分肯定成绩的同时，也要看到我国生态环境保护形势依然严峻，生态环境问题是长期形成的，解决环境问题不能一蹴而就，改善环境质量会是一个长期艰苦的过程。

李学勇委员关注的重点在臭氧超标问题。报告指出，在颗粒物浓度逐年下降的同时，全国臭氧浓度同比上升 8.0%。"有的地方臭氧问题已经超过了 $PM_{2.5}$，成为影响空气质量的主要污染物，应当尽快研究建立臭氧污染阈值和控制评价方法，指导开展臭氧污染联防联控，提高科学防治能力。"

陈锡文委员建议，应该把更多的生态保护和环境治理问题的注意力放到农村。"现在，一年畜禽养殖的粪污排放量是 38 亿 t，畜禽粪污的处理是未来需要考虑的一个至关重要大问题。再有，报告中虽没有提到农作物秸秆问题，但必须引起重视的是，现在一年有 9 亿 t 秸秆，每到收获季节都去烧，如果不能研究出秸秆怎样更好地资源化利用，这个问题就解决不了，这也是环境保护工作面临的大问题。"

为生态环境保护"开药方"

报告中的一组数据显示：京津冀、长三角区域 $PM_{2.5}$ 浓度同比分别下降 9.9%、4.3%，北京市改善更为明显，重度及以上污染天数比例同比下降 4.4 个百分点，$PM_{2.5}$ 浓度达到 58 $\mu g/m^3$，同比下降 20.5%。

为了这份成绩单，可以说北京是以超常规的措施和力度推进大气污染防治。北京市环保局总工程师于建华曾说过一句话，"我们要做的就是按照目标要求，一微克一微克地去拼，做到极致。"5 年间，北京相继建成 4 大燃气热电中心，累计完成 3.9 万蒸吨燃煤锅炉清洁能源改造，实现工业领域基本无燃煤。通过结构减排、工程减排、管理减排等各项措施，5 年来北京市各项污染物减排幅度均达到 20%以上。

2017 年，为了交上百姓满意的环保答卷，我国强化宏观调控与源头预防，压减钢铁产能 5 000 万 t 以上；加大能源结构调整，煤炭消费比重下降到 60%左右，71%的煤电机组实现超低排放，建成全球最大的清洁煤电供应体系；90%以上的城镇污水处理厂完成污泥处理处置设施达标改造，全国 2 100 个黑臭水体已开工整治 1 980 个；发布实施农用地、污染地块土壤环境管理办法，开展土壤污染状况详查；扩大测土配方施肥范围和农药减量控制，化肥使用量提前3 年实现零增长，农药使用量连续 3 年负增长……

虽然成绩有目共睹，但是环保工作的未来依然任重道远，全国人大常委会组成人员和全国人大代表在审议报告时争相为环保工作"开药方"。

"建议生态补偿要向生态保护红线区倾斜。"程立峰委员建议，在实行差别化生态保护红线管控政策和加强生态保护红线监管的同时，加快研究建立生态保护红线的生态补偿专项制度，按照生态保护红线面积占县域面积的比例作为重点生态功能区转移支付资金比例的权重，不能让保护者吃亏。

白春礼委员表示，治理技术手段的突破可以大大提高改善环境质量的能力，他建议引导科技力量开展面向我国环境问题的基础性和前瞻性研究，特别是针对重点污染源、重点行业研发高效、经济的绿色低碳技术，服务环境质量的改善。

曹建明副委员长建议，要加强环境执法队伍建设，夯实执法力量，提升执法能力。一方面要加快整合组建生态环境保护综合执法队伍，包括解决基层队伍业务素质问题；另一方面还要重视推进环境执法的标准化和规范化建设，规范行政处罚的自由裁量权等。

立法监督作用不可替代

自 2016 年以来，全国人大常委会已连续 3 年听取审议国务院关于环境状况和环境保护目标完成情况的报告。按照新环保法规定，这已形成了制度性安排，有力推动着环保工作开展。

保护生态环境必须依靠制度、依靠法治。党的十八大以来，我国环境保护法律制度日臻完善，完成了"升级换代"。近几年，制定或修改了环境保护法、大气污染防治法、水污染防治法、海洋环境保护法、环境影响评价法、核安全法等十几部环保领域的法律。这些立法为打好污染防治攻坚战、推进生态文明建设、促进经济社会可持续发展，提供了坚实的法律制度保障。

在不久前全国人大常委会公布的 2018 年立法工作计划中，记者注意到，在环保领域，2018 年我国将继续审议土壤污染防治法、修改固体废物污染环境防治法及相关法律。全国人大环资委相关负责人介绍，环资委将根据常委会立法规划安排，在新的起点上不断加强和改进立法工作，不断推进有关生态文明建设法律制度的完善，推动环境资源法律更具系统性、整体性和协调性。

张光荣委员在审议报告时表示，我国在国家层面形成了较为完备的污染防治法律体系，基本实现了有法可依，现在关键是依法督促落实，推动相关法律真正落到实处。

按照计划，2018 年全国人大常委会将组织开展大气污染防治法执法检查，重点检查各地各部门宣传贯彻实施大气污染防治法的基本情况，燃煤、机动车船、扬尘污染治理和秸秆焚烧等农业污染防治情况，排污许可、重点区域联防联控、重污染天气预警应对等主要法律制度落实情况，研究提出进一步推进实施大气污染防治法的措施和建议等。

为进一步加强海洋环境保护，全国人大常委会 2018 年还将全面检查海洋环境保护法的贯彻实施情况，重点检查各地各部门贯彻实施海洋环境保护法的基本情况，防治陆源污染、船舶污染，加强海洋环境监督管理和海洋生态保护情况等。

普洱市在全国率先完成生物多样性和生态系统服务价值评估 加快"绿色经济试验示范区"建设[*]

近日，普洱市及下辖 10 县（区）在全国率先完成了生物多样性和生态系统服务价值评估工作。此举不仅摸清了"青山绿水"的家底和潜在经济价值，同时也为加快"普洱国家绿色经济试验示范区"建设，探索绿色发展体制机制及绿色考评体系，提供了有力支撑。

生态系统与生物多样性经济学（TEEB）是由联合国环境规划署主导的生物多样性与生态系统服务价值评估、示范及政策应用的综合方法体系。通过生态系统服务价值评估，将森林、湿地、农田、草地等生态系统为人类提供的服务和产品货币化，并将评估结果纳入决策、规划以及生态补偿、自然资源有偿使用等，同时为生物多样性保护和可持续利用决策与行动提供依据和技术支持。

我国 2014 年启动"生态系统和生物多样性经济学"国家行动伊始，普洱市即决定在全市全面推进该项工作。2015 年，该市景东彝族自治县与中国环境科学研究院合作开展价值评估工作，成为全国首个挂牌示范县，并于次年受邀在联合国《生物多样性公约》第十三次缔约方大会上介绍了景东县生物多样性保护的经验与成功案例。2018 年，普洱市在全国率先完成了全市及所有县区的生态系统服务价值评估工作。

根据《评估报告》，普洱市 2015 年的生物多样性和生态系统服务价值为 7 429.87 亿元，是当年普洱市 GDP（514.01 亿元）的 14.45 倍，高于全国平均水平 1.78 倍（2014 年）。

普洱市是全国唯一的绿色经济试验示范区。TEEB 项目评估工作，对全市

---

[*] 来源：http://yn.gov.cn/yn_zwlanmu/yn_dfzw/201805/t20180511_32568.html。
生态环境部环境规划院，《生态补偿简报》2018 年 5 月 10 期总第 779 期转载。

的生物多样性提出了科学的保护对策建议，对于推动普洱市的经济社会可持续发展具有现实意义；为建立绿色政绩考核体系、制定自然资源资产负债表、建立领导干部离任审计制度、建立和完善生态补偿制度，以及制定科学的生物多样性保护战略与行动计划提供了依据。

监测显示三江源地区生态退化趋势
得到初步遏制*

最新监测评估结果显示，三江源地区生态系统退化趋势已得到初步遏制，生态建设工程区生态环境状况明显好转，农牧民生产生活水平稳步提高，生态安全屏障进一步筑牢。

位于青海省南部的三江源地区是长江、黄河、澜沧江的发源地及水源涵养地。20 世纪末，人类活动和气候变化等因素致当地生态逐步恶化。2005 年，我国启动为期 9 年的三江源生态保护和建设一期工程。2014 年 1 月，投入更高、标准更严格的二期工程接续启动，生态恢复治理面积达到 39.5 万 km^2。

最新监测数据显示，与一期工程的实施结果相比，三江源地区草原植被盖度提高约 2 个百分点，森林覆盖率由 4.8%提高到 7.43%，工程区灌木林平均盖度增加 0.21%，平均高度增加 0.82 cm，可治理沙化土地治理率提高到 47%。

得益于植被恢复、水源涵养能力的提升，三江源地区水域占比也由一期工程末的 4.89%增加到如今的 5.7%。与 2005—2012 年相比，这一地区近年来每年平均可向下游多输送 59.67 亿 m^3 的清洁水。

评估报告认为，伴随着生态向好，三江源地区生态红利溢出效应日益明显。生态旅游方面，三江源地区截至目前已实现旅游总收入 79.48 亿元，年均增速达 20.75%。另一方面，通过落实生态补偿政策、设立草原生态公益管护岗位

---

* 来源：http://www.chinanews.com/sh/2018/05-13/8512662.shtml。
生态环境部环境规划院，《生态补偿简报》2018 年 5 月 12 期总第 781 期转载。

等方式，当地农牧民增收渠道进一步拓宽，年人均可支配收入增加到 7 300 元，生活水平明显提高。

湖北：生态受益者须向生态保护者支付补偿[*]

生态受益者须通过向生态保护者以支付金钱、物质或提供其他非物质利益等方式，弥补其成本支出以及其他相关损失。湖北省人民政府办公厅日前出台的《关于建立健全生态保护补偿机制的实施意见》提出，到 2020 年实现森林、湿地、水流、耕地等重点领域和禁止开发区域、重点生态功能区等重要区域的生态保护补偿全覆盖，建立符合湖北省情的生态保护补偿制度体系，形成"谁受益、谁补偿""谁保护、谁受偿"的长效机制。

意见提出，湖北将围绕构建以大别山区、秦巴山区、武陵山区、幕阜山区四个生态屏障，长江流域、汉江流域两个水土保持带和江汉平原湖泊湿地生态区为主体的"四屏两带一区"生态安全战略格局总体思路，逐步对全省国家级、省级重点生态功能区等重点生态区域，以及森林、水流、湿地、耕地、大气、荒漠等重要生态领域的生态保护和生态改善给予补偿。

据了解，2017 年，武汉市已经率先在市域内探索开展上下游断面水质考核奖惩和生态补偿机制，明确在长江武汉段左右岸共设置 13 个监测断面进行水质考核。目前，湖北省直有关部门正在积极支持和协调推动省内行政区域之间开展横向生态保护补偿。引导受益地区与生态保护地区、流域下游与上游之间，通过自愿协商建立横向补偿关系，采取资金补助、对口协作、产业转移、共建园区、技术和智力支持、实物补偿等方式实施横向生态补偿。在长江、汉江等重点流域开展横向生态保护补偿试点。

---

* 来源：http://www.sohu.com/a/231580968_267106。
生态环境部环境规划院，《生态补偿简报》2018 年 5 月 15 期总第 784 期转载。

此外，湖北省大多数生态功能区也是贫困人口比较集中的地区，生态问题和贫困问题相互交织。因此，湖北将在生态保护补偿资金、国家和省重大生态工程项目及资金安排上，按照精准扶贫、精准脱贫的要求向贫困地区倾斜，向建档立卡贫困人口倾斜。同时，创新补偿资金使用方式，利用生态保护补偿措施的实施引导贫困人口有序转产转业，在解决贫困人口就业的同时，引导贫困群众依托当地优势资源发展"绿色产业"。

安徽省出台 22 条措施促进林业发展
公益林生态补偿金要提高啦！ *

公益林生态效益补偿标准过低、无法调动林农护林积极性，这一问题一直困扰着林业发展，有望得以缓解。近日，安徽省政府办公厅出台包括提高公益林生态补偿标准、保障林权有序流转、鼓励社会资本投入等 22 条政策措施，以问题为导向，从多个层面推深做实林长制改革，优化林业发展环境。

生态补偿过低怎么办？ ——提高补偿标准

多年来，安徽省森林生态效益补偿一直执行集体林每年每亩 15 元、国有林每年每亩 6 元的标准，无法调动相关主体积极性。意见提出，提高公益林生态效益补偿标准，在落实现行补偿政策基础上，按照分级负担、省级奖补的原则，市、县（市、区）根据当地实际情况，确定集体和个人所有的国家级和省级公益林具体生态效益补偿标准，省财政给予奖补。

此外，对生态区位特别重要的非国有公益林和其他林木，尝试采用政府租赁或赎买的方式，委托邻近的国有林场负责经营管护。对农户所有的公益林，可在农户自愿基础上，将其森林经营管护权委托所在农村集体经济组织，同时

---

* 来源：http://lyj.luan.gov.cn/content/detail/5afb8553fbe7d0a40e000048.html。
生态环境部环境规划院，《生态补偿简报》2018 年 5 月 16 期总第 785 期转载。

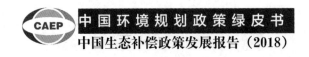

鼓励各种社会主体通过租赁、承包、联合经营等多种方式参与农村集体和农户所有的公益林经营。

如何解决林地细碎化？——鼓励互换并地

如何让懂林、爱林的人进入林业生产？意见提出，积极引导农户依法采取转包、出租、互换、转让及入股等方式流转林地经营权，促进林业适度规模经营。鼓励农户在自愿前提下采取互换并地的方式解决承包林地细碎化问题，引导部分不愿经营或不善经营林业的农户流转承包的林地经营权，并指导和促进其转移就业。推广收益比例分成或"实物计价、货币结算"方式兑付流转费，建立利益共享机制，引导农户主动参与林权流转。

安徽省还将加强林权流转合同管理，对通过互换、转让取得林地经营权的，依法核发林权证；对采取转包、租赁等方式取得林地经营权的，完善与林权证制度相衔接的林地经营权流转制度，为其办理林木采伐行政审批事项等提供必要证明。

道路建设管护怎么搞？——纳入路网规划

林区道路建设事关木竹采运、森林防火、病虫防治等诸多环节，一直是林业发展的痛点。安徽省将把通往国有林场中具有社会公共服务属性的道路，包括通往保留居民居住的林场场部、主要林下经济节点的道路等，纳入地方公路网规划，并结合"四好农村路"进行建设。

此外，对贫困县纳入地方公路网规划的通往国有林场场部、主要林下经济节点的道路，以及纳入林业部门国有林场专用属性道路规划的专用道路，省级予以定额补助，补助标准比照农村道路畅通工程县、乡、村分类补助标准执行；纳入地方公路网的国有林场道路养护经费，自竣工验收后第3年起，省级比照"四好农村路"补助标准统筹安排。

如何盘活林业资产？——拓宽融资渠道

如何让林权变成可变现的资产，是林长制改革的关键环节，安徽省将在拓宽林业投融资渠道方面出台多条措施。实行抵押林权资产价值评估分类管理，对贷款金额在 30 万元以下的林权抵押贷款项目，由银行业金融机构自行评估，不得向借款人收取评估费。

此外，安徽省将推动省农业信贷融资担保公司发挥政策性融资担保机构优势，为符合条件的林业适度规模经营主体提供融资担保。推进全省政策性森林保险全覆盖，探索商品林"政策性保险+商业保险"模式。依托省农业产业化发展基金，设立林特产业子基金，鼓励有实力的企业参与林特产业子基金组建，按照市场化原则，专项投资林业特色产业。鼓励各地通过提高奖补标准，吸引更多社会力量投入造林绿化和森林抚育经营。

山东省人民政府办公厅关于推进泰山区域山水林田湖草生态保护修复工程的实施意见[*]

鲁政办字〔2018〕70 号

济南、泰安、莱芜市人民政府，省政府有关部门：

经财政部、国土资源部、环境保护部批复，我省泰山区域入选国家第二批山水林田湖草生态保护修复工程试点范围。根据《财政部　国土资源部　环境保护部关于推进山水林田湖生态保护修复工作的通知》（财建〔2016〕725 号）和《财政部　国土资源部　环境保护部关于修订〈重点生态保护修复治理专项资金管理办法〉的通知》（财建〔2017〕735 号）精神，经省政府同意，现就推进泰山区域山水林田湖草生态保护修复工程提出如下实施意见：

---

* 来源：http://www.shandong.gov.cn/art/2018/5/21/art_2267_27932.html。
生态环境部环境规划院，《生态补偿简报》2018 年 5 月 17 期总第 786 期转载。

一、充分认识实施泰山区域山水林田湖草生态保护修复工程的重大意义

实施泰山区域山水林田湖草生态保护修复工程，是深入贯彻党的十九大和习近平总书记重要批示指示精神、落实党中央和国务院关于生态文明建设决策部署的重大举措，是促进解决泰山区域生态环境突出问题、保障南水北调干线水质、推进生态文明建设的重要抓手，是加快新旧动能转换实现高质量发展、满足人民日益增长的美好生活需要、保护中华文化和华夏文明重要发祥地的战略工程，影响深远，意义重大。济南、泰安、莱芜三市和省有关部门要提高思想认识和工作站位，深刻认识实施泰山区域山水林田湖草生态保护修复工程的重要性、紧迫性，切实增强责任感、使命感，坚持高标准、高质量，以走在前列为目标定位，扎实组织好工程实施各项工作，积极探索新路径、新模式，努力为全国生态保护修复工作提供"泰山样板""山东经验"。

二、准确把握推进泰山区域山水林田湖草生态保护修复工程的指导思想和目标任务

（一）指导思想。以习近平总书记"山水林田湖草是一个生命共同体"重要理念为根本遵循，深入贯彻落实党的十九大精神，坚持以人民为中心的发展思想，紧紧围绕建设"生态山东""美丽山东"的总体部署，注重整体性、系统性、协同性、关联性，坚持修山、治污、增绿、整地、扩湿并举，着力构建完善生态系统修复、保护、管理"三位一体"的体制机制，大力提升泰山区域对华北平原的生态屏障功能，切实保障南水北调水质安全、国家重要交通干线运行安全和中华文化永续发展，努力将泰山大生态带打造成"山青、水绿、林郁、田沃、湖美"的生命共同体，为全国生态文明建设做出示范和贡献。

（二）总体布局和主要任务。泰山区域山水林田湖草生态保护修复工程涉及的济南、泰安、莱芜三市，划分为泰山生态区、大汶河—东平湖生态区和小清河生态区三个片区，统筹协调、各有侧重地安排地质环境、土地整治、水环境、生物多样性和监管能力建设等 5 大类工程，形成"一山两水、两域一线"

（泰山、大汶河、小清河，淮河流域、黄河流域和交通干线）总体布局。

1. 泰山生态区：以生物多样性恢复和地质灾害防治为主。涵盖泰安市泰山区、岱岳区北部、高新区和济南市历城区南部，面积 1 050 km²，包括泰山主峰、泰山森林公园、黄前水库、安家林水库和大河水库等。

该区主要保护修复任务为：划定山体保护红线，制定山体保护规划，保护山体自然形态和生态景观，强化山体的水土保持及水源涵养能力，增强雨水下渗功能。完成消除地质灾害隐患，加强饮用水水源保护区内违章建筑清理，加大水源保护力度。

2. 大汶河—东平湖生态区：以水生态环境和矿山生态环境修复、保护以及土地保护为主。涵盖莱芜市莱城区、钢城区、高新区，泰安市岱岳区南部、新泰市、肥城市、宁阳县、东平县等，面积 9 700 km²，包括泰山西麓、祖徕山森林公园、莲花山、三平山，以及瀛汶河、牟汶河、柴汶河、大汶河、东平湖、雪野水库等。

该区主要保护修复任务为：恢复受损矿山生态环境，强化地质灾害防治，实施采矿塌陷地治理工程，完成矿山废弃工矿地治理，强化土地整理工作，加强自然保护区、地质公园与地质遗迹保护，完成大汶河水体生态修复及人工湿地建设工程、东平湖水源地保护工程，完善"治用保"治污体系，试点建设"收转用"的农业废弃物综合利用模式。

3. 小清河生态区：以泉域生态修复保护和破损山体修复为主。涵盖济南市历城区北部、历下区、市中区、高新区、长清区、平阴县，面积 2 750 km²，包括五峰山、玉符河、锦绣川、锦阳川、锦云川、卧虎山水库等。

该区主要保护修复任务为：完成破损山体生态修复，消除地质灾害隐患，强化土地整理工作，强化山体的水土保持及水源涵养能力，增强雨水下渗功能。加强饮用水水源保护区内违章建筑清理，加大水源保护力度。

（三）绩效目标和实施计划。按照国家确定的工程绩效目标要求，到2020年，水环境保护治理方面，国控断面水质优良比例达到77%，东平湖湖南断面、湖北断面水质均达到Ⅲ类标准，大汶河王台大桥断面、大汶河贺小庄断面、玉符河卧虎山水库断面、小清河睦里庄断面、牟汶河寨子河桥断面水质均达到Ⅲ

类标准，小清河辛丰庄断面水质达到Ⅴ类标准，瀰汶河徐家汶断面水质达到Ⅳ类标准。矿山环境治理和土地整治方面，完成采煤塌陷地治理面积 13 151.12 hm²，完成矿山生态修复面积 3 038 hm²，完成矿山采空区综合治理 425 278 m³，完成废弃矿井治理 87 眼，建设地质灾害防治工程 22 个，实施地质公园及地质遗迹保护 352.08 km²，实施土地整治面积 26 442.12 hm²，新增耕地面积 3 040.49 hm²。生态环境治理修复方面，新增湿地面积 724 hm²，城市建成区无黑臭水体，城镇集中式饮用水水源水质达标率 100%。工程建设期限为 2018—2020 年，计划分三期实施，每年实施一期。

三、全面夯实工程实施基础

（一）优化工程实施方案。济南、泰安、莱芜三市要根据国家要求和"一山两水、两域一线"总体布局，以工程建设目标为导向和根本出发点，结合三个片区特点，按照综合性、系统性、关联性的原则，对工程实施方案涉及项目进行具体调整、优化、细化。要统筹矿、水、林、地、田等各类专项规划，树立"共同体"理念，优化工程实施方案项目结构，形成以项目为核心的有机统一的系统工程方案，提高可行性、科学性。

（二）科学筛选安排项目。加强对项目实施影响和作用的论证，因地制宜、各有侧重地安排不同类别项目。坚持保证重点、兼顾各方，实事求是、量力而行，坚决剔除与工程关联度弱或预期治理效果不明显的项目，聚焦生态环境问题突出、保护修复要求迫切的重点区域，补充优选影响力大、实施效果好、可以充分利用中央财政和省级财政补助资金的核心项目，提高项目安排的关键性、有效性。

（三）健全项目管理制度。完善工程项目管理和绩效考评办法，围绕工程项目前期、实施、验收全过程，建立健全调度、通报、检查、监督、评估等具体制度，严格执行项目法人制、建设监理制、招投标制以及动态评估制。项目建设、审批等信息要按规定及时向社会公开，接受社会监督。

四、多方整合筹集资金加大投入

（一）统筹用好中央财政补助资金。制定工程资金筹集和管理办法，健全资金使用管理制度。省有关部门要及时研究提出资金分配方案，报省政府批准后，在规定时限内下达。济南、泰安、莱芜三市要及时将中央财政补助资金分解落实到具体项目，优先支持生态环境保护修复需要迫切的重点区域，优先支持准备充分、积极性高的地方和单位，优先支持与规划目标关联度高、治理效果明显的工程项目，优先支持已开工或开工条件成熟的项目，确保资金发挥最大效益。

（二）筹集整合各级财政资金。省、市、县要加强对发展改革、国土资源、环保、农业、林业、水利等方面资金的整合力度，形成"上下联动、统筹整合、集中投入、综合考评"的工作机制，集中资金加大对泰山区域山水林田湖草生态保护修复工程和重点项目投入。省级预算安排的生态功能区转移支付资金要向工程区域倾斜。相关市、县（市、区）要建立专项资金，列入本级预算予以保障。

（三）拓宽社会筹资融资渠道。济南、泰安、莱芜三市和相关县（市、区）在加大财政资金投入的同时，要注重拓宽筹资渠道，创新投融资机制，发挥社会融资功能。积极利用PPP、政府引导基金等方式，吸引社会资本参与项目建设，将收益前景好、市场化程度高的公共服务类项目投向市场，鼓励社会资本和民间资本参与生态恢复治理项目建设。对部分水源地保护、水质净化、畜禽养殖综合治理、在产矿山的破损山体和采煤塌陷地治理等项目，按照"谁污染、谁治理""谁破坏、谁治理"的原则，督导责任企业出资治理。

五、建立完善生态保护长效机制

（一）健全生态保护红线管控机制。工程区域内各级政府要严格遵守国家和省关于划定并严守生态保护红线的有关规定，加强对具有重要水源涵养、生物多样性维护、水土保持等生态功能区域和已经出现突出问题的生态环境脆弱区域的监督管控，严禁不合理开发建设活动，严肃核查处理违法违规行为。支

持生态保护修复示范，创新生态保护激励约束机制，实行奖优罚劣。落实耕地保护制度，优先在工程区域内安排土地整治项目。

（二）创新完善生态补偿机制。继续落实好重点生态功能区转移支付制度，加大省级对跨区域重要河流水源地、城镇重要饮用水水源地以及南水北调东线重点水源保护区所在县（市、区）的补偿力度。健全流域上下游生态补偿机制，实施差异补偿，形成省级引导、上下游相互监督、地区间横向补偿的流域环境保护激励机制。

（三）落实河长制管理制度机制。认真贯彻落实国家和省关于全面推行河长制有关部署要求，完善工作体制机制。严格落实水资源管理制度和《山东省落实〈水污染防治行动计划〉实施方案》。严格控制涉河建设项目，完善市、县流域水污染排放标准体系，控制农业面源和养殖污染。编制三年生态清洁小流域专项建设方案，实施湿地保护修复工程，推进水产种质资源保护区建设。

（四）完善生态环境执法问责机制。落实《山东省各级党委、政府及有关部门环境保护工作职责（试行）》，执行"党政同责、一岗双责"制度，建立健全条块结合、各司其职、权责明确、保障有力、权威高效的环境保护管理体制。落实《山东省党政领导干部生态环境损害责任追究实施细则（试行）》，开展领导干部自然资源资产离任审计，完善山东省党政领导干部生态环境损害责任追究联席会议制度，加强环保执法检查、监察和督察力度，对生态文明建设和环境保护工作中的失职渎职及不作为、乱作为问题进行问责。

（五）加快构建生态保护修复机制。一是探索构建"政府主导、政策扶持、社会参与、开发式治理、市场化运作"的矿山地质环境恢复和综合治理新模式，推进矿山地质环境恢复治理与地产开发、养老疗养、旅游、养殖、种植等产业业态融合发展。二是加强水资源保护，严禁在饮用水水源保护区设置排污口，一级保护区内禁止新建、改建、扩建与供水设施和保护水源无关项目，二级保护区内禁止新建、改建、扩建排放污染物的项目。鼓励发展专业化、规模化城市污水处理企业。三是大力开展增林扩绿，采用工程和非工程措施治理水土流失，提高植被覆盖率。有序开展退耕还林还草。抓好森林抚育和退化林修复，加强森林防火和林业有害生物防控。工程区域内省以上湿地公园率先探索建立生态效益补偿机制，扩大湿地面积，改善湿地生态质量，推进湿地可持续利用。

六、加强组织领导和考评激励

（一）加强组织领导。坚持"生命共同体"理念，统筹山水林田湖草综合治理总体目标，打破部门各自为政局面，齐心协力，共同推进。省里建立泰山区域山水林田湖草生态保护修复工程联席会议制度，省财政厅负责同志为召集人，济南、泰安、莱芜市政府和省发展改革委、省经济和信息化委、省国土资源厅、省环保厅、省住房和城乡建设厅、省水利厅、省农业厅、省林业厅、省煤炭工业局为成员单位，主要负责研究泰山区域山水林田湖草生态保护修复工程实施方案，拟定有关配套支持政策，协调解决工作中遇到的重大问题，督导各部门抓好工作落实。省财政厅主要负责中央财政和省级资金的筹集和管理；省国土资源厅主要负责国土资源方面的资金整合和项目实施、推进；省环保厅主要负责环保治污方面的资金整合和项目实施、推进；省发展改革委、省经济和信息化委、省住房和城乡建设厅、省水利厅、省农业厅、省林业厅、省煤炭工业局根据各自职能，负责有关资金的整合和项目实施、推进工作。

（二）落实主体责任。实行"省级协调、市为主体、县抓落实"的工作责任机制，济南、泰安、莱芜三市和相关县（市、区）政府是工程实施的责任主体。三市要建立协调机制，统筹抓好本地区方案编制、项目筛选、立项审批和组织实施等工作任务落实。三市要优化生态保护修复工程管理体制机制，加强生态保护工程管理工作。每个具体工程项目分别制定具体实施方案，明确节点目标，责任落实到人。

（三）强化考核评价。积极引入第三方机构开展独立评价，实行工程前、工程中、工程后全过程全方位监管。加强结果应用，对绩效考核成绩优秀的，优先安排中央财政和省级资金；对绩效考核成绩较差的，提出批评、责令整改，并减少中央财政和省级资金安排额度。

（四）统筹协调推进。济南、泰安、莱芜三市和省有关部门要把实施泰山区域山水林田湖草生态保护修复工程同贯彻落实山东省"十三五"规划纲要、实施新旧动能转换重大工程结合起来，提高站位，主动担当，加强协作，凝聚合力，全方位推进多规合一、资金整合、政策集合，确保高质量完成国家确定的各项工作任务，为建设美丽山东做出积极贡献。

山东省人民政府办公厅

2018 年 5 月 15 日

工信部启动长江经济带工业绿色发展调研*

工信部日前赴江西、安徽等地展开长江经济带工业绿色发展和固废排查督导调研，重点督导调研了化工、石化、建材等重点行业的企业以及化工类园区，详细了解了企业发展和园区规划情况，并分别在九江、安庆、铜陵等地了解地方落实《关于加强长江经济带工业绿色发展的指导意见》（以下简称《意见》）工作情况。据悉，此举主要是为了解长江经济带工业绿色发展、工业固体废物综合利用大排查、化工等重点行业发展、部分省份有关问题整改等工作进展情况。

据悉，《意见》于 2017 年 7 月出台，旨在推动长江经济带绿色发展，降低传统产业能耗、水耗、污染排放强度，进一步优化产业结构和布局。

工信部透露，为落实《意见》，除了继续开展督导调研外，还将进一步落实支持政策，包括利用现有资金渠道，进一步向长江经济带工业绿色发展、水污染防治等项目倾斜，支持符合条件的企业实施清洁生产技术改造、节水治污、能源利用效率提升、资源综合利用等。落实现有税收、绿色信贷、绿色采购、土地等优惠政策，加快支持企业绿色转型，提质增效。同时，提出鼓励长江经济带建立地区间、上下游间生态补偿机制，推动上中下游开发地区和生态保护

---

* 来源：http://www.jjckb.cn/2018-05/23/c_137199810.htm。

生态环境部环境规划院，《生态补偿简报》2018 年 5 月 18 期总第 787 期转载。

地区进行横向生态补偿，探索区域污染治理新模式。

此外，工信部还将以《意见》为基础，推进长江经济带依法依规淘汰落后和化解过剩产能，加快重化工企业技术改造，发展智能制造和服务型制造，发展壮大节能环保产业等工作，并将通过提高工业用水效率、推进工业水循环利用、加强重点污染物防治等方式，推进工业节水和污染防治。

北京研究空气质量生态保护补偿机制*

《北京市人民政府办公厅关于健全生态保护补偿机制的实施意见》（以下简称《意见》）正式发布，其中提出研究建立空气质量生态保护补偿机制，研究建立水库、饮用水水源地及南水北调工程区的生态保护补偿机制等，补上补偿制度的缺项。

将实现重点区域生态保护补偿全覆盖

《意见》提出，到 2020 年，北京市将实现空气、森林、湿地、水流、耕地等重点领域和生态保护红线区、生态涵养区等重点区域生态保护补偿全覆盖，跨地区横向生态保护补偿试点取得突破。到 2022 年，市场化、多元化的生态保护补偿机制更加健全，绿色生产方式和生活方式基本形成。

据市发展改革委相关负责人介绍，北京市的生态保护补偿始于 2004 年山区集体生态林补偿，目前已初步建立以重要生态资源为保护对象、以专项财政投入为主要形式的补偿体系。2017 年，北京市投入生态保护补偿资金约 116 亿元，其中国家投入 3.69 亿元，市级投入 83.79 亿元，区级投入 28.36 亿元。

在此基础上，《意见》提出，北京将继续执行山区生态林、区域水环境等比较完善的补偿政策；完善平原地区生态林、农业补贴等补偿政策；研究制定

---

* 来源：http://politics.rmlt.com.cn/2018/0531/519927.shtml。

生态环境部环境规划院，《生态补偿简报》2018 年 5 月 19 期总第 788 期转载。

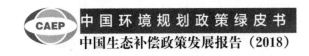
目前缺项的补偿政策，包括研究建立空气、湿地、大中型水库等补偿机制。

健全京津冀水源涵养区生态保护补偿机制

《意见》提出，研究建立空气质量生态保护补偿机制，完善空气质量排名、通报、约谈、督察等工作制度，进一步压实各区政府、各部门责任，有效调动相关主体积极性，推动空气质量持续改善。

结合刚划定的生态保护红线，《意见》提出建立保护成效评估和考核制度、加大对红线区、建立国家公园体制试点区的转移支付力度等。在现有生态保护补偿转移支付引导政策基础上，健全生态涵养区综合化补偿政策机制。

在跨区域重点任务上，《意见》提出，健全京津冀水源涵养区生态保护补偿机制。具体包括：配合国家相关部门开展潮白河等流域上下游生态保护补偿工作，逐步完善生态保护补偿长效机制；建立基于水量、水质目标要求的考核机制，率先开展密云水库上游流域水源涵养区生态保护补偿试点。

■ 聚焦

相关难点仍需积极研究

据北京市相关部门人士介绍，空气质量生态保护补偿机制的建立存在诸多难点，目前正在研究过程中。

这位负责人列举称，大气是流动的，目前大气颗粒物源解析尚未清晰，导致补偿依据无法明确。同时，北京市的空气质量生态保护补偿机制可能涉及津、冀等更大的区域，建立大气污染补偿机制，特别是横向的补偿，该补哪里，相关机理、理论等问题，仍需积极研究。

目前，北京市相关部门正在积极研究，找办法研究解决，后续更多工作是放在治理上。

这位负责人介绍，北京市在大气污染方面投入资金非常多，不过主要是治理资金、改进资金，很难定义为补偿资金。例如，煤改电、各类腾退工作，都是治理资金。

320

中山连续三年获评"全国十佳生态文明城市"*

在日前由全国生态文明建设发展论坛组委会主办的"美丽中国——生态城市与美丽乡村经验交流会"上，中山市获得"全国十佳生态文明城市"称号，这也是中山市连续三年获此殊荣。近年来，在推进生态保护工作方面，中山市进行了多项探索，成为全省首个实施"统筹型"生态补偿政策的城市。三年来，中山市生态补偿资金连续增长，到 2017 年达到 1.7 亿元。从 2018 年开始，中山市进一步优化完善现行生态补偿政策，将饮用水水源保护区纳入生态补偿范畴。

创新性探索生态补偿机制

自出台《关于进一步完善生态补偿机制工作的实施意见》后，中山市成为全省首个实施"统筹型"生态补偿政策的城市，也是新环境保护法颁布后全省首个制定生态补偿政策的地级市。

相关统计数据显示，中山市 2015 年生态补偿资金为 1.04 亿元，到 2016 年达到 1.4 亿元，2017 年这个数字达到 1.7 亿元，连续三年增长。

2018 年 1 月 30 日，根据近几年生态补偿实施效果的评估结果，中山市新增饮用水水源保护区生态补偿，优化完善现行生态补偿政策。《中山市人民政府关于进一步完善生态补偿机制的实施意见》指出，从 2018 年起，中山市生态补偿对象增加饮用水水源一级、二级保护区。其中，饮用水水源一级保护区、二级保护区的生态补偿标准分别为 500 元/（a·亩）、250 元/（a·亩）。

在中山，生态环境保护被作为衡量镇区领导班子和领导干部政绩的重要内容。目前，在镇区实绩考核定量指标中，生态文明建设指标权重占比超过 22%。

---

* 来源：http://zs.southcn.com/content/2018-05/30/content_182064310.htm。

生态环境部环境规划院，《生态补偿简报》2018 年 5 月 20 期总第 789 期转载。

此外，中山市所探索的领导干部自然资源资产离任审计经验在全省审计系统进行宣传和经验推广。以五桂山办事处为试点，中山市率先探索领导干部自然资源资产核算与离任审计改革，建立自然资源资产产权用途管制制度。

2017 年空气质量达标率近八成

创新大气污染防治工作模式也是中山生态环境保护工作的一个亮点。中山市空气质量在全国 74 个重点城市中排名前列。统计数据显示，2017 年，中山市空气质量达标率为 78.1%，其中 4 月、6 月和 8 月空气质量排名三次居全国前十。

在推进高污染锅炉淘汰整治过程中，中山 2018 年将高污染燃料禁燃区范围扩展至全市域，禁止新、改、扩建使用高污染燃料的设施。从 2012 年至今，全市共完成 1 042 台高污染锅炉清理整治，审核通过 468 家企业共 659 台锅炉污染减排专项奖励，合计奖励资金高达 5 800 多万元，超额完成省下达 480 台高污染小锅炉淘汰或整治任务。

在落实黄标车淘汰方面，中山市在全市（高速公路除外）范围内对黄标车进行限行，成为全省首个实行全天候、全区域限行黄标车的地级市。通过建成运行黄标车限行非现场执法系统、启用 542 套电子警察，中山市对黄标车及超标排放汽车进行现场执法。据统计，近年来全市累计淘汰黄标车及老旧车辆超过 10 万辆，审核发放的奖励金额近 4 亿元。

在全面推进 VOCs（挥发性有机物）综合整治方面，除出台《中山市固定源挥发性有机物综合整治行动计划（2017—2020 年）》等常规性的行动方案外，中山市还在大涌镇建成集中治污的"共性工厂"，这也是全省首个家具行业"共性工厂"。

在推进港口码头大气污染防治工作方面，中山全市的港口码头装卸起重机械均实现电能驱动，港口内运输车辆基本实现电能或天然气驱动。当前，中山市 5 家集装箱码头的岸电项目已建设成，港口能耗全面下降。

自 2015 年 2 月 10 日起，市环境监测站与市气象台联合发布城区次日 24 小时空气质量预报，全年空气质量预报准确率超过八成。近年来，中山市投入近 4 000 万元新建扩建空气质量监测"超级站"1 个、"标准站"4 个、"路边站"1 个，完成中山市大气污染来源解析，建立排放源清单。

首部地方性法规"为水立法"

在推进水环境治理方面，中山也做出了不少探索。其中，中山市获得地方立法权后，第一部地方性法规《中山市水环境保护条例》，将水环境保护工作上升到法律层面，结束以往"九龙治水"的格局。该法规主要对全市水环境保护主体不明确的问题提出针对性解决方案，明确责任分工，结束"各自为政"格局。按照"立责不立权"方向，《中山市水环境保护条例》在工作机制上也有不少创新，对原有的治水难题进行有效突围。如按照现行的法律法规，水环境保护工作存在多部门职能交叉的情况，《中山市水环境保护条例》第六条第一至第五款明确规定各部门的职责任务，探索解决长期以来在水环境保护方面职责分工不明确的弊端。

全面推行河长制以后，中山市逐步构建市、镇、村三级河长体系。当前，相关部门通过全面调查，摸清河涌基本情况，建立全市河涌名录。为进一步推动黑臭水体整治，中山完成 1 107 条（段）河涌及 11 条黑臭水体监测工作，并研究开发河涌水质监测数据平台，制定镇区水环境质量排名方案。

建成 247 个生态示范村

中山生态文明创建活动也取得不俗成绩。当前，该市创建 247 个生态示范村，占全市比例 90.5%。建成国家生态镇 18 个，广东省生态示范镇 15 个，市级生态示范村（社区）247 个，并推动 18 个镇创建国家生态文明建设示范镇。据统计，全市共有 61 所省级绿色学校、251 所市级绿色学校、116 个市级绿色社区；建成 12 个"广东省宜居示范城镇"，38 个"广东省宜居示范村庄"，秀美村庄创建实现全覆盖。

如今，包括广东翠亨国家湿地公园、广东中山国家级森林公园、广东香山国家级自然保护区在内的森林公园和湿地公园正在加快推进，并建成大尖山森林公园等 25 个森林公园和湿地公园，森林覆盖率达 23.06%。

在推进绿色出行方面，中山在公共交通方面进行了完善和改进。截至目前，中山全市共配套 16 882 个锁车桩柱、13 080 辆公共自行车，实现中心城区内自行车租赁点 300～500 m 全覆盖，日均使用公共自行车约 1.5 万人次，公众绿色出行率达 62.7%。

中国草原生态恶化得到遏制
人草畜矛盾依然存在[*]

草原有"地球皮肤"之称。在我国，草原与森林、农田共同构筑起内陆绿色生态空间。我国天然草原面积近 60 亿亩，占国土总面积的 41.7%，草原面积是森林、耕地的总和。

党的十八大以来，我国草原生态保护投入力度不断加大，草原生态系统保护与修复成效显著，草原生态功能得到恢复和增强，局部地区生态环境明显改善，全国草原生态持续恶化的局面得到有效遏制。

然而，受自然、地理、历史和人为活动等因素影响，我国草原生态保护欠账较多，人草畜矛盾依然存在，草原生态形势依然严峻，草原生态系统整体仍较脆弱，草原牧区经济社会发展相对滞后，生态保护与发展利用的矛盾依然突出，草原资源和生态保护任务十分艰巨繁重。

我国草原具有"四区叠加"的特点，需要持续加力保护

"天苍苍，野茫茫，风吹草低见牛羊""美丽的草原我的家……"满眼绿色、生机盎然的草原美景，让人心旷神怡。

"如果说森林是'地球之肺'，湿地是'地球之肾'，草原就是'地球皮肤'。草原是我国生态文明建设的主战场、主阵地之一。"国家林业和草原局草原监

---

[*] 来源：http://www.chinanews.com/sh/2018/06-02/8528650.shtml。
生态环境部环境规划院，《生态补偿简报》2018 年 6 月 1 期总第 791 期转载。

理中心主任李伟方介绍，在我国，草原与森林、农田共同构筑起内陆绿色生态空间。我国天然草原面积近 60 亿亩，占国土总面积的 41.7%，草原面积是森林、耕地的总和，约是耕地的 3.2 倍、林地的 2.3 倍。

我国草原主要分布在北方旱区和青藏高原区。内蒙古、西藏、新疆、青海、四川、甘肃为我国六大牧区省份，草原面积约 44 亿亩，约占全国草原总面积的 3/4。其中，西藏草原面积最大，内蒙古次之，新疆第三。

中国农业科学院草原研究所所长侯向阳说："草原生态地位极其重要，无可替代，是维护国家生态安全的重要屏障。"他表示，草原在固碳储碳等方面发挥着不可替代的生态功能，据估算，草原生态系统每年大约能抵消我国全年二氧化碳排放总量的 30%；草原是我国江河的源头和涵养区，长江、黄河、澜沧江、怒江、雅鲁藏布江、辽河和黑龙江等源头水源都来自草原；我国草原类型丰富，拥有 1.7 万多种动植物物种，是维护生物多样性的重要基因库。

"我国草原具有'四区叠加'的特点。"李伟方说，草原是我国重要的生态屏障区，主要分布在江河源头区和生态脆弱区；草原大多位于边疆地区，全国 2/3 的陆地边境线分布于草原牧区；草原是众多少数民族的主要聚集区，是蒙古族、藏族、哈萨克族等少数民族群众世代生活的家园；草原牧区是贫困人口的集中分布区，深度贫困人口比重比较大。

"实现草原生态保护和促进牧民增收相结合，是草原牧区可持续发展的重点和难点。"清华大学中国农村研究院胡振通博士调研发现，牧区具有贫困面广、贫困程度深、自然灾害频繁等特点，一些牧民生活艰苦、畜牧业依赖度高、非农就业机会少，草地资源是贫困牧民收入的主要来源。"'三区三州'深度贫困地区，约有 2/3 是在牧区。在青海和西藏，所有的国家重点生态功能区所覆盖的县都是国家扶贫开发重点县。"

侯向阳强调，草原是畜牧业发展的重要物质基础和牧区农牧民赖以生存的基本生产资料，对维护边疆稳定、增进民族团结和实现脱贫目标具有重要意义。只有拥有良好的草原生态系统，才能更好地发展畜牧业。"严格保护、科学利用、合理开发草原资源，需要持续加力。"

生态恶化局面得到遏制，人草畜矛盾依然存在

党的十八大以来，我国草原生态保护投入力度不断加大，仅中央财政投入的草原生态保护建设资金就超过 1 000 亿元，在 13 个省（自治区）实施退牧还草工程，启动实施新一轮退耕还林还草工程及西南岩溶地区草地治理、已垦草原治理等项目。草原生态系统保护与修复成效显著，草原涵养水源、保持土壤、防风固沙等生态功能得到恢复和增强，局部地区生态环境明显改善，全国草原生态持续恶化的局面得到有效遏制。

据监测，全国天然草原鲜草总产量连续 7 年超过 10 亿 t，实现稳中有增；2017 年全国天然草原鲜草总产量达 10.65 亿 t，较上年增加 2.53%；草原综合植被盖度达 55.3%，比上年提高 0.7 个百分点，比 2011 年提高 4.3 个百分点。

2012—2017 年这 5 年，内蒙古生态环境发生深刻变化，草原生态已恢复到 20 世纪 80 年代中期水平。"以前生态不好的时候，每年买草过冬就得花五六万元。而现在，牧草植被恢复，基本可以自给自足。"锡林郭勒盟镶黄旗生态环境保护监督局局长巴特尔说，当地主要植被为羊草、冷蒿、针茅等，近几年植被平均高度达 13.54 cm，平均盖度达 31.8%。

"草原具有生态生产双重功能，人草畜都是草原生态系统的组成部分。"李伟方说，受自然、地理、历史和人为活动等因素影响，草原生态保护欠账较多，人草畜矛盾依然存在，草原生态形势依然严峻，草原生态系统整体仍较脆弱，草原牧区经济社会发展相对滞后，生态保护与发展利用的矛盾依然突出，草原资源和生态保护任务十分艰巨繁重。

目前，草原保护工作基础仍偏弱。全国从事草原监理的专职和兼职人员仅 9 000 余人，平均每 65 万亩草原拥有 1 名监理人员。"草原底数不清、管辖边界不明、监管力量不强，是草原工作的三大历史问题，核心问题是机构队伍建设问题。"李伟方说。

"基层草原执法机构人员编制少、力量弱、执法装备差、专项执法经费少，在推进草原生态保护等方面工作存在一定的困难。"巴特尔说，当前，草原管理工作面临着繁重的任务：负责草原生态环境违法案件查处，草原森林防火，

草牧场征占用，草地监测，环境监测，草原所有权、使用权和承包经营权的管理，调处草原权属纠纷，指导草牧场经营权的流转，落实草畜平衡制度、禁牧制度等。

我国草原管理方面的法律法规体系初步形成，包括《中华人民共和国草原法》《最高人民法院关于审理破坏草原资源刑事案件应用法律若干问题的解释》《草原防火条例》，以及《甘草和麻黄草采集管理办法》《草畜平衡管理办法》等4部部门规章，还有13部地方性法规和11部地方政府规章。不过，草原法律法规仍亟待健全。

李伟方说，《基本草原保护条例》从2006年就开始起草，组织了几次大规模调研、征求意见，但一直未能出台。草原法规定的禁牧休牧、调查统计等制度均未出台相应管理办法，一些制度未切实落实。"现有草原法律法规制定实施时间较长，许多条款可操作性较差，已不适应新时代发展和管理的需要。"

构建草原生态经济体系，协同发挥生态生产功能

党的十九大报告提出，统筹山水林田湖草系统治理。"草"被明确纳入生态文明建设，成为建设美丽中国的重要内容。"增加了一个草字，把我国最大的陆地生态系统纳入生命共同体中，体现了深刻的大生态观。"李伟方说，这是对草原生态地位的重要肯定，也是开展草原保护工作的基本遵循。

2018年4月，草原监理中心从农业部整体划转到国家林业和草原局。"这有利于整体生态系统保护的设计，在生态系统保护的过程中实现统筹协调，实现资源优化配置。"侯向阳说，林草是自然生态系统中合理的自然组合，森林利用上层的空气和阳光，吸收深层的土壤水分，草地利用下层的空气和阳光，吸收浅层的土壤水分。

今后如何更好地呵护"地球皮肤"？专家表示，应大力发展生态产业，保障农牧民增收渠道的可持续，构建草原生态经济体系，协同发挥生态生产功能。

"大力发展草牧业是国家的重大战略决策。"李伟方认为，草业是保护和培育草地资源以及进行草产品生产、加工、利用，获取生态、经济、社会效益的基础性产业。要坚持草牧结合，将牧草生产与家畜饲养控制在合理的范围，避

免草料的长途运输。坚持以草定畜、以畜备草，以草的供给量来确定饲养家畜的数量，以家畜的数量来确定种植和贮备的草料数量。

"这块草原属于荒漠草原。浇了水以后，会长一些杂草，这些草没有营养，牛羊也不爱吃。"2017年以来，新疆呼图壁县加快锦芳园草原生态治理项目建设，通过试种推广中科羊草，综合治理退化草场，修复草场生态环境。中国科学院植物研究所博士刘辉介绍，2017年7月，他们在这里补播中科羊草并成功越冬。

中科羊草是一种多年生禾本科优质牧草，一年播种可收获20～30年，每亩地单产最高可达15 t，干草蛋白达15%～20%，具备抗寒抗旱的优点，满足节水农业和发展优质牧草的要求，可以实现荒漠化治理、盐碱地改良、建植戈壁滩、涵养水源等生态效益。当地计划3年内种植5万亩中科羊草，打造西北地区最大的羊草种子生产、加工、经营基地及新疆最大的草业基地，带动生态旅游和第三产业发展。

此外，专家认为，应进一步完善生态补偿机制，提高制度供给的有效性。

草原生态保护补助奖励政策是当前草原领域实施范围最广、投资规模最大、受益农牧民最多的政策项目，牧区干部群众称之为"民心工程"。该项目自2011年设立，实施范围涵盖内蒙古等8个牧区省份，以及河北等5省的半牧区县。侯向阳调研发现，目前政策的投入机制是以间接投入为主，资金普惠型、分散式发放，牧民被动接受减畜要求，在落实过程中多因超载违规成本偏低导致减畜不到位，牧民又很少将获得的补奖资金用于草地直接投入，以致草地生态恢复效率比较低。

对此，侯向阳建议，加大对草原生态保护和退化草原恢复的直接投入，使资金能够直接用于退化草原植被保护、土壤和微生物等生态系统关键要素的修复，以及家庭牧场的建设与发展等方面。

党的十九大报告将"建立市场化、多元化生态补偿机制"列为加快生态文明体制改革、建设美丽中国的重要内容之一。当前草原生态补奖政策的资金投入仍以政府为主，参与主体单一、社会参与度不高，且缺乏市场化的运行机制，补奖资金以及相关资源的时空配置灵活度不够，补奖政策的巨大效能尚未被充

328

分地激发出来。侯向阳建议，草原大省（自治区）和典型代表区，应积极探索并尝试市场化、多元化的草原生态补偿机制，为下一步草原生态补偿机制的设计和完善提供更为高效的模式样板。

海南首部湿地保护条例于 7 月 1 日起实施[*]

海口东寨港，"海岸卫士""鸟类天堂""鱼虾粮仓"；三亚东河，白鹭翩翩起舞；儋州新盈国家湿地公园，珍稀鸟类嬉戏栖居……

湿地与森林、海洋一起并称为全球三大生态系统，享有"地球之肾"的美誉。湿地是海南生态的一个重要代名词，保护好湿地生态系统，对全省生态保护具有重要意义。

近日，海南省六届人大常委会第四次会议表决通过了《海南省湿地保护条例》（以下简称《条例》），自 2018 年 7 月 1 日起施行。海南首部湿地保护条例，明确了政府保护湿地的责任，建立健全湿地生态补偿制度和机制，对破坏湿地的行为进行了禁止，并鼓励全社会参与湿地保护，为全省湿地撑起了一张法治保护伞。

划定湿地等级界定保护范围

党的十九大报告中指出，坚持人与自然和谐共生。建设生态文明是中华民族永续发展的千年大计。

湿地保护是海南深入推进生态环境六大专项整治的重要内容之一。2017 年 9 月，海南还出台了《海南省湿地保护修复制度实施方案》。到了 2018 年 5 月 29 日，海南首部湿地保护条例获表决通过，海南湿地逐步告别"自然"保护。

---

* 来源：http://www.shidi.org/sf_FAD70850DDD04A29BBCBAB78438424B6_151_66FA58E1101.html。
生态环境部环境规划院，《生态补偿简报》2018 年 6 月 4 期总第 794 期转载。

记者注意到，该《条例》首先划定湿地等级、保护范围，明确了法律责任等。湿地，即指常年或者季节性积水地带、水域和低潮时水深不超过 6 m 的海域，包括滨海湿地、库塘湿地、河流湿地、湖泊湿地、沼泽湿地、重点保护野生动物栖息地、重点保护野生植物原生地等自然湿地和人工湿地。

《条例》提出，全省湿地按照其生态区位、生态系统功能和生物多样性等重要程度，分为国家重要湿地（含国际重要湿地）、省级重要湿地、市县级重要湿地和一般湿地。尤其是对国家重要湿地、省级重要湿地、市县级重要湿地，省和市、县、自治县人民政府应当按照国家和本省有关规定，通过设立自然保护区、水产种质资源保护区、海洋特别保护区、湿地公园、湿地保护小区等方式加强保护，完善湿地保护管理机构，建立健全管理制度。

该《条例》还显示，海南省和市、县、自治县人民政府应将湿地保护纳入省和市、县、自治县总体规划及国民经济和社会发展规划和计划，建立政府主导和社会共同参与的湿地保护机制。建立多元化湿地保护和修复资金投入机制，形成以财政投入为引导、社会投入为主体、金融支持为辅助的多元投入体系。建立健全湿地生态补偿制度和机制。

重要湿地禁止引进外来物种

根据《海南省 2015—2030 年总体规划》，海南湿地面积不得低于 480 万亩，湿地保护是海南非常重要的工作，那如何保护湿地？

对此，《条例》对湿地保护和修复都做了明确的规定。省和市、县、自治县人民政府应当确保生态保护红线范围内湿地性质不改变、面积不减少、生态功能不退化。国家重要湿地、省级重要湿地、市县级重要湿地禁止引进外来物种。一般湿地引进外来物种的，应当按照国家有关规定办理审批手续，并按照有关技术规范进行引种试验。同时，省和市、县、自治县人民政府可以根据湿地生态保护需要，制定湿地周边产业布局、建筑风貌、建设强度等方面的管控措施，保障湿地生态功能的完整性和可持续性。

该《条例》还明确，除经依法批准的国家和本省重大基础设施、重大民生项目、重点区域的生态修复项目建设外，禁止征收、占用国家重要湿地、省级重要湿地和市县级重要湿地。除经依法批准的国家和本省重大基础设施、重大民生项目、重点区域的生态修复项目建设，以及湿地公园、生态旅游项目等的配套设施建设外，禁止征收、占用一般湿地。

据了解，针对确需征收、占用湿地的用地单位或者个人，应当按照国家有关规定依法办理相关审批手续，并按规定给予湿地所有权人或者使用权人补偿。经批准临时占用湿地的，临时占用湿地的单位或者个人不得在湿地上修建永久性建筑物或者构筑物，不得损害湿地生态系统的基本功能。临时占用湿地期限不超过 2 年；临时占用期满后，占用单位或者个人应当对所占用的湿地进行生态修复。

《条例》还强调，除法律法规另有规定外，禁止在湿地内开（围）垦、填埋、排干湿地；截断湿地水源；挖砂、采矿、挖塘、烧荒；倾倒、堆放固体废物，排放未经处理达标的生活污水、工业废水及其他有毒有害物质等破坏湿地及其生态功能的行为。

破坏湿地行为不能一罚了之

破坏湿地，如何进行处罚？是否一罚了之？对此，《条例》提出，擅自移动或者破坏重要湿地保护标志的，由市、县、自治县人民政府有关湿地主管部门责令改正，可以处 500 元以上 2 000 元以下的罚款；情节严重的，处 2 000元以上 5 000 元以下的罚款；造成损失的，应当予以赔偿。

针对擅自占用湿地的，市、县、自治县人民政府有关湿地主管部门应当责令停止违法行为、限期恢复原状或者采取其他补救措施，处占用湿地每平方米150 元以上 500 元以下的罚款。临时占用湿地期限届满后，用地单位或者个人未按照湿地恢复方案及时恢复的，市、县、自治县人民政府有关湿地主管部门应当责令限期恢复；逾期未恢复的，处未恢复湿地每平方米 50 元以上 150 元以下的罚款。

而且，《条例》要求，擅自在湿地从事开（围）垦、挖砂、取土、采矿、烧荒等活动的，市、县、自治县人民政府有关湿地主管部门应当责令停止违法行为，限期恢复原状或者采取其他补救措施，有违法所得的，没收违法所得，并处 2 000 元以上 5 万元以下的罚款；造成严重后果的，处 5 万元以上 50 万元以下的罚款。

青山绿水、碧海蓝天是海南最强的优势和最大的本钱。海南要以湿地保护为抓手，以最严谨的规划、最严格的措施、最严厉的处罚、最严肃的问责，精心呵护好海南的生态环境，助力海南建设国家生态文明试验区，打造中国生态文明的"海南名片"。

河南 3 年累计投入 600 亿元
三大机制支持建设绿色河南[*]

"绿水青山就是金山银山"。6 月 7 日，记者从省财政厅获悉，河南省充分发挥财政职能作用，创新财政三大支持机制，3 年累计投入 600 亿元，用于加强生态环境保护，实现绿色发展。

建立健全财政投入机制。据统计，2016—2018 年，全省一般公共预算安排环保支出累计 600 亿元，其中，中央补助 224.8 亿元、省级财力安排 81.4 亿元、市县财力安排 293.8 亿元支持河南省绿色发展。从主要支出情况来看，用于大气污染防治 227 亿元、水污染防治 32.4 亿元、土壤污染防治 3.5 亿元、农村环境综合整治 80.5 亿元、节能减排 121.2 亿元。

建立生态补偿奖罚机制。按照"谁污染、谁赔偿，谁治理、谁受益"的原则，河南省修订完善空气和水环境生态补偿机制，2017 年 5 月在全国率先实施大气和水环境月度生态补偿制度。对大气主要污染物月度浓度平均值超过考核基数的市县，实施生态补偿金扣缴措施；低于考核基数的市县，实施生态补偿金奖励措施，倒逼地方政府落实环保主体责任，从源头上管控和改善环境状况。

---

* 来源：http://m.xinhuanet.com/ha/2018-06/08/c_1122956505.htm。
生态环境部环境规划院，《生态补偿简报》2018 年 6 月 6 期总第 796 期转载。

截至 2018 年 2 月，河南省累计扣缴空气和水环境生态补偿金近 2.6 亿元，奖励近 2.1 亿元，调动了市县政府加大污染防治的积极性。

建立税收调节机制。河南省积极实施《环境保护税法》，强化税收调控作用，合理确定河南省税额标准，建立"多排多征、少排少征、不排不征"的激励约束机制，适当提高企业排污成本，对积极减排者给予税额优惠，引导企业主动减少污染物排放。

据统计，一季度全省环保税应纳 3.74 亿元，依法减免 1.18 亿元，实际征收 2.56 亿元，少排污少缴税激励效应初步显现，企业节能减排动力大增。同时，河南省严格落实税收优惠政策，对购置的新能源汽车免征车辆购置税和车船税，对节能车船减半征收车船税，再次鼓励企业注重节能减排。

山东推行"田长制"强化耕地保护
实施综合整治*

日前，山东省政府出台创建国土资源节约集约示范省实施意见，将强化耕地保护，健全耕地保护补偿激励机制，推行永久基本农田保护"田长制"，实施土地综合整治，探索多种治理模式，解决建设用地规模与耕地占补平衡矛盾突出的问题。

据山东省国土资源厅相关负责人介绍，2014—2016 年，山东省全省共审批建设用地 110.9 万亩，其中新增建设用地 95.6 万亩。用地规模虽逐年减少，但总量仍然较大。目前，山东省耕地占补平衡库存数量为 40.9 万亩，仅能满足近 2 年需求。耕地后备资源少，新增补充耕地能力不足 100 万亩，仅能满足未来 5～6 年占补平衡需要。尤其是新旧动能转换综合试验区矛盾更为突出，济南、青岛两市在本地已无法实现耕地占补平衡，建设用地规模与耕地占补平

---

* 来源：http://www.cnr.cn/sd/yw/20180619/t20180619_524274936.shtml。
生态环境部环境规划院，《生态补偿简报》2018 年 6 月 13 期总第 803 期转载。

衡的矛盾十分突出。

据悉，山东省将进一步促进耕地质量、数量和生态"三位一体"保护。完善耕地保护机制，健全耕地保护补偿激励机制，推行永久基本农田保护"田长制"；实施土地综合整治，探索多种治理模式，拓宽融资渠道，引进社会资本，有序推进土地综合整治工作；改进耕地占补平衡管理，研究制定健全耕地指标储备库、补充耕地指标省级统筹机制、跨地区补充耕地指标利益调节机制。

陕西省山水林田湖生态保护修复工程被肯定*

陕西省开展的山水林田湖生态保护修复试点工程获得自然资源部来陕调研组一行的肯定。

2016 年，财政部、国土资源部、环境保护部在全国部分省开展山水林田湖生态保护修复工程试点，陕西省被纳入国家试点范围，重点开展黄土高原山水林田湖生态保护修复试点。试点分为南北两大片区。北部片区以延河流域为骨架，涉及延安市 6 个县区，总人口 127.12 万人，进行延河流域水土流失和长城沿线荒漠化治理。南部片区以石川河流域为骨架，涉及铜川市 4 个区县和富平县，总人口 166.5 万人，主要解决石川河水资源短缺问题及综合治理废弃矿产地。在项目实施过程中，陕西省通过创新黄土高原生态保护修复投入机制、重点生态区域保护与补偿机制及黄土高原生态保护修复监督考核机制三项机制，着力打造了包括杏子河流域水土共保共治工程、石川河流域上下游水生态协同保护修复工程、照金废弃煤矿生态修复与遗址公园建设工程等亮点工程。通过实施水土流失综合整治与区域生态保护修复工程、水资源保护与综合利用工程、废弃矿山综合整治与生态修复工程、荒漠化土地生态修复工程、农村面源污染综合整治工程、农田生态功能提升工程、能力

---

* 来源：http://www.slrbs.com/news/shms/qyxx/3139.html。

生态环境部环境规划院，《生态补偿简报》2018 年 6 月 14 期总第 804 期转载。

建设工程七大工程，有效改善了试点区域生态环境。

调研组对陕西省山水林田湖生态保护修复工程试点工作给予了充分肯定和高度评价，认为陕西省在多渠道筹措社会资金、减轻财政资金压力等方面的经验值得借鉴。

首批河道生态补偿金使用计划出炉
4.28 亿元补偿金用于 62 个滇池治理项目*

《2017 年滇池流域河道生态补偿金第一轮项目安排计划》（以下简称《计划》）已经市政府批准通过，首批滇池流域河道生态补偿金 42 899.653 5 万元将全部用于市、区两级共 62 个滇池流域河道水环境保护治理项目。

各区需缴纳资金都已到位

2017 年 4 月，昆明印发了《滇池流域河道生态补偿办法（试行）》（以下简称《办法》）及 5 个配套文件，在滇池流域 34 条河道开展河道生态补偿工作，率先在全省首推河道生态补偿机制。

按照《办法》规定，滇池流域河道生态补偿金应专款专用，即交界断面水质未达到考核目标的，由上游被考核单位缴纳生态补偿金，分配给下游被考核单位用于滇池流域河道水环境保护治理；入湖（库）口断面水质未达到考核目标和污水治理年度任务未完成的，由被考核单位缴纳生态补偿金，市级统筹用于滇池流域河道水环境保护治理；考核断面水质类别优于考核目标一个及其以上类别的，从市级统筹的生态补偿金中安排资金补偿被考核单位，用于河道水环境保护治理。

根据滇池流域河道生态补偿金核算结果通报，2017 年 4—12 月，滇池

---

* 来源：http://www.sohu.com/a/234203381_115092。

生态环境部环境规划院，《生态补偿简报》2018 年 7 月 1 期总第 805 期转载。

流域盘龙区、官渡区、西山区、呈贡区、晋宁区、度假区政府（管委会）共需向市政府缴纳生态补偿金 42 899.653 5 万元，截至目前，各区需缴纳资金都已到位。

3.51 亿元补助 43 个区级项目

按照《计划》，2017 年滇池流域河道生态补偿金共 42 899.653 5 万元将用于 62 个滇池保护治理项目。其中 7 783.43 万元将用于补助 19 个市级项目，占总金额的 18.14%；其余 35 116.223 5 万元将用于补助 43 个区级项目，占总金额 81.86%。

按照《计划》，将进行补助的 19 个市级项目来自市环保局、市水务局、市滇管局、市滇投公司、市排水公司、市环科院 6 个部门和单位，包含昆明市国家地表水环境质量监测事权上收水质自动监测站建设项目，滇池保护治理"三年攻坚"行动水质监测项目，滇池流域河道生态补偿已建水质自动监测站及水量自动监测站维护运行费用，滇池流域水系（支次沟渠）专项规划，草海、外海应急临时调水工程等。

其余 43 个区级项目中，晋宁区 6 700 万元补助资金将用于入滇河道及环湖干渠沿岸支次管网完善工程共 15 个项目，为此次获得补助项目最多的区；官渡区 15 104.290 1 万元补助资金将用于新宝象河、枧槽河、海河环保清淤与生态修复工程等 8 个项目，为此次获得补助资金最多的区。

北京市密云区 9 338 万元生态补偿金全部拨付到位*

2018 年密云区山区生态公益林生态效益促进发展机制生态补偿金和生态

---

* 来源：http://www.sohu.com/a/239680176_161623。
生态环境部环境规划院，《生态补偿简报》2018 年 7 月 3 期总第 807 期转载。

补偿政策调标补助金已全部拨付到位，总资金达 9 338 万元。

据了解，2018 年，北京市密云区生态公益林达到 180 万亩，根据政策，集体经济组织成员可按林权股份获得每年每亩 42 元生态补偿资金的补贴标准，其中包括市级补贴标准 16 元、区级补贴标准 26 元，密云全区山区生态公益林生态效益促进发展机制生态补偿金 7 600 万元。

同时，密云区财政局积极落实生态补偿政策调标补助，全区现有生态林 5 507 亩，按照土地流转每亩 1 000 元、养护每平方米 4 元的补助标准，及时拨付生态补偿政策调标补助 1 738 万元。截至目前，密云区财政局已将 9 338 万元两类补助金全部拨付各镇，确保资金足额、按时发放到农民手中。

"下一步，我局将严格按照《北京市山区生态公益林生态效益促进发展机制资金管理办法》规定，制定可操作性强的资金分配方案，确保资金规范有序及时发放，保障农民切身利益。"密云区财政局副局长王振群解释说。北京市从 2010 年起建立山区生态公益林生态效益促进发展机制，多年来，该项政策的有效实施，为密云区进一步加强生态建设、履行保水责任、促进富民强区提供了有效的政策支持和强大的财力保障。

河南 6 月生态补偿情况公布：
谁得补偿金最多*

2018 年 7 月 5 日，河南省环保厅公布河南省 6 月生态补偿情况，综合大气和水两项生态补偿，支偿金额最高的是郑州 260 万元，得补金额最高的是信阳 337 万元。

---

* 来源：https://www.henan100.com/news/2018/789802.shtml。
生态环境部环境规划院，《生态补偿简报》2018 年 7 月 9 期总第 813 期转载。

空气质量：安阳支偿最多 265 万元，信阳得补 367 万元

2018 年 6 月，全省共支偿城市环境空气质量生态补偿金 1 359.7 万元，得补 1 160.9 万元；共支偿水环境质量生态补偿金 216 万元，得补 1 220 万元。其中，综合大气和水两项生态补偿，支偿金额前 3 位的省辖市依次是：郑州 260 万元、焦作 105 万元、开封 95.5 万元；得补金额前 3 位的省辖市依次是：信阳 337 万元、南阳 259.5 万元、平顶山 214 万元。

空气质量补偿方面。根据河南省城市环境空气质量考核目标 3 项因子——PM_{10}、$PM_{2.5}$浓度和优良天数计算，6 月：18 个省辖市中有 10 个市在全省省辖市平均值以下，需进行生态支偿，支偿金额由高到低依次是：安阳 265 万元、焦作 195 万元、濮阳 135 万元、开封 115.5 万元、郑州 110 万元、鹤壁 106 万元、新乡 90 万元、驻马店 20.5 万元、商丘 20 万元、许昌 16 万元。有 8 个省辖市获得补金额，由高到低依次是：信阳 367 万元、南阳 239.5 万元、三门峡 107 万元、漯河 58.5 万元、济源 54 万元、周口 25 万元、平顶山 24 万元、洛阳 17.5 万元。

10 个省直管县（市）中，有 6 个县（市）在全省直管县平均值以下，支偿金额由高到低依次是：兰考 103 万元、滑县 61.1 万元、巩义 51 万元、长垣 43.2 万元、汝州 26.4 万元、鹿邑 2 万元。4 个县（市）获得补金额，由高到低依次是：邓州 104 万元、固始 76 万元、永城 58 万元、新蔡 34.4 万元。

水质：郑州支偿 150 万元，平顶山得补 190 万元

水环境质量补偿方面。河南省水环境质量生态补偿包括地表水考核断面、饮用水水源地、南水北调中线工程河南段和水环境风险防范的生态补偿。6 月，依据 18 个省辖市和 10 个省直管县（市）水环境质量目标任务完成情况，18 个省辖市中，共有 3 个市进行生态支偿，金额由高到低依次是：郑州 150 万元、漯河 30 万元、信阳 30 万元；进行生态得补的共有 15 个市，金额由高到低顺序依次是：平顶山 190 万元、安阳 180 万元、驻马店 140 万元、鹤壁 100 万元、焦作 90 万元、濮阳 90 万元、三门峡 80 万元、许昌 70 万元、济源 60 万元、洛阳 40 万元、新乡

40 万元、商丘 30 万元、周口 30 万元、开封 20 万元、南阳 20 万元。

10 个省直管县（市）中，有 1 个县（市）进行了生态支偿：鹿邑 6 万元；有 8 个县（市）获得了生态得补，金额依次是：滑县 12 万元、巩义 6 万元、汝州 6 万元、固始 6 万元、新蔡 4 万元、兰考 2 万元、长垣 2 万元、永城 2 万元。

长江经济带生态产品价值多少？
采取多种价值实现路径*

"绿水青山就是金山银山"，如何将自然生态优势转化为经济社会优势，积极探索生态产品价值实现机制，走出一条政府主导、企业和社会各界参与、市场化运作、可持续的生态产品价值实现路径，是长江经济带生态经济体系建设的重要内容之一。7 日，在 2018 生态文明贵阳国际论坛上，国内外与会专家就"长江经济带生态产品价值实现机制"主题进行了热烈讨论。

生态产品化操作要领在于价值核算

"大家知道自然生态是有价值的，但到底价值多少，如何产品化并进行核算，目前还缺乏一个共同的话语体系，还没有成熟的核算方法。"国家发展改革委基础产业司副司长马强说。

马强认为，要按照生态系统的功能特征去谋划功能空间和策略，而构建长江经济带生态产品价值实现机制，科学合理的核算方法是操作的基本工具。核算需要把握三个方面的原则。

一是有效维系生态系统原真性。生态产品价值实现机制的核算，不得以破坏生态环境为前提，在核算原则的导向上，突出强调自然生态系统和生态产品的原真价值。

---

* 来源：http://www.chinanews.com/sh/2018/07-13/8565291.shtml。
生态环境部环境规划院，《生态补偿简报》2018 年 7 月 11 期总第 815 期转载。

二是充分考虑生态产品的潜在价值。目前很多生态产品的价值并不能真正地体现出来。因此，在核算自然生态产品价值的时候要参照类似的自然生态保护性开发的模式，科学核算生态产品的潜在价值。

三是合理运用替代算法的原则。实际上有些生态产品不能够直接核算，往往要根据比如说破坏完了以后要去修复它需要花多大的代价，来做替代的算法。

马强建议，构建生态产品价值实现机制，首先要对自然生态产品进行合理的保护性开发，对生态产品本身条件要做更为精细化的评价。真正把需要严格保护的地方保护好，把适宜做适度开发的地方进行合理开发，实现开发与保护的结合。同时，结合不同类型生态产品的优势来精准设计产品。根据自然生态资源物质供给功能、调节的功能和文化服务的功能，采取不同的生态产品价值实现路径，真正把生态产品价值有效挖掘出来。

生态产品价值实现需要具体路径

"生态系统及其产品不仅具有巨大的生态价值，还能带来经济效益，其价值的实现可通过多种产品形态。有物质产品，如可以提供水产品、中草药、植物的果种子等；有调节服务产品，像水涵养、水净化、气候调节等；还有文化服务产品，如休闲旅游、景观价值等。"中国科学院生态环境研究中心主任欧阳志云说。

当前，长江经济带生态产品价值实现机制主要是纵向生态补偿，包括天然林保护、退耕还林还草工程、主体生态功能区转移支付等。此外，还有公益林保护、森林资产交易、森林碳汇、林权贷款、药物利用以及生态旅游等。

而从生态产品价值实现路径的国际经验来看，有几个模式可以借鉴。如在保尔森基金会的支持下，斯坦福大学具体做的水基金：上塔纳—内罗毕水基金。城市政府、银行和环保组织联合建立的金融模式和治理模式，将下游水资源用户与上游居民生产活动联系起来，由下游为上游提供资金，对流域进行综合管理。该基金旨在向内罗毕市提供清洁、稳定的水资源，减少泥沙淤积对水力发电的影响。

还有监管驱动的生态模式，如巴西亚马孙保护区计划。巴西为遏制亚马孙雨林的砍伐规划建设了自然保护区，由于没有足够管理资金，许多保护区只是名义上的保护区。巴西与慈善组织联合组织亚马孙保护区项目，以项目为基础建立保护基金。

欧阳志云说，生态产品价值实现路径通常有以下几种形态：一是物质产品供给，主要是通过生态产品认证、水权交易、互联网模式，使生态产品的价值得到合理认可。二是调节服务产品，通过生态补偿、排放权交易、水基金、公益自然保护地等实现。三是文化服务产品的开发，主要是通过生态旅游开发、生态旅游产品认证这些方面探索。

就长江经济带生态产品价值的实现，欧阳志云建议，深化产权制度改革，明晰生态资产所有权的主体，明确谁是产品的受益方，规范生态资产和生态产品的收益权、使用权。此外，建设生态产品和生态资产交换平台，完善森林、湿地、水资源交易制度，促进生态产品的价值实现。如探索林权抵押贷款。建立生态发展基金，为社会资本和企业参与产品开发提供平台。最重要的是为长远的生态产品开发提供资金。最后，加强生态产品有偿使用的法律法规建设，制定出台排污权、碳交易、水权等方面的法律制度。

生态产品价值实现应注重其二重性的平衡

中国人民大学经济学院教授杨志说，生态产品价值实现机制按照传统经济学的角度去思考，就是一个自然生态比转换成资源经济比的机制。这样的机制以资本为主旋律，以市场配置的方式为经济形态，如石油、煤炭，只要一进入交换领域，那么它的价值就出现了。

"但今天必须对生态价值重新考虑，其二重性在于既要保护生态，又要释放出经济价值。生态的原生价值，不能简单地用货币尺度去衡量，而生态的商业价值同样无法回避，否则难以支持现在的生态修复。"杨志说。

为此，美国保尔森基金会外部专家迈克尔·奔纳特阐述了生态产品价值实现机制的国际经验。他认为，首先要厘清国际上基于生态机制和市场化的机制定义，基于市场的机制并不特指私人部门，政府资金支持的环境项目其实也是基于市场化机制。

基于市场化机制，国际上主要有生物多样性缓解、绿色流域投资，以及林业碳汇等生态产品价值实现模式。生物多样性缓解目的是最小化并弥补经济开发中给生态系统所造成的影响。开发商首先应尽量避免对湿地、物种、森林、栖息地的影响，如果避免不了，应该将产生的影响最小化；在此步骤之后，如果还会产生负面影响，开发商可通过赔偿性缴费和替代费弥补，以实现生物多样性缓解。2016年美国生物多样性缓解银行交易总额达36亿美元，且年增长率为18%。

绿色流域投资机制，主要是将投资用于保护改善水系，从而保障清洁水源的持续供应。该机制可以采用以下几种形式：第一个形式是由政府直接支付的补贴，中国生态补偿就属于这一类；第二类属于资源使用者推动流域投资和成立水基金；第三类是信用交易和使用权交易，如水权交易、河道水权回购、地下水缓解交易等。

关于中国能从国际经验中借鉴什么，迈克尔·奔纳特说，无论采用哪一种机制，政府都将发挥核心的作用，无论是作为生态产品和生态系统服务的购买者，或是作为生态产品市场和机制的监管者，乃至推动更广泛的市场主体参与生态产品市场的促成者。

同时需要强调的是，市场化机制应该是对生态保护和生态系统管理工作的充分强化而不是替代。撬动私人部门的投资并不会为政府的环境保护部门带来"滚滚钱潮"，引入私人部门的投资只是将事实的重担转移给其他市场参与方，而让市场能够在既定的财政预算内更好地开展监测工作和进行生态保护。

京津冀西北部初步形成跨区域生态补偿机制*

近日发布的《京津冀蓝皮书：京津冀发展报告（2018）》（以下简称"蓝皮书"）显示，京津冀西北部跨区域生态补偿机制初步形成。

---

* 来源：http://env.people.com.cn/n1/2018/0719/c1010-30157199.html。
生态环境部环境规划院，《生态补偿简报》2018年7月12期总第816期转载。

　　根据蓝皮书，在生态环境协同治理方面，北京市同张家口、承德两市对接，签署了《京津冀水污染突发事件联防联控机制合作协议》《京津冀协同发展林业有害生物防治框架协议》，共同研究制定北京市生态功能红线划定工作方案，共同实施京津风沙源治理、"三北"防护林建设、太行山绿化、退耕还林、京冀林木有害生物联防联治项目等一批重点工程。目前，以北京、张家口为主的京津冀西北部地区初步形成了以中央纵向补偿为主、地方横向补偿为辅、经济和技术为主要补偿方式的跨区域生态补偿机制。

　　第一，形成以中央为主、地方为辅的补偿主体。根据张家口市财政局的数据，2009—2016 年，中央对张家口市的生态转移支付从 1.89 亿元迅速增长到 9.45 亿元，增幅达 400%。地方政府配套资金（河北省及张家口市）迅猛提升，从 2009 年的 0.23 亿元大幅提升至 2015 年的 0.53 亿元。张家口市环保支出增幅远高于张家口市地区生产总值（GDP）和财政收入增幅。2001—2015 年张家口市风沙源防治、退耕还林还草等重点工程投资总额达到 30.47 亿元。其中，中央财政资金达 27.56 亿元，占总投资的 90.45%；地方政府财政资金达 2.91 亿元，占总投资的 9.55%。

　　第二，形成以经济和技术补偿为主的补偿方式。张家口市现行的生态补偿方式主要分为两类：一类是经济补偿，主要包括中央直接生态补偿资金、横向补偿资金、生态奖补等；另一类是技术补偿，主要包括人员培训、技术设备等生产资料补偿。

　　据悉，京津冀蓝皮书由首都经济贸易大学联合京、津、冀三地专家学者共同研创。本年度蓝皮书以研究"京津冀协同发展的新机制与新模式"为主题，在创新、协调、绿色、开放、共享五大发展理念指导下，构建了区域协同发展机制与模式分析框架，为京津冀协同发展提供了积极借鉴。

白皮书：青藏高原生态文明制度逐步健全
生态补偿制度确立*

国务院新闻办公室发表的《青藏高原生态文明建设状况》白皮书提到，随着国家生态文明建设的不断推进，青藏高原生态文明建设相关政策和法规日益完善，高原生态文明制度体系逐步健全，生态补偿制度得到确立。

白皮书指出，近年来，国家制定或修改了《中华人民共和国环境保护法》等。这些法律的制定和实施，为青藏高原生态环境保护与区域社会经济发展提供了重要的法律制度保障。

白皮书说，青藏高原已建成各级自然保护区 155 个（其中国家级 41 个、省级 64 个），面积达 82.24 万 km^2，约占高原总面积的 31.63%，占中国陆地自然保护区总面积的 57.56%，基本涵盖了高原独特和脆弱生态系统及珍稀物种资源。

随着生态文明体制改革的深入推进，中国政府提出建立以国家公园为主体的自然保护地体系。其中，2018 年 1 月，国家发展改革委印发《三江源国家公园总体规划》，进一步明确了该国家公园建设的基本原则、总体布局、功能定位和管理目标等。三江源国家公园建设将为青藏高原及周边地区的绿色发展发挥引领和示范作用。

白皮书还指出，国家在青藏高原建立了重点生态功能区转移支付、森林生态效益补偿、草原生态保护补助奖励、湿地生态效益补偿等生态补偿机制。2008—2017 年，中央财政分别下达青海、西藏两省区重点生态功能区转移支付资金 162.89 亿元（人民币，下同）和 83.49 亿元，补助范围涉及两省区 77 个重点生态县域和所有国家级禁止开发区。

---

* 来源：https://www.chinanews.com/sh/2018/07-18/8571711.shtml。
生态环境部环境规划院，《生态补偿简报》2018 年 7 月 13 期总第 817 期转载。

在国新办当天举办的新闻发布会上，有记者进一步询问有关目前青藏高原生态补偿机制实施的情况和存在的问题。

中国科学院院士郑度回应说，国家在青藏高原启动生态补偿机制的一些具体措施，在稳定和提高农牧民生活水平、保护青藏高原生态安全和促进区域发展等方面取得了明显成效。但是，在高原生态补偿机制的实践中，存在补偿资金来源比较单一、利益相关方不太明确、补偿标准以及生态补偿理论方面需要深入研究。

他提到，总体上建议加强对生态补偿效果的动态监测、评估和应对能力的建设。

西藏自治区副主席张永泽在发布会上表示，这些年来通过生态补偿，西藏老百姓、尤其是生态比较重要区域的老百姓，基本已吃上了生态饭。西藏将以构建综合生态补偿机制为重点，建设国家生态富民先行地。

用心呵护"地球的皮肤"我国草原资源和生态保护任务依然艰巨*

"天苍苍，野茫茫，风吹草低见牛羊。"这段著名的诗句里，呈现了一幅水草丰盛、牛羊肥壮的生动图景。

呼伦贝尔草原、那拉提草原、巴音布鲁克草原……我国是一个草原大国，有天然草原 3.928 亿 hm²，约占全球草原面积的 12%，居世界第一位。

然而，受自然、地理、历史和人为活动等因素影响，我国草原生态保护欠账较多，生态保护与发展利用的矛盾依然突出，草原资源和生态保护任务依然艰巨繁重。

---

* 来源：http://www.sohu.com/a/242962882_100144884。
生态环境部环境规划院，《生态补偿简报》2018 年 7 月 16 期总第 820 期转载。

无法替代的生态功能

蓝天，白云，青山，碧水。莫尔格勒河在无垠的呼伦贝尔草原九曲回肠地转了无数道弯，滋润着风光秀美的牧场。

我国草原从东到西绵延 4 500 余 km，覆盖着 2/5 的国土面积，精心呵护着中华大地，保护着我们的生存环境。

国家林业和草原局草原监理中心副主任刘加文介绍，从我国各类土地资源来看，草原资源面积最大，占国土面积的 40.9%，是耕地面积的 2.91 倍、森林面积的 1.89 倍，是耕地与森林面积之和的 1.15 倍。

草原也是我国黄河、长江、澜沧江、怒江、雅鲁藏布江、辽河和黑龙江等几大水系的发源地，是中华民族的水源和"水塔"。黄河水量的 80%，长江水量的 30%，东北河流 50%以上的水量直接源自草原。

草原是地球的"皮肤"。如今，草原早已不仅仅是用于放牧，而是有着独特的生态、经济、社会功能，是不可替代的重要战略资源。

"如果把森林比作立体生态屏障，那草原就是水平生态屏障。草原承担着防风固沙、保持水土、涵养水源、调节气候、维护生物多样性等重要生态功能。"刘加文说。

刘加文分析，研究表明，草原的防沙作用明显。当植被盖度为 30%～50%时，近地面风速可降低 50%，地面输沙量仅相当于流沙地段的 1%；盖度 60%的草原，其每年断面上通过的沙量平均只有裸露沙地的 4.5%。在相同条件下，草地土壤含水量较裸地高出 90%以上；长草的坡地与裸露坡地相比，地表径流量可减少 47%，冲刷量减少 77%。"草原的这些重要生态功能是其他生态系统无法比拟的，更是无法替代的。"刘加文说。

依然严峻的生态形势

草原具有"四区叠加"的特点，既是重要的生态屏障区又大多位于边疆地区，也是众多少数民族的主要聚集区和贫困人口的集中分布区。

党的十八大以来，我国草原生态保护投入力度不断加大，仅中央财政投入的草原生态保护建设资金就超过 1 000 亿元，在 13 个省（区）实施退牧还草工程，启动实施新一轮退耕还林还草工程及西南岩溶地区草地治理、已垦草原治理等项目，草原生态系统保护与修复成效显著，草原涵养水源、保持土壤、防风固沙等生态功能得到恢复和增强，局部地区生态环境明显改善。

据监测，2017 年全国天然草原鲜草总产量 10.65 亿 t，较上年增加 2.53%；全国天然草原鲜草总产量连续 7 年超过 10 亿 t，实现稳中有增。

尽管我国草原保护工作取得了一定的成绩，但草原生态保护与牧区经济发展的矛盾十分突出，推进草畜平衡、实现草原合理利用的关键措施与牧民增收的矛盾还有待破解。草原违法征占用、家畜超载过牧等现象还非常普遍。一些地方征占用草原过度开发、无序开发，草原被不断蚕食，面积萎缩。草原退化、沙化、石漠化等问题还依然存在。

"草原具有生态生产双重功能，人草畜都是草原生态系统的组成部分。"国家林业和草原局草原监理中心主任李伟方说，受自然、地理、历史和人为活动等因素影响，草原生态保护欠账较多，人草畜矛盾依然存在，草原生态形势依然严峻，草原生态系统整体仍较脆弱，草原牧区经济社会发展相对滞后，生态保护与发展利用的矛盾依然突出，草原资源和生态保护任务十分艰巨繁重。

重草爱草 维护草原生态

党的十九大报告提出，统筹山水林田湖草系统治理。"草"被明确纳入生态文明建设，成为建设美丽中国的重要内容。"增加了一个草字，把我国最大的陆地生态系统纳入生命共同体中，体现了深刻的大生态观。"李伟方说。

刘加文指出，当前，我们已进入文明发展的新时代，要大力宣传草的重要功能与作用，积极倡导像保护耕地一样保护草原，像重视种树一样重视种草，唱响重草爱草的时代旋律。

为保护好草原生态，2011 年以来，我国在内蒙古、西藏、新疆等 13 个主要草原牧区省份，组织实施草原生态保护补助奖励政策，对牧民开展草原禁牧、实施草畜平衡措施给予一定的奖励补贴。8 年来，国家累计投入草原生态补奖资金 1 326 亿元。草原生态补奖政策的实施，调动了广大草原地区农牧民自觉保护草原、维护草原生态安全的积极性，也显著增加了收入，实现了减畜不减收的目标。

专家认为，生态保护补偿机制，在我国生态文明建设进程中有着重要意义，可以更合理地平衡保护者与受益者的利益，让保护环境的人不吃亏、能受益，更有积极性和主动性，是对"绿水青山就是金山银山"理念的生动注解。

党的十九大报告将"建立市场化、多元化生态补偿机制"列为加快生态文明体制改革、建设美丽中国的重要内容之一。

"当前草原生态补奖政策的资金投入仍以政府为主，参与主体单一、社会参与度不高，且缺乏市场化的运行机制，补奖资金以及相关资源的时空配置灵活度不够，补奖政策的巨大效能尚未被充分地激发出来。"刘加文说。

对此，中国农业科学院草原研究所所长侯向阳建议，草原大省和典型代表区，应积极探索并尝试市场化、多元化的草原生态补偿机制，为下一步草原生态补偿机制的设计和完善提供更为高效的模式样板。

守住北京的绿水青山
——北京生态补偿机制调查之一*

"好家伙！野猪都上我们家串门儿了！"昌平区流村镇韩台村村民韩瑞稳不久前在自家院门外，与三只野猪"撞"了个正脸，"一只大的、带两只小的，估摸是下山找水喝来了。"看见人，三只野猪飞奔而去，消失在百米外的密林里。

这已经不是野猪第一次进村了。自实施山区生态林补偿机制以来，地处昌平西部深山的韩台村，山场植被一年比一年茂盛，野猪、獾、狍子、野鸡等野生动物也一年比一年多。曾经"露着山皮、裂着豁口"的大山，彻底活过来了。

---

* 来源：http://wemedia.ifeng.com/70927481/wemedia.shtml。
生态环境部环境规划院，《生态补偿简报》2018 年 7 月 17 期总第 821 期转载。

自北京市在全国率先出台山区生态林补偿机制至今，已有 14 个年头。政府出资，请农民看山护林，这在北京历史上前所未有。当年，全市 4.6 万农民走上护林员岗位，对全市 1 011 万亩山区集体生态林进行管护，月人均获补贴 400 元。

这项创新机制出台的背后，是市委、市政府对北京可持续发展的总体规划。

北京多山，山区面积占全市总面积的 62%，达 10 400 km²。在北京城市空间发展战略中，山区被规划为绿色生态环境带。保护山区生态环境，关乎首都的可持续发展。但实践证明，保护生态环境，如果不能解决当地农民的"吃饭"问题，任何保护措施都不会有持久的动力。

如何实现生态保护与农民增收的双赢？市委、市政府对北京山区进行了广泛的调研。韩台村，正是其中一站。

"又不让砍柴，又不让放羊、挖药材，我们老百姓怎么生活呢？"村民韩秀臣对那次调研记忆犹新，"没想到大伙儿反映的那些问题，当年就有着落了。对于我们村来说，生态林补偿机制真是管大事儿了！"

按照这项机制，各村成立生态林管护队伍，市区根据各村集体山场面积大小给予资金补贴，村里用补贴资金给管护员开工资。补贴标准不是一成不变，市里制定了动态调整机制，各区也可以按照自己的财力随时进行提升。在韩台村，管护员的岗位补贴从每月 350 元，逐渐提升到现在的 1 200 元。

"头一年，我就上了岗。鸡、羊、毛驴什么都不养了，一心一意就看山。后来，我们又成了股东，照看得就更勤谨了。满山的草和树，谁也别想动，那可是我们全村人的命根子。"韩秀臣说。

她说的股东，正式名称是"集体生态林股东"。继出台生态林补偿机制后，北京市又启动了集体林权制度改革，全市 120 余万名山区农民成为集体生态林股东。紧接着，市政府配套出台生态公益林生态效益促进发展机制，明确由市区财政按照每亩 40 元的标准对山区集体生态公益林给予生态效益补偿，其中 60% 的资金用于农民按股分红；40% 的资金集中用于森林健康经营。2017 年，补偿标准又从每亩 40 元提高到每亩 70 元。

和生态林补偿机制只对生态林管护员补贴不同，这次出台的生态公益林生态效益促进发展机制，山区农民人人有份。在山场面积大、人口又相对较少的韩台村，一个三口之家，一年的生态效益补偿金达到七八千元。

在实施生态补偿政策的 14 年间，韩台村生态环境发生巨变。环村的 1.6 万亩山场，从半秃逐渐变得苍翠蓊郁。没有了放牧、砍柴等人为活动的干扰，荆条、山桃、山杏、榆树等蓬勃生长起来。盛夏，村子内外一片绿，站在高处，连房顶都看不见。

村民的生活方式也变了，"过去，谁家晚上都不闲着，喂鸡，喂羊，弄药材，还有下地干活的。现在，都出去走步、遛弯。跟城里人一样，我们也休闲休闲。"韩秀臣说着说着就笑了起来，从她精神抖擞的面庞上很难看出她已经 60 岁了。

韩台村所在的昌平区流村镇党委、政府，这些年的工作重心也在转变。"再也不为招商引资挠头了，保护好山水，保护好生态就是我们最大的政绩。"镇干部说。14 年来，全镇的森林覆盖率从 27.17%提高到 80%左右，增长了大约 53 个百分点。环保部评选国家级生态镇，流村镇榜上有名。

变化不仅在韩台、在流村。数据显示：2004—2017 年，全市山区森林面积从 550 万亩增加到 872 万亩；山区森林覆盖率从 46.55%增加到 56.7%。

全市对山区生态林管护员的岗位补贴资金，累计投入 31.37 亿元；2017 年全市 4.4 万名生态林管护员，人均全年岗位补贴收入 7 656 元。

2010—2017 年，全市对 1 000 多万亩生态公益林给予生态补偿金累计 37.64 亿元，补偿资金最高的村人均补偿资金达到 1.4 万元。

在生态林补偿机制的基础上，北京市又出台了重点保护陆生野生动物造成损失补偿办法，农民的庄稼地被野猪"拱"了，政府管赔，9 年来共计补偿农民损失 1 880 余万元；之后北京市又启动政策性森林保险，生态公益林如遇火灾、病虫害、泥石流等灾害，每亩林地最高可获赔 2 400 元。

有补偿政策、保险政策托底，北京山区农民延续千百年的"靠山吃山"画上了句号，山区生态屏障更美更绿，也更安全牢固了。

然而，发展的道路上总会遇到新问题。生态补偿机制实施了 14 年，山区农民又有了新烦恼。那就是政策补偿收入跟不上经济发展速度，怎么才能让山林从静态的资源，变成自我增值的活的资产？探索还在继续。

生态环境部：将生态保护红线划定和落实情况纳入中央环保督察范畴*

生态环境部新闻发言人刘友宾近日说，要将生态保护红线划定和落实情况纳入中央环保督察范畴，确保红线划得实、守得住。

在生态环境部当天举行的新闻发布会上，刘友宾说，京津冀、长江经济带沿线11省市和宁夏等15省份中，14省份已发布本行政区域生态保护红线，天津将于近期发布。山西等其他16省份均已形成生态保护红线划定方案，并完成专家论证，部分省份已通过省级政府审议。生态环境部将会同有关部门对山西等16省份划定方案进行技术审核，按程序报批，尽快形成生态保护红线全国"一张图"。

他表示，为切实加强生态保护红线监管，生态环境部正在制定《生态保护红线管理办法》，明确生态保护红线的管理原则、人类活动管控、保护修复、生态补偿、监管考核等要求；建设国家生态保护红线监管平台，全面掌握生态保护红线动态变化，实时监控人类干扰活动，严守生态保护红线。

安徽全面推行空气质量生态补偿
PM$_{2.5}$不降反升要"付费"*

7月27日，省政府办公厅公布《安徽省环境空气质量生态补偿暂行办法》。

---

* 来源：http://www.gov.cn/xinwen/2018-07/26/content_5309531.htm。
生态环境部环境规划院，《生态补偿简报》2018年7月18期总第822期转载。
* 来源：http://www.ah.xinhuanet.com/2018-07/28/c_1123189106.htm。
生态环境部环境规划院，《生态补偿简报》2018年7月20期总第824期转载。

从本月起，备受关注的空气质量生态补偿制度正式实施。今后，省环保厅等部门对各设区市实行季度考核，以细颗粒物（PM$_{2.5}$）和可吸入颗粒物（PM$_{10}$）平均浓度季度同比变化情况为考核指标，PM$_{2.5}$不降反升的，将向省级财政上缴生态补偿资金。有关设区市向省级上缴的资金纳入省级生态补偿资金，用于补偿空气质量改善的设区市。

省环境保护部门、省财政部门按照特定公式对各设区市实行季度考核，每季度根据考核结果确定生态补偿资金额度，年底统一清算。公式中，上年同季度PM$_{2.5}$平均浓度与本考核季度PM$_{2.5}$平均浓度之差、上年同季度PM$_{10}$平均浓度与本考核季度PM$_{10}$平均浓度之差是重要数据，决定收入或支出生态补偿资金。PM$_{2.5}$和PM$_{10}$的污染物考核权重分别为75%和25%。

公式还设有目标修正系数，根据各市空气质量目标完成情况确定，完成季度目标的市系数取1。未完成季度目标的市，若当季度PM$_{2.5}$降幅高于全省平均水平，系数取0.5；PM$_{2.5}$同比下降但降幅低于全省平均水平，系数取0.2；PM$_{2.5}$不降反升的，向省级财政上缴生态补偿资金，系数取1。

根据办法，对上年度空气质量达到《环境空气质量标准》二级标准的设区市，省级年度给予500万元一次性奖励。若该市PM$_{2.5}$年均浓度较上年进一步改善，年度给予800万元一次性奖励。各设区市获得的生态补偿资金，统筹用于改善环境空气质量的项目。

"按照将生态环境质量逐年改善作为区域发展的约束性要求"和"谁保护、谁受益，谁污染、谁付费"的原则，安徽省实施环境空气质量生态补偿。省环保厅有关负责人表示，此举将进一步落实各市政府对本行政区域环境空气质量的管理职责，强化目标管理，促进全省环境空气质量改善。

生态补偿，是一种让生态环境保护者或受害者得到补偿的制度设计。安徽省多年探索生态补偿机制。2011年起，安徽国首个跨省流域生态补偿机制试点在新安江流域实施。2014年，全省首个省级层面的水环境生态补偿机制落子大别山。2018年元旦起，地表水断面生态补偿全省推行。

全国多地积极开展探索
将生态补偿推向多领域*

按照"谁保护、谁受益，谁污染、谁付费"的原则，安徽省从 2018 年第三季度起正式实施环境空气质量生态补偿，依据各设区市环境空气质量同比变化情况，实行考核奖惩和生态补偿。

安徽省环保厅副厅长罗宏介绍，通过考核各设区市的大气污染物浓度，浓度不降反升的设区市需向省级财上缴生态补偿资金，用于补偿空气质量改善的设区市。

大气领域的生态补偿是中国地方推进生态补偿领域"拓展版"的重要探索。

此前，水资源流域的生态补偿在中国各地较为常见。2012 年起，中国在新安江流域启动首个跨省流域生态补偿机制试点。截至目前，试点已开展两轮，上游水质持续保持优良，下游千岛湖湖体水质由中营养变为贫营养，新安江成为中国水质最好的河流之一。

此后数年间，中国各省内断面和多个跨流域水资源生态补偿开始实施。近年来，"谁保护、谁受益，谁污染、谁付费"的理念日渐深入人心，生态补偿逐渐向多个领域扩展。

山东省 2016 年起开始实施空气质量生态补偿办法，根据自然气象对大气污染物的稀释扩散条件，对全省城市进行分类考核。

如今，北京、安徽等地还在探索空气、森林、湿地、水资源、耕地和重点生态功能区和生态红线区的生态补偿办法，力求使补偿标准与经济社会发展状况相适应，实现生态补偿多领域的全覆盖。

---

* 来源：http://fashion.eastday.com/a/180804153255988.html。
生态环境部环境规划院，《生态补偿简报》2018 年 8 月 1 期总第 825 期转载。

福建：森林生态效益补偿标准应逐步提高
生态公益林实施分级保护管控[*]

近日，《福建省生态公益林条例》经省十三届人大四次会议表决通过，将于 11 月 1 日起施行。根据条例相关规定，森林生态效益补偿标准应逐步提高，生态公益林统一实行分级保护。

生态公益林建设对保护和改善生态环境、维持生态平衡、保存物种资源等具有重要作用。目前，全省区划界定生态公益林 4 294 万亩，超过全省林地面积的 30%。但由于目前全国还没有出台关于生态公益林保护管理的专门法律法规，生态公益林的规划、建设、保护、管理缺乏强有力的法律法规依据，迫切需要立法进行规范。

因生态公益林严格控制采伐，经济效益较低，群众收益受到较大影响，为加大对生态系统和林农利益的保护力度，建立更加合理有效的补偿制度，条例设置资金保障专章，规定省政府应当根据生态公益林的等级、质量、生态效益和居民消费价格指数等因素合理确定森林生态效益补偿标准，并根据经济和社会发展状况制订短期调整计划，逐步提高，设区的市、县政府可以结合财力状况，提高当地森林生态效益补偿标准；县级以上政府可以建立横向生态保护补偿机制，推动生态公益林所在地区和受益地区通过资金补偿，对口协作等方式建立补偿关系。

生态公益林一般位于生态环境重要地带或脆弱地带，对改善生态环境、保障生态安全具有重要作用。生态公益林的主导利用方向是提供生态服务，应该进行严格保护。为此，条例规定国家级和省级生态公益林应当根据生态区位和生态状况，统一实行分级保护：一级保护为纳入生态保护红线划定区域的生态

---

[*] 来源：http://www.fujian.gov.cn/xw/fjyw/201807/t20180727_3582644.htm。

生态环境部环境规划院，《生态补偿简报》2018 年 8 月 3 期总第 827 期转载。

公益林；二级保护为生态保护红线以外的国家生态公益林和部分生态区位重要或者生态状况脆弱的省级生态公益林；三级保护为除一级保护和二级保护区域以外的省级生态公益林。一级保护的生态公益林按照国家对生态保护红线的管控要求予以保护；二级保护的生态公益林除经依法批准的基础设施、省级以上的重点民生保障项目和公共事业项目之处，禁止开发；三级保护的生态公益林除经依法批准的基础设施、民生保障项目和公共事业项目之外，禁止开发利用。此外，在不破坏森林植被和生物多样性的前提下，条例规定，可以合理利用二级、三级保护的生态公益林林地资源和森林景观资源，适度开展林下种植和森林游憩等非木质资源利用。

阜阳加快构建生态补偿制度*

阜阳市全面推行空气质量、地表水生态补偿制度，通过建立健全激励引导机制，呵护碧水蓝天。

7月23日，阜阳市委全面深化改革领导小组召开第十七次会议，研究审议并原则同意《阜阳市环境空气质量生态补偿暂行办法》《阜阳市地表水断面生态补偿暂行办法》。其中，《阜阳市环境空气质量生态补偿暂行办法》提出，按照"谁保护、谁受益，谁污染、谁付费，谁损害、谁补偿"的原则，以各县市区的细颗粒物（$PM_{2.5}$）和可吸入颗粒物（PM_{10}）平均浓度为考核指标，建立考核奖惩和生态补偿机制。对各县市区实行按月考核，每月根据考核结果确定生态补偿资金额度。综合排名前三位的县市区可获得生态补偿资金，综合排名后三位的县市区应缴纳生态补偿资金。

依照"谁超标、谁赔付，谁受益、谁补偿"的原则，地表水断面生态补偿机制以保护水质为目的，在阜阳全市建立以县市区级横向补偿为主、市级纵向

---

* 来源：http://www.sohu.com/a/243368208_114967。

生态环境部环境规划院，《生态补偿简报》2018年8月4期总第828期转载。

补偿为辅的机制。这一机制对列入补偿范围的考核断面实施"双向补偿"，即断面水质超标时，责任县市区支付污染赔付金；断面水质优于目标水质一个类别以上时，责任县市区将获得生态补偿金。生态补偿金根据断面水质类别进行计算。断面水质类别优于年度水质目标类别的，由下游县市区或市财政对责任县市区进行生态补偿。污染赔付金、生态补偿金应专项用于水污染综合整治、水生态环境保护、监测能力建设等方面，不得挪作他用。

生态补偿缺少法律硬约束和国家强力部署*

"理想很丰满，现实很骨感。"这是全国政协委员、湖南环保厅副厅长潘碧灵对生态补偿制度的评价。"从 2005 年以来，国务院每年都将生态补偿机制建设列为年度工作要点，党的十八大报告和十八届三中全会提出，生态补偿制度是生态文明制度建设的重要组成部分。但由于缺少法律的硬约束和国家统一的强力部署，生态补偿进展缓慢。"

在潘碧灵看来，当前我国的生态补偿常常陷入"只说不做""知易行难"的困局，特别是跨省、市的生态补偿难以落实，目前全靠自觉。在环境压力和环境风险如此巨大的当下，建议国家对生态补偿制度进行顶层设计，尽快全面推行。

纵向生态补偿存在三大问题

21 世纪网：您如何评价我国现有的纵向生态补偿制度？

潘碧灵：我国的纵向生态补偿制度主要存在不全面、不平衡、不到位三个问题。

首先是不全面。2008 年以来开展的国家重点生态功能区自上而下的纵向

---

* 来源：https://www.huanbao-world.com/others/36625.html。

生态环境部环境规划院，《生态补偿简报》2018 年 8 月 10 期总第 834 期转载。

生态补偿，主要是对以森林生态系统为主的地方政府的补偿，近年来国家才对以湿地和流域水环境为主的地方政府给予了适当补助。森林生态系统生态补偿也往往由于资金不足、规划不太科学等原因使得为生态环境做出贡献，本应纳入国家生态转移支付的地区未列进去。

其次是不均衡。2008 年以来，中央财政对国家重点功能区范围内的 452 个县（市、区）开始实施生态补偿资金转移支付；其中 2008 年为 60 亿元、2009 年 120 亿元、2010 年 249 亿元、2011 年 300 亿元、2012 年 371 亿元、2013 年达到 440 亿元，目前生态补偿考核范围扩大到 482 个县。中央财政投入增加了 6 倍，生态补偿范围变化有限，只增加了 30 个县。同时，根据现在的补偿水平，列入了国家重点生态功能区生态转移支付的县一年少则三五千万元，多则过亿元的补偿，而做了贡献却未列入的县一分未补，县域间不平衡，严重影响了未列入县保护生态环境的积极性。

最后是生态补偿资金并非到位。即使是已列入了生态补偿的县，由于财政部的补偿资金列项属于一般转移支付而非专项转移支付，但这个专项又具有专项转移资金的性质，加之财政对资金使用方向缺乏硬性要求，不少县有的拿这笔钱去平衡财力，挤占、挪用补偿资金现象十分普遍，有的依赖国家补偿资金，县里财政对生态环保基本不再投入了，面对上级的检查有的县财政局长甚至说，关键是把账做好，这严重影响了生态补偿资金使用效果。

此外，尽管近几年财政部、环保部加大了对国家重点生态功能区生态转移支付县的生态环境质量监测评估，但由于不少省、市、县为了不影响中央财政资金争取，基本上是报喜不报忧，监测评估质量大打折扣。

21 世纪网：在纵向生态补偿之外，您如何评价现在的横向生态补偿的现状？

潘碧灵：横向生态补偿经过多年探索，仍然处于自发状态。由于横向生态补偿缺乏法规政策约束，多数省均未开展此项工作，开发地区、受益地区与生态保护地区、流域上游地区与下游地区之间缺乏有效的协商平台和机制，导致横向生态补偿发展不足，目前只有浙江、江苏、安徽和江西等地开展了横向生态补偿。除资金补助外，产业扶持、技术援助、人才支持、就业培训等补偿方式未得到应有的重视，横向生态补偿常常陷入"只说不做""知易行难"的困局。

生态补偿制度缺少硬约束

21 世纪网：在前两种生态补偿之外，我国还存在专项生态补偿。您如何评价我国的专项生态补偿制度？

潘碧灵：就专项生态补偿而言，主要的问题是标准偏低，影响积极性和生态修复。如当前生态公益林补贴标准远低于林地所产生的经济效益，一亩森林按照 20 年的主伐期计算，每亩可以实现收入 2 000 元，但是按照国家现在的补偿标准，经营 20 年只补偿 200 元，相差太大，导致很多林农不愿意纳入国家生态公益林的范围。

21 世纪网：生态补偿制度从 20 世纪 90 年代就开始探索，20 多年过去了，为什么还存在这么多问题？

潘碧灵：生态补偿管理体制涉及面广，综合性的管理部门有发改委、财政、环保等，专项生态补偿管理部门有农业、林业、水利、国土等，现各部门之间缺乏整体协调，综合管理谁来牵头也不是很明确，各有关部门工作和管理的要求也不是很明确、严格，严重影响了生态补偿工作的推进和开展。

因此，解决这个问题的出路，在于立法。目前，我国还没有生态补偿的专门立法，现有涉及生态补偿的法律规定分散在多部法律之中，缺乏系统性和可操作性。尽管国家发展改革委从 2010 年开始牵头组织起草《关于建立健全生态补偿机制的若干意见》和《生态补偿条例》，但至今尚未出台，已经滞后于形势的需要。有关部门出台了一些生态补偿的政策文件和部门规章，但其权威性和约束性不够。

重新设计生态补偿制度

21 世纪网：您对生态补偿制度的改革有哪些具体的建议？

潘碧灵：生态补偿是一个系统工程，是生态文明的重要制度建设，需要顶层设计。首先，国家需要尽快对生态补偿做出整体部署，出台生态补偿政策法规。通过完善政策和立法，建立健全生态补偿长效机制。要加强立法，搞好顶层设计。

其次，扩大生态补偿范围。对生态环境状况和生态资产进行全面评估，根据评估结果确定进行生态补偿的先后顺序，将有限的补偿资金合理分配，提高补偿资金的利用效率。对大气环境、耕地和土壤环境等有重要保护功能的区域，湿地、生物多样性保护区等具有生态敏感性的区域，以及部分生态功能价值较高的限制开发区纳入生态补偿的范围，完善生态补偿领域。

最后，生态补偿要纳入各级财政预算安排，在财政预算安排中增设相关科目，并尽量提高补偿额度。中央财政要进一步加大对国家重点生态功能区，特别是中西部国家重点生态功能区的转移支付力度。完善矿山环境治理恢复责任机制，加大矿山地质环境治理和生态恢复保证金征收力度。完善森林、草原、水、海洋等各种资源费征收管理办法，加大各种资源费中用于生态补偿的比重。推进煤炭等资源税从价计征改革，研究扩大资源税征收范围，适当调整税负水平。适时开征环境税。加大水土保持生态效益补偿资金的筹集力度。

21世纪网：在生态补偿的系统设计中，补偿方式也值得进行多元化探索，因为目前的生态补偿主要靠财政资金。对此，您有哪些建议？

潘碧灵：我们应该建立政府统筹、多层次、多渠道的生态补偿机制，充分发挥政府与市场的双重作用，在加大财政生态补偿力度的同时，要充分应用经济手段和法律手段，探索多元化生态补偿方式。积极推进资源使（取）用权、排污权交易等市场化的生态补偿模式，引导社会各方参与环境保护和生态建设。

安吉生态公益林补偿收益权可质押贷款
可达 1.1 亿元*

　　"有了这笔钱，村里的林道设施建设就可以计划起来了。"安吉县上墅乡龙王村党总支书记张春华说。近日，该村以村集体的 4 794 亩生态公益林损失性补偿资金为质押，获得该县农村商业银行的 83 万元贷款。据悉，这是安吉发放的首笔生态公益林补偿收益权质押贷款。"此前，依据现行法律，公益林采伐受限且不能流转、不能抵押融资，令其渐成'沉睡资产'"。该县林业局公益林保护中心主任倪忆丰说。为进一步拓宽农村集体和农户融资渠道，唤醒这一"沉睡资产"，2018 年 5 月，安吉县林业局、安吉农村商业银行联合印发《安吉县公益林补偿收益权质押贷款管理办法（试行）》（以下简称《办法》），在全县范围内推出生态公益林补偿收益权质押贷款。

　　据介绍，《办法》推出后，村集体或林农只需要提供林权证、近 3 年已获得公益林补偿金收入账单或公益林补偿收益权证明、承诺书等材料，就可在该县农商行以年度公益林补偿收入的最高 5 倍质押获得贷款，并享受利率优惠。

　　目前，除了龙王村外，上墅乡施阮村、报福镇统里村也通过生态公益林补偿收益权质押分别获得 81 万元和 130 万元贷款。"今年村里正在全力推进美丽乡村建设，这笔钱及时为村里解决了部分资金上的压力。"统里村支部书记戴士根说。"《办法》的推出，也是林业部门助力乡村振兴的一个举措。"倪忆丰告诉记者，生态公益林虽然限制性采伐，但具有游憩、涵养水源、森林防护等多种效益。出台公益林贷款办法能够促使村集体或工商资本流转生态公益林，发展林下休闲、森林康养等产业。

---

* 来源：http://www.zjly.gov.cn/art/2018/8/27/art_1285508_20840560.html。
生态环境部环境规划院，《生态补偿简报》2018 年 8 月 14 期总第 838 期转载。

目前安吉共有省级以上公益林面积 63.2 万亩,按照 35 元/亩的损失性补偿标准,每年发放的公益林损失性补偿资金 2 211 万元,按照贷款额度放大倍数进行初步测算,全县公益林补偿收益权质押贷款规模最大可达 1.1 亿元。

宜昌首建全域性生态保护补偿机制*

为促进形成绿色生产方式和生活方式,宜昌出台了《建立健全生态保护补偿机制实施方案》,首次建立了全域性生态保护补偿机制,到 2020 年,实现全市森林、水流、湿地、耕地、大气、荒漠等重点领域和禁止开展区域、重点生态功能区等重点区域的生态保护补偿全覆盖。

方案要求,要加强森林生态效益补偿基金的管理,提高补偿基金使用效益;落实黄柏河东支流域生态补偿办法,研究建立清江、香溪河、柏临河、沮漳河、玛瑙河等河流水域生态补偿机制,开展集中式饮用水水源地生态保护补偿;科学划定全市湿地保护红线,探索建立湿地生态效益补偿制度,稳步推进退耕还湿试点;扩大新一轮退耕还林规模,逐步将 25°以上陡坡地退出基本农田,纳入退耕还林补助范围;研究制定鼓励引导农民施用有机肥料和低毒生物农药的补助政策;进一步落实和完善空气质量生态保护补偿机制,完善空气质量排名、通报等考核制度,推动空气质量持续改善;开展沙化、石漠化土地封禁保护试点,落实沙化、石漠化相关补偿政策和项目资金。

方案强调,要多渠道筹措资金,稳步增加生态保护补偿投入;完善重点生态区域补偿机制,探索建立受益地区与保护生态地区、流域下游与上游通过资金补偿、对口协作、产业转移、人才培训、共建园区等方式建立横向补偿关系;研究建立生态环境损害赔偿、生态产品市场交易与生态保护补偿协同推进生态环境保护的新机制;在生存条件差、生态系统重要、需要保护修复的地区,结

---

* 来源:http://www.cnhubei.com/xw/hb/yc/201808/t4155619.shtml。
生态环境部环境规划院,《生态补偿简报》2018 年 8 月 17 期总第 841 期转载。

合生态环境保护和治理，探索生态脱贫新路子。开展贫困地区生态综合补偿试点，创新资金使用方式，利用生态保护补偿和生态保护工程资金，使当地有劳动能力的部分贫困人口转为生态保护人员。对在贫困地区开发水电、矿产资源占用集体土地的，试行给原住居民集体股权方式进行补偿。

江西省首次实施退耕还湿（地）项目*

为呵护鄱阳湖"一湖清水"，江西省加快鄱阳湖流域生态修复。9月6日，记者从省林业厅获悉，2018年全省首次在鄱阳湖区域实施退耕还湿（地）项目，共安排资金200万元，退耕还湿总面积2 000亩。

让原开垦耕地恢复湿地原貌，可有效扩大湿地面积和改善湿地生态功能。按照每亩湿地一次性补贴1 000元的标准，鄱阳湖南矶湿地国家级自然保护区和都昌候鸟省级自然保护区各实施退耕还湿1 000亩，分别安排资金100万元。两个退耕还湿项目的实施方案已通过专家组评审，并获省林业厅批复，当前正在两个保护区内实施。

力保鄱阳湖流域湿地生态系统安全稳定，江西省多方发力，开展省重要湿地名录的确定工作，拟将鄱阳湖区106块湿地纳入《江西省第二批省重要湿地名录》；积极推动湿地保护，截至目前，环鄱阳湖区共有省级以上湿地公园16处，保护湿地面积6.33万 hm^2。与此同时，大力实施造林绿化，去冬今春以来，环鄱阳湖15个县（市、区）共完成造林面积16.09万亩；重点防护林工程等生态建设项目向鄱阳湖流域倾斜，2018年安排鄱阳湖流域人工造林、封山育林17.9万亩。

省林业厅还开展了一系列专项整治行动：开展"清河行动"，累计查出涉林涉湿案件580余起，其中刑事案件110余起；2018年初，联合省水利厅等省

---

* 来源：http://jx.people.com.cn/n2/2018/0909/c186330-32031950.html。

生态环境部环境规划院，《生态补偿简报》2018年9月3期总第844期转载。

直单位，在环鄱阳湖区开展"雷霆 2018"执法专项行动，严厉打击破坏鄱阳湖区湿地，滥捕候鸟、鱼类等违法违规行为；鄱阳湖国家级自然保护管理局还与省高级人民法院、九江市中级人民法院、永修县人民法院在吴城保护站，成立了全国首家生物多样性司法保护基地，设立了巡回法庭。

另外，江西省积极建立鄱阳湖流域生态保护补偿机制。2018 年，全省在环鄱阳湖区实施生态效益补偿项目 11 个，中央财政湿地补贴项目 1 个，共计投入 2 200 万元。这些项目的实施，大大加快了鄱阳湖流域生态保护与恢复的进程，为维护鄱阳湖湿地生态系统安全、稳定提供了有力保障。

福建探索开展生态系统价值核算试点：
绿水青山有了"价值标签"*

作为全国首个生态文明试验区，"绿水青山就是金山银山"发展理念已深植八闽大地。作为生态文明试验区改革任务之一，福建省先行先试探索开展生态系统价值核算试点，成立了由省政府统一部署、省市协调联动、国家级团队技术支撑的组织推进架构，并邀请国内知名院士、专家组建顾问团。目前，武夷山市、厦门市两个试点区域均已形成生态系统生产总值（GEP）核算报告等阶段性成果，得到中央改革办肯定。

核算报告显示，2015 年，厦门生态系统价值核算 1 183.86 亿元，其中海洋生态系统 635.75 亿元，占比 53.70%；武夷山市生态系统服务总价值为 2 324.4 亿元，是同年全市 GDP 的 16.7 倍，人均 101.1 万元。

先行先试，把无形的生态算出有形价值

"简单来说，所谓 GEP，就是以科学的方式给生态环境算一笔账，算出一

---

* 来源：http://www.fj.xinhuanet.com/toutiao/2018-09/17/c_1123439323.htm
生态环境部环境规划院，《生态补偿简报》2018 年 9 月 6 期总第 847 期转载。

定区域在一定时间内生态系统的产品和服务价值总和，是生态版的 GDP。"省
环境科学研究院高级工程师李延风说，长期以来，受限于生态系统的复杂性差
异性，加之人类对自然资源价值认识的局限性、零散性，"绿水青山就是金山
银山"难以量化和具体化。在全国 3 个生态文明试验区中，福建是唯一把 GEP
核算作为重要改革任务的省份。通过选取武夷山为山区样本、厦门为沿海城市
样本进行试点，把无形的生态算出有形的价值，从而为绿色发展考核等提供依
据。

怎么测算？建立"一套数"，将分散在各部门各领域的各类生态环境数据
归集整合起来，在两个试点城市设置各类生态系统数据点位和监测点位近 400
个，累计收集数据 10 余万条，基本实现两个试点城市山水林田湖草生态系统
实物量的全方位、全口径调查。绘就"一张图"，将海量基础数据转化为直观
的生态系统"价值图"。重点对 10 余类生态系统的生物物理模型及价值核算的
定价基准细化改进，实现不同核算指标、不同量纲数据和不同价值量的归一化、
标准化处理，并以货币形式体现。

例如，武夷山市委托生态环境部环境规划院根据生态系统服务价值类型，
重点对森林、湿地、农田三大生态系统建立评估子指标体系，采用统计调查法、
市场价值法、替代价值法等手段，数据收集涉及国土、林业、农业、住建、水
利、发改、气象、旅游和统计等多个部门，既包含林木产品等实物价值，也包
含固碳量、气候调节等看不见但实实在在发挥了作用的价值。根据测算结果，
森林生态系统服务价值最高，2010 年和 2015 年分别为 1 888.2 亿元和 2 262 亿
元，占全部生态系统服务价值的 97.8% 和 97.3%。

山区和沿海城市的数据核算是否按统一标准"一刀切"？当然不是。据
介绍，武夷山市作为国家公园体制试点区和重要生态功能区，以水源涵养、
水土保持和生物多样性维护等山区特征为基础，形成 9 个一级指标、18 个二
级指标的核算体系，构建以森林、湿地、农田等典型山区生态系统为核心，
以生态产品流转为重点的"山区样板"；厦门市作为海湾城市和海上花园城市，
突出滨海地区特征，形成 6 个功能类别、13 个一级指标、13 个二级指标的陆
地生态系统和 4 个功能类别、6 个一级指标、8 个二级指标的海洋生态系统核

算体系，构建以水、海洋、土地、生物、林木等典型沿海生态资源体系为核心，以促进绿色发展为重点的"沿海样板"。

打破传统，为高质量发展提供决策工具

"GDP 反映一个地区的经济发展实力，而 GEP 则反映一个地区的生态文明水平。就一个地区的发展而言，它们就像是车之两轮、鸟之两翼，缺一不可。"省环保厅相关负责人表示，开展 GEP 核算，通过将生态系统的各类功能价值化，不仅给绿水青山打上"价值标签"，让人们更直观、更清晰地认识到生态资源量化价值，还为牢固树立正确的政绩观提供实证依据。"例如，通过 GEP 核算，为今后开展领导干部自然资产离任审计、自然资源资产负债表编制、绿色发展绩效考核等提供数据支撑，进一步完善绿色指挥棒考核体系，推动各级党委政府转变过去唯 GDP 论的政绩观。"

如 2015 年武夷山市 GEP 为 2 324.4 亿元，是当年 GDP 的 17 倍；人均 GEP 为 101.1 万元，是全国平均水平的 20 倍，这充分说明，虽然发展水平不够高，但其十分宝贵的生态资源价值，有必要更加珍惜并依托生态优势转化为发展优势。有了 GEP 这面政绩评价新镜子，当地保护良好的生态环境底气将更足。

"通过监控 GEP 年变化量和年变化率，可以精准发现变化情况和原因，为推进高质量发展提供决策工具。"相关负责人介绍，如厦门市 2010 年与 2015 年 GEP 核算结果显示，厦门市生态系统的服务价值中休憩服务功能增长最快，同比增长 119.3%；同期游客量增长 99.5%、旅游总收入增长 113.9%。这说明近年来厦门市通过持续加强人居环境建设，充分发挥生态优势助推旅游业等现代服务业发展，生态系统价值可以也正在转换为产业发展优势。

同时，通过系统全面地掌握生态系统中各个子项的发展变化状况，可以衡量地区生态文明建设成果，查找短板不足，明确主攻方向。如分析武夷山市 2015 年 GEP 核算结果，从生态功能类别看生物多样性价值约占 GEP 总量的近40%，是所有类型中占比最高的，但相比于 2010 年生物多样性 GEP 价值反而减少 12 亿元。从区域分布看，星村镇的 GEP 约占全市 GEP 总量的 28%。这显示出，当前武夷山市的生态文明建设重点领域是抓生物多样性保护，重点区

域是抓星村镇的生态环境保护，防止生物多样性下降、量变导致质变。

作为一项探索性的改革举措，福建省开展 GEP 核算还处于起步阶段。下一步，将在现有成果的基础上，持续优化核算方法、体系和指标，不断修正完善核算结果，同时在建立健全 GEP 定期核算制度、加强 GEP 核算结果应用等方面探索实践，实现生态环境"高颜值"与经济发展"高质量"双赢。

三亚发放生态补偿资金 5 700 余万元
加大补偿力度*

三亚逐年加大生态补偿力度，引导当地村民提高生态保护意识并付诸行动。根据三亚市林业局统计数据：2018 年该市将发放生态补偿资金 5 712.28 万元，惠及村民 2.38 万人。

据了解，三亚中北部山区多为国有林地，大部分划定为重点生态公益林和天然林保护工程区。该区域生态区位十分重要，承载着涵养水源、调节气候、保持水土等生态效益功能。不过，该地区可供耕作的土地较少，部分农民为提高经济收入，前些年在林区毁林开垦的现象时有发生。为了既保护好三亚市中北部山区生态环境，又能促动调整产业结构、增加当地农民收入，早在 2011 年年初，三亚就已开始探索生态效益补偿试点工作。

---

* 来源：http://m.xinhuanet.com/hq/2018-09/14/c_1123428277.htm。
生态环境部环境规划院，《生态补偿简报》2018 年 9 月 8 期总第 849 期转载。

研究探索践行"绿水青山就是金山银山"理念有效实现途径*

2018 年 9 月 22 日，国家林业和草原局、北京大学共同举办"绿水青山就是金山银山"有效实现途径研讨会，深入贯彻落实习近平总书记关于"绿水青山就是金山银山"的重要理念，分享各地将绿水青山打造为金山银山的成功经验，进一步从理论上、实践上探索"绿水青山就是金山银山"的有效实现路径，更好推动生态文明和美丽中国建设。

国家林业和草原局局长张建龙出席会议并讲话，北京大学党委副书记安钰峰致辞，国家林业和草原局副局长刘东生主持研讨会。

据了解，全国林地、草原、湿地占国土面积的 70% 以上，还有 1 万多处自然保护地及丰富的物种资源，这些都是践行"绿水青山就是金山银山"理念的重要阵地。研讨会书面分享了国家林业和草原局在全国范围内选出的 30 个践行"绿水青山就是金山银山"理念的典型案例，邀请福建省武平县、沙县，浙江省安吉县，山西省右玉县以及青海省大通县边麻沟村 5 个单位代表作典型发言，介绍和分享探索"绿水青山就是金山银山"理念实现途径的成功实践。

中国工程院院士尹伟伦、北京大学国家治理研究院院长王浦劬等专家学者现场作了点评。专家们指出，习近平总书记关于"绿水青山就是金山银山"的论述，深刻揭示了"绿水青山就是金山银山"的本质属性，阐明了生态文明建设与经济社会发展之间的辩证关系，在新的历史条件下定位了国家发展战略和生态文明建设方向，指出了创新、协调、绿色、开放、共享发展战略思路和实现路径。国家林业和草原局选出的 30 个典型案例，在我国大江南北使"绿水青山就是金山银山"的伟大理论变成了现实，以鲜活生动的实践证明了总书记

---

* 来源：http://www.forestry.gov.cn/main/195/20180925/145418413194878.html。
生态环境部环境规划院，《生态补偿简报》2018 年 9 月 9 期总第 850 期转载。

论述的科学性、深刻性和实践指导性。建议进一步加强顶层设计，坚持贴近实际、因地制宜、创新求实，坚持以人民为中心，加强政府引导，发挥市场作用，充分发挥人民群众的创造性和地方政府的积极性，紧紧抓住林业和草原这个关键，聚焦绿水青山的培育转化、永续发展和永续利用，突出人民群众得实惠的原则，启动践行"绿水青山就是金山银山"理念示范建设试点，努力为践行"绿水青山就是金山银山"理念提供务实、高效的机制保障。

张建龙说，习近平总书记提出的"绿水青山就是金山银山"理念，内涵丰富、思想深刻、立意高远，是总书记在长期实践中经过深入思考得出的科学论断。这一重要理念继承和发展了马克思主义生态观和生产力理论，摆脱了把发展与保护对立起来的思想束缚，提出了实现保护和发展相互协调的方法论，找到了实现绿色发展的有效途径。这一重要理念是一个包含认识论、实践论和方法论的完整理论体系，是我们党对自然规律认识的又一重大创新和升华，成为习近平生态文明思想的重要内容，写入了新修订的党章。全国林业和草原系统广大干部职工必须深刻认识"绿水青山就是金山银山"理念的重大意义，将这一理念贯穿于林业草原事业发展的全过程和各个方面，不断推动林业草原现代化建设取得新的成效。

张建龙指出，林业和草原部门既是绿水青山的守护者，也是金山银山的主要创造者。国家林业和草原局将全面落实习近平生态文明思想，牢固树立并认真践行"绿水青山就是金山银山"理念，发挥独特优势，忠诚尽责担当，努力保护好、培育好、利用好绿水青山，让绿水青山源源不断转化为金山银山，持续助力生态文明建设、精准脱贫与乡村振兴。要持续深化林业和草原改革，围绕资源变资产这个核心问题，进一步明晰森林、草原、湿地产权，继续放活经营权，培育新型经营主体，破除体制机制性障碍，增强守护绿水青山的内生动力。要研究完善扶持政策，加大财政支持力度，引入金融社会资本，实施大规模国土绿化、荒漠化石漠化治理、湿地保护与恢复等重大生态修复工程，改善森林、草原、湿地等自然生态系统功能，努力创造更多更好绿水青山。要建立健全共享机制，完善森林、草原、湿地生态补偿制度，建立生态资源定价、损害赔偿和自然资源有偿使用制度，让守护绿水青山者获得相应的经济回报。要构建系统完善服务体系，加大"放、管、服"力度，强化科技创新和科技支撑，充分发挥大专院校和科研技术人员优势，推动林业草原科技成果转化，加快互联网、大数据应用，让"信息多跑路、林农少跑路"，更好地造福广大林农群众。要总结经验、典型示范，认真总结各地践行"绿水青山就是金山银山"理念的鲜活经验，充分尊重人民群众的首创精神和基层的生动实践，推动全社会更加重视、关心、支持林业和草原事业发展，为建设和守护绿水青山凝聚更多力量。

农业农村部副部长：
探索建立多元化生态保护补偿机制*

据国务院新闻办公室网站 10 月 17 日消息，国新办当日举行吹风会，农业农村部副部长于康震就《国务院办公厅关于加强长江水生生物保护工作的意见》（以下简称《意见》）作出解读。

他表示，农业农村部将会同各有关部门和沿江省市的党委、政府来细化相关的配套措施，打好"组合拳"，把《意见》的各项要求不折不扣地贯彻落实到位，确保《意见》规定的各项任务目标能如期实现。

具体而言，他指出，一是实施重要生态系统保护和修复的重大工程。在重要水生生物的产卵场、索饵场、越冬场和洄游通道等关键的栖息地，通过灌江纳苗、江湖连通、过鱼设施、生态调度、增殖放流等措施，增殖水生生物资源，恢复原有的生态功能，全力扭转水域生态恶化的趋势。

二是实施珍稀濒危物种拯救行动计划。加强网格化监测站点的布局建设，提高中华鲟、长江鲟、长江江豚等珍稀物种及其水域环境监测评估的动态化、网络化、信息化水平。坚持就地保护与迁地保护并重，开展珍稀濒危水生生物迁地保护工作，实施自然种群与栖息地就地保护工程，通过关键物种的保护来

---

* 来源：http://www.h2o-china.com/news/281931.html。

生态环境部环境规划院，《生态补偿简报》2018 年 10 月 3 期总第 854 期转载。

带动促进整体生态环境的保护与修复。

三是统筹处理好保护与建设的关系。坚持上下游、左右岸、江河湖泊、干支流有利统一的空间布局，进一步规范水生生物保护区、水源涵养区、江河源头区及生态脆弱地区等重要地区的开发建设活动，守好生态保护红线、环境质量底线和资源利用上线。

四是加快实施捕捞渔民的退捕转产。当务之急是加快推进水生生物保护区和长江干流、重要支流等重点水域的渔民退出生产性捕捞作业，严厉打击"绝户网""电毒炸"等各类非法捕捞行为，让长江水生生物得以休养生息。

五是建立健全水域生态补偿机制。充分考虑保护和修复措施的流域性、系统性特点，制定差别化的保护策略与有针对性的管理措施，探索建立多元化生态保护补偿机制，逐步推动补偿资金和修复措施向禁止开发区域、重点生态功能区等重点区域倾斜，优先支持解决重点水域生态环境治理、各级各类保护地的保护与恢复等紧迫性的任务和问题。

六是推动落实责任分工和工作推进。会同有关部门分解落实行业主管责任，明确沿江各级地方政府的属地主体责任，结合实施乡村振兴战略及河长制、湖长制等制度，细化目标任务，明确时间表、路线图、任务单和责任人，严格督查考核，强化执法监管，将保护和修复的责任层层分解落实，尽快把《意见》的政策红利转化为长江的生态红利。

成都市人民政府办公厅
关于健全生态保护补偿机制的实施意见[*]

各区（市）县政府，市政府各部门，有关单位：

为贯彻落实《国务院办公厅关于健全生态保护补偿机制的意见》（国办发

---

[*] 来源：http://gk.chengdu.gov.cn/govInfoPub/detail.action？id=102055&tn=6。
生态环境部环境规划院，《生态补偿简报》2018年10月6期总第857期转载。

〔2016〕31 号）和《四川省人民政府办公厅关于健全生态保护补偿机制的实施意见》（川办发〔2016〕109 号）精神，加快推进生态文明建设，结合成都实际，现就进一步健全成都市生态保护补偿机制提出如下实施意见。

一、总体要求

（一）指导思想。以习近平生态文明思想为指导，深入贯彻党的十九大和习近平总书记对四川工作系列重要指示精神，牢固树立"绿水青山就是金山银山"的发展理念，全面落实全国、省市生态环境保护大会精神和省市党代会关于生态文明和绿色发展的决策部署，以主体功能区战略为基础，以发挥和保护生态系统服务功能、改善生态环境质量、维护生态安全为导向，以生态建设、污染防治和生态保护补偿"三位一体"为抓手，不断完善转移支付制度，探索建立市场化、多元化生态补偿机制，逐步扩大补偿范围，合理提高补偿标准，有效调动全社会参与生态环境保护的积极性，开拓"生态优先、绿色发展"新道路，加快建设美丽宜居公园城市。

（二）基本原则。权责统一，合理补偿。按照"谁受益，谁补偿"的原则，科学界定保护者与受益者权利义务，推进生态保护补偿标准体系和沟通协调平台建设，探索建立多元化的筹资渠道和市场化的运作方式，促进生态保护社会成本内部化，加快形成受益者付费、保护者得到合理补偿的运行机制。

因地制宜，分类实施。立足生态补偿各领域各区域的不同特点，深化前期实践经验，分类细化落实生态补偿差异化的政策措施，增强针对性、系统性和可操作性，加强各领域、各区域间协调配合，不断提升生态保护成效。

因时施策，动态调整。立足成都市经济社会发展的阶段性特征，充分考虑经济发展水平和财政承受能力，按照生态环境破坏轻重程度和保护紧迫性急缓情况，适时调整补偿范围、补偿标准和补偿期限。

统筹兼顾，转型发展。将生态保护补偿与实施主体功能区战略、转变经济发展方式等有机结合，逐步提高重点生态区域基本公共服务水平，促进其绿色转型发展。

（三）主要目标。到 2020 年，实现重点生态领域和重点生态区域生态保护补偿基本覆盖，保护主体责任进一步落实，补偿标准体系进一步规范，资金来源渠道基本稳定，补偿水平与经济社会发展状况更加适应，多元化补偿机制初步形成，符合成都市市情的生态保护补偿制度体系基本建立，对生态文明建设促进作用更加明显。

二、重点任务

（四）健全森林生态保护补偿机制。落实《成都市集体公益林（地）生态保护资金管理办法》，健全市级公益林补偿标准动态调整机制。积极研究重要生态区集体商品林赎买政策，探索将停止商业性采伐的天然起源商品林逐步纳入森林生态效益补偿范围，探索全面实施森林生态补偿和森林资源有偿使用制度。鼓励和支持有条件的地方开展以政府购买服务为主的公益林管护试点，将部分有劳动能力的贫困人口转为生态护林员，推进集体公益林集中管护。（牵头单位：市林业园林局、市财政局；责任单位：市发改委）

（五）健全饮用水水源地保护激励机制。健全集中式饮用水水源地保护激励机制，落实成都市饮用水水源保护工作考核激励相关办法，设立饮用水水源保护激励资金，对市级饮用水水源保护区所在的区（市）县政府给予奖励。加强对跨区（市）县饮用水水源保护的指导协调，督促建立上下游饮用水水源保护激励机制。（牵头单位：市环保局；责任单位：市财政局、市水务局、市规划局、市发改委）

（六）健全流域水环境保护生态补偿机制。完善水环境治理激励惩罚机制，落实岷江、沱江流域水环境生态补偿相关办法，对断面水质考核超标和优于考核的区（市）县分别进行资金扣缴和奖励，逐步增加扣缴考核断面，提高扣缴标准。加强黑臭河渠综合治理后日常管护工作，逐步纳入水质超标扣缴资金考核。积极落实水土保持补偿费政策，探索开展水利风景区生态补偿试点。（牵头单位：市环保局、市水务局；责任单位：市财政局、市发改委）

（七）健全耕地生态保护补偿机制。加快建立以绿色生态为导向、促进农业资源合理利用与生态环境保护的农业补贴政策体系和激励约束机制。结合永久基本农田保护，适时修订现有耕地保护基金使用管理办法，完善耕地保护基金使用方式，建立相应的增长机制，将土壤污染防治和秸秆禁烧等与耕地保护基金发放挂钩。进一步完善耕地地力保护补贴政策，引导各区（市）县将耕地地力保护补贴与耕地地力保护挂钩。落实耕地质量数量保护与提升等支持政策，探索在重金属重度污染区开展轮作休耕试点，逐步将符合条件的 25°以上非基本农田坡耕地、重要水源地 15°～25°非基本农田坡耕地纳入新一轮退耕还林补助范围。（牵头单位：市国土局、市农委；责任单位：市环保局、市水务局、市林业园林局、市建委、市财政局、市发改委）

（八）推动建立固体废物处置环境补偿机制。充分考虑市级生活垃圾处理设施所在区（市）县的生态保护成本，积极落实《成都市生活垃圾跨区（市）县处理环境补偿办法》，完善生活垃圾导出区对导入区的环境补偿长效机制，适时提高环境补偿金征收标准。实施固体废物处置攻坚行动，积极探索其他固体废物合法转移处置的生态补偿机制，促进固体废物处置利用设施共建共享。（牵头单位：市城管委；责任单位：市环保局、市财政局、市发改委）

（九）推动建立湿地生态保护补偿机制。积极争取国家退耕还湿政策，探索在自然湿地和生态区位重要的人工湿地开展补偿试点。加强湿地生态系统的保护与修复，通过建设国家湿地公园、省级湿地公园两个不同层级的保护平台构建湿地保护体系。（牵头单位：市林业园林局；责任单位：市财政局、市发改委、市国土局、市规划局、市水务局、市环保局、市建委）

（十）推动建立重点生态区域补偿机制。按五大功能分区差异化的发展定位，加大对重点生态区域的均衡性财政转移支付力度。积极落实对国家级自然保护区、世界文化自然遗产、国家级风景名胜区、国家森林公园、国家地质公园等禁止开发区的生态保护补助政策。结合大熊猫国家公园体制试点，逐步探索将国家公园内符合条件的商品林优先调整为公益林并享受生态效益补偿，将其核心保护区和生态修复区的耕地全部纳入新一轮退耕还林还草补助范围。（牵头单位：市发改委、市财政局、市林业园林局；责任单位：市国土局、市建委、市规划局）

（十一）稳步建立跨市域生态保护补偿机制。密切关注国家、省跨区域横向生态保护补偿试点动态，加强跨市域生态保护补偿前期研究。健全利益分享机制，鼓励受益地区与生态保护地区、流域下游与上游通过项目合作、园区共建、飞地经济等方式建立横向补偿关系。（牵头单位：市发改委、市财政局、市环保局；责任单位：市水务局、市经信委、市规划局、市林业园林局）

三、机制创新

（十二）建立稳定的投入机制。多渠道筹措资金，推进建立以市场和社会投入为主的多元化补偿机制。落实长江经济带生态补偿与保护长效机制，积极争取国家加大对长江上游重点生态功能区的转移支付。支持重点生态区域所在区（区、县）政府加强生态环境保护、提升公共服务能力，对其转移支付实行定向财力管理模式，赋予区（区、县）政府项目决策和资金管理自主权。试点征收水资源税，全面落实环境保护费改税，按照国家相关政策规定，允许相关收入用于开展相关领域生态保护补偿。完善生态保护成效与资金分配挂钩的激励约束机制，加强对生态保护补偿资金使用的监督管理。（牵头单位：市财政局、市税务局；责任单位：市发改委）

（十三）健全配套制度体系。健全森林、湿地等自然资源产权制度，逐步建立统一的确权登记系统和权责明确的产权体系，科学评估自然资源市场价值和生态价值，推进建立覆盖各类全民所有自然资源资产的有偿出让制度。建设全市统一的环境质量监测网络，建立和完善生态环境质量与评估指标体系，将生态环境质量监测结果作为生态补偿和生态环境损害赔偿的重要依据。按照国家和省统一安排，探索建立生态保护补偿统计指标体系和信息发布制度。强化科技支撑，鼓励开展生态保护补偿标准和生态服务价值等课题研究。（牵头单位：市国土局、市环保局、市发改委；责任单位：市财政局、市水务局、市农委、市林业园林局）

（十四）创新生态价值转化机制。充分挖掘公园城市生态价值，积极探索生态价值向人文价值、经济价值、生活价值转化的实现路径，提升生态系统复合功能，丰富受益者付费和保护者受偿形式，推动"输血式"补偿到"造血式"补偿转变。搭建生态价值实现平台，以天府绿道、龙泉山城市森林公园等重大生态工程为载体，充分运用移动互联网、大数据、人工智能等新技术，构建共享停车、位置信息和周边服务、文化体验等多元复合的新经济应用场景，植入优质商业资源和新的商业元素、商业模式、特色文化，激发环保、文创、研发等新投资需求，引入多样化、生态化的消费形态，充分调动全社会参与生态保护的积极性。（牵头单位：市发改委、市环保局；责任单位：市建委、市林业园林局、市商务委、市旅游局、市文广新局、市新经济委、龙泉山城市森林公园管委会）

（十五）完善政策协同机制。研究建立生态环境损害赔偿、生态产品交易与生态保护补偿协同推进生态环境保护的新机制。实行生态环境损害赔偿制度，强化生产者环境保护法律责任。深化资源环境价格改革，依据"使用者付费、污染者付费"原则，进一步完善资源环境价格形成机制，发挥市场机制促进生态保护的积极作用。研究开展排污权交易试点，积极参与基于能源消费总量管理下的全省用能权交易试点。积极衔接全国碳交易市场，组织重点控排企业参与碳市场交易，推进碳市场管理制度和支撑体系建设，探索构建市民低碳行为的评价体系及激励机制。逐步推进建立统一的绿色产品标准、标识体系，完善落实对绿色产品研发生产、运输配送、消费采购等环节的财税金融支持和政府采购政策。（牵头单位：市环保局、市城管委、市水务局、市经信委、市发改委、市质监局；责任单位：市财政局、市农委、市林业园林局）

四、组织实施

（十六）加强统筹指导。市发改委、市财政局、市环保局会同市级有关部门，建立市级层面生态保护补偿协调机制，统筹推进和协调落实各项工作任务，组织开展督察和政策实施效果评估，研究解决重大问题。市级相关部门要结合实际情况，研究制定相应领域配套政策，积极稳妥推进生态保护补偿工作。

（十七）强化责任落实。区（市、县）政府要充分发挥生态环境保护的主导作用，自觉担负本辖区生态保护补偿工作的主体责任，把健全生态保护补偿机制作为推进生态文明建设的重要抓手，按照本实施意见明确的重点领域和工作任务，积极落实相应配套资金，健全领导体制和工作推进机制。

（十八）注重宣传引导。各级各部门要加强生态保护补偿政策解读、宣讲，回应社会关切，争取认同支持，减少影响干扰，引导社会公众强化环境保护、生态补偿意识，自觉抵制不良行为，培养良好的生活方式和消费习惯，营造保护生态环境、支持生态补偿的良好社会氛围。

成都市人民政府办公厅

2018 年 10 月 8 日

京津冀跨区域生态补偿试点显成效
相关部门建议加强共治力度建立长效机制[*]

中共中央、国务院印发的《生态文明体制改革总体方案》提出，"推动在京津冀水源涵养区开展跨地区生态补偿试点"。记者近日采访了解到，京津冀跨区域生态补偿实施两年以来，三地严格履行各自职责，水源地水质达标率明显提高，但上游治理压力仍然较大，有待继续探索长效机制，优化生态补偿办法，实现水质持续改善。

京、津、冀三地探索生态补偿协作机制

京津冀地区山水相连、唇齿相依，共处一个生态单元，共享一地自然资源。作为水生态脆弱、环境保护压力巨大的区域，水资源短缺已成为制约京津冀地区经济社会可持续发展的主要因素之一，因此三地开展补偿协作成为必然选择。

中共中央、国务院《生态文明体制改革总体方案》提出，"推动在京津冀水源涵养区开展跨地区生态补偿试点"；《环渤海地区合作发展纲要》提出，"鼓励地区间探索建立横向生态补偿制度，在流域生态保护区与受益区之间开展横

---

* 来源：http://www.sohu.com/a/272545424_267106。

生态环境部环境规划院，《生态补偿简报》2018 年 11 月 2 期总第 860 期转载。

向生态补偿试点"。在原环保部、财政部的组织协调下，河北省与天津市首先就引滦入津上下游横向生态补偿达成一致意见，在前期合作的基础上，两地人民政府共同签订了《关于引滦入津上下游横向生态补偿的协议》（以下简称《协议》）。

《协议》明确：河北、天津共同出资设立引滦入津水环境补偿资金，资金额度为两省市2016—2018年每年各1亿元，共6亿元。河北省通过开展面源污染治理，清理潘家口、大黑汀水库网箱养鱼，开展水库沉积物污染物污染调查与环保清淤评估和清理，编制潘家口、大黑汀水库生态环境保护规划等污染治理和生态保护工程建设，确保水质达到考核目标，并稳步提升。使入津的黎河、沙河跨界断面水质年均浓度都达到《地表水环境质量标准》（GB 3838—2002）Ⅲ类水质标准。2016年、2017年、2018年月监测结果水质达标率分别达到65%、80%、90%。若考核年度水质达到或优于考核目标，天津市该年度资金全部拨付给河北省。中央财政根据水质考核目标完成情况，每年最多奖励河北省3亿元，用于污染治理。

为切实保护密云水库上游流域水环境，保障首都供水安全，实现京冀生态环境保护协同发展，北京市与河北省水源涵养区生态环境保护补偿机制建立工作于2017年正式启动。目前两省市已就京冀流域生态补偿事宜基本达成共识，河北省和北京市人民政府均已批复同意签署协议。近日，河北省已向国家有关部委报送了《关于下达密云水库上游潮白河流域水源涵养区横向生态保护补偿奖励资金的请示》。

生态补偿显成效但上游治理压力较大

自2016年5月津、冀两省市就补偿机制达成一致起，天津市和河北省认真组织落实联合监测、执法等工作。在环保部的组织指导下，与河北省每月对《协议》规定的黎河桥、沙河桥2个跨界断面水质开展联合监测，监测数据每月上报中国环境监测总站。与河北省开展联合执法，初步掌握了上游河道有关情况，进一步防范了跨流域环境水污染纠纷，有效地预防了跨流域水污染突发事件，确保了区域内水质安全。

为加强滦河流域污染治理、改善潘家口—大黑汀水库水质，河北省加快实施潘大水库库区网箱养鱼清理工作，加大引滦入津沿线污染治理力度。截至 2017 年 5 月，潘大水库网箱清理工作已全部完成，共清理网箱 79 575 个、库鱼 0.86 亿 kg。同时，唐山、承德两市针对直接影响引滦水质的环境问题，深入实施了多项重点水污染防治工程。近两年两地联合监测结果表明，与 2015 年年底相比，滦河水质已明显改善。河北省连续三年足额获得中央财政奖励资金。

水源地污染治理难度较大，除了网箱养鱼、工业废水、生活污水、农业废弃物等直接污染，还有不合理耕作导致水土流失，水库防洪能力降低、供水无保证、泥石流和滑坡等问题。长期以来县域经济不足和城镇化建设导致水生态保护问题突出，当地治理压力较大，急需实效性补偿。

国务院办公厅《关于健全生态保护补偿机制的意见》提出，"要加快形成受益者付费、保护者得到合理补偿的运行机制"。河北省承德、张家口、唐山等地区为保护下游京津水资源已投入数百亿元。因实施引滦入津工程，承德、唐山市修建潘家口水库时的后靠移民，目前人均耕地只有 0.12 亩，每年仅 600 元生活补助，由于生产资料十分有限，农户收入远低于所在县市平均水平，脱贫任务艰巨。

目前来看，通过实施流域生态补偿，将有限的补偿资金实化为各项环境综合整治工作，虽然实现了流域水环境质量在短期内的大幅改善，但同时也给上游地区增加了工作压力、财政负担以及后续的社会责任。"与治理投入相比，下游地区通过水质考核形式给予上游地区的生态补偿资金几乎杯水车薪。"河北省环保厅相关负责人表示。

相关部门建议加强共治力度建立长效机制

近日，天津市人民政府出台的《天津市打好水源地保护攻坚战三年作战计划（2018—2020 年）》中明确指出，健全饮用水水源保护长效机制，落实生态补偿机制，协调推动河北省境内沙河下游段养鱼网箱，清除沿河村庄、河滩地和沿岸垃圾；完善水源地日常监管制度，充分利用好法律、科技、经济、行政手段，加强饮用水水源地保护区规范化建设。

天津市环保局相关负责人建议，从以下两方面进一步开展引滦入津跨区域生态补偿工作。

一是加强两省市间水污染防治等领域的协同发展。大力推动流域环境综合治理，认真落实引滦入津上下游横向生态补偿协议和实施方案中的各项工作，按要求开展联合监测。

二是尽快研究出台 2018 年以后的补偿机制。天津市将与河北省共同探索总结补偿机制的成效和经验，尽快研究出台 2018 年以后的补偿机制，加强引滦入津上下游水质保护力度，切实推进京津冀协同发展。

河北省环保厅建议，宜加大对河北省流域生态补偿奖励资金支持；协调下游京津地区根据流域生态环境现状、保护治理成本投入、水质改善的收益等因素，合理提高补偿标准，形成"成本共担、效益共享、合作共治"的流域保护和治理制度，促进上下游流域水环境质量持续改善、区域协调发展。具体包括：一是 2018 年引滦入津上下游横向生态补偿协议到期后，河北省与天津市再续签三年，并且适当提高补偿标准，中央财政奖励同步提高；二是北京市、天津市环境保护局等单位充分发挥技术优势，协助河北省承德、张家口等市，研究解决密云水库上游潮白河流域、引滦入津流域总氮指标削减问题，实现水质持续改善。

实施天保工程 20 年　四川森林面积增加 1 亿亩[*]

1998 年，四川在全国率先启动实施天然林资源保护工程。20 年间，全省森林面积由 1.76 亿亩升至 2.76 亿亩。全省森林覆盖率提升 13.8 个百分点，达 38.03%。综合测算，四川生态服务价值已达 1.76 万亿元，稳居全国前三。

---

[*] 来源：http://news.sina.com.cn/o/2018-11-02/doc-ihnfikve6916388.shtml。
生态环境部环境规划院，《生态补偿简报》2018 年 11 月 6 期总第 864 期转载。

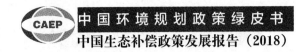
10 月 31 日,省林业厅在成都召开新闻通气会,晒出天保工程实施以来的"成绩单"。

新中国成立后至 1998 年,根据国民经济发展需要,四川先后建立森工企业 100 余个,累计生产木材 1.2 亿多 m³。但进入 20 世纪 90 年代,森工企业陷入资源危机、经济危困,全省生态状况恶化趋势明显。1998 年 9 月 1 日,根据党中央和国务院部署,四川全域停止天然林商业性采伐。天保工程启动后,围绕提升森林的生态、经济和社会效益,四川境内的砍树人逐渐转变成植树人、护林人,探索森林资源管护新模式、涉林经济发展新路径。在生态方面,天保工程启动第二年,全省就制定出台全国唯一的省级天然林保护条例,并把森林覆盖率纳入县域经济考核指标。同时,以天保工程为抓手,先后启动退耕还林还草、野生动植物保护、防沙治沙、石漠化治理、干旱河谷治理等重点生态工程,全力建设长江上游生态屏障。目前,全省森林生态系统每年涵养水源量 757.2 亿 t,约等于 700 座大型水库库容,每年可减少水土流失 1.4 亿 t。

在经济领域,四川林业产业已培育出林下种养业、生态旅游和森林康养等新业态。到 2017 年年底,竹子、花椒、核桃等特色林产业面积和产量均居全国前列,全省林业总产值突破 3 400 亿元。社会效益方面,过去 20 年,中央和省级财政累计投入四川天保工程管护、补贴和建设资金 430 亿元。在此基础上,四川将 2.88 亿亩森林全部纳入管护范畴,累计安置伐木工人 9.1 万人。天保工程生态补偿实施范围已扩展至国有林、公益林,每年全省有 589 万农户、2 400 余万人受益。

省林业厅相关负责人介绍,下一步四川将借助国有林场林区改革契机,在全省逐步建立起国有森林资源分级监管体系。

专家：长江保护需要一部法律，
为经济带立绿色发展规矩*

养育着全国 40% 的人口、支撑着全国 40% 经济总量的中华民族母亲河——长江，有望有一部自己的法律，为其生态环境保护和高质量发展立规。

据《第一财经》记者了解，日前闭幕的中国环境与发展国际合作委员会（以下简称"国合会"）2018 年年会，已将"推动长江保护立法"作为本次年会的一项重要政策建议，将按程序报送国务院及相关政府部门，供决策参考。据了解，提交的"长江保护法"建议稿共有 10 章 76 个条款，是迄今为止研究提出的第一份法案建议稿。

中国工程院院士、生态环境部环境规划院院长王金南今天（7 日）上午对《第一财经》记者表示："长江需要一部法律，一部充分反映长江生态环境现状及保护需求的法律，为长江经济带立下绿色发展规矩。"

在本次国合会年会上，王金南担任"长江经济带生态补偿与绿色发展体制改革"专题政策研究项目组中方组长。他说，目前长江经济带生态环境保护有序推进、污染防治能力持续增强、生态环境质量持续改善，"绿水青山就是金山银山"理念付诸行动，生态功能保障、环境质量安全、自然资源利用、产业环境准入和环境责任追究"五大规矩"正在形成。

同时，以《长江经济带发展规划纲要》为统领、用长江大保护推进高质量发展，用高质量发展的成果提升大保护的格局初步建立，"共抓大保护、不搞大开发"理念日益深入人心，"生态优先、绿色发展"已成为社会各界共识。

"用法律和制度保护生态环境，已逐步在全社会达成共识。"王金南说，在长江经济带以及长江流域，党中央、国务院以及相关部委先后出台了一系列制

---

* 来源：https://www.yicai.com/news/100054808.html。

生态环境部环境规划院，《生态补偿简报》2018 年 11 月 7 期总第 865 期转载。

度以及规范化文件，如《长江经济带发展规划纲要》《关于依托黄金水道推动长江经济带发展的指导意见》《长江经济带生态环境保护规划》《关于建立健全长江经济带生态补偿与保护长效机制的指导意见》等。应该说支撑长江生态环境保护修复的制度正在不断完善。

王金南分析说，我国涉水的法律很多，如《水法》《水污染防治法》《防洪法》《水土保持法》等，与长江直接相关的有《太湖流域管理条例》《长江河道采砂管理条例》等，"但这两个条例，一个仅适用于太湖，一个仅针对采砂这一具体问题，不能满足当前乃至未来长江保护的需要。"

对于长江保护法应体现哪些特点的问题，王金南认为，长江保护法应具备三个特征：系统综合性、流域差异性和特殊针对性。

王金南说，长江保护法应是一部综合法，以水为重点，统筹资源、环境、生态等领域，强调空间管控、保护修复、风险防控等方向，以生态系统整体性作为立法的根本遵循。需要着重考虑《长经济带生态环境保护规划》中提出的和谐长江、清洁长江、健康长江、优美长江、安全长江的目标如何支撑，以及党的十九大报告中提出的第二个一百年目标所对应的长江流域生态环境保护要求如何设计、如何保障。

王金南认为，长江保护法应以长江流域为保护对象，系统考虑长江流域的自然资源禀赋、经济社会发展特征及区域差异、生态环境保护的阶段性目标设计，立足当前，兼顾长远，确保法律在相当长的一段时间内的适用性。需要着重考虑的问题包括长江上中游水利水电工程对生态环境的负面影响如何有效控制，因城市发展和农业生产造成的湿地减少以及退化萎缩如何修复恢复，如何有效控制氮磷等营养物质排放以及更进一步实现对持久性有机污染物和环境激素等物质的控制等。

王金南说，在严格遵守我国生态环境保护现行法律的前提下，应将长江保护的特别定位和特殊要求以法律形式固化，将正在和将要实施的长江经济带发展规划纲要、长江经济带生态环境保护规划、长江保护修复攻坚战行动方案等文件中的关键任务要求提升为法律约束，从根本上解决空间布局不合理、江湖关系不和谐、岸线开发不科学、生态环境风险防控不到位等问题。

王金南对《第一财经》记者表示，目前，人们对于长江保护法的认识还处于一个逐渐深入的过程。根据目前的研究进展，长江保护法应明确标准和规划，研究河湖长制、排污许可、生态补偿、区域限批等国家普适性制度章程如何转化为长江流域的具体要求。

此外，应明确法律管控的重点流域，明确在长江流域哪些不能做，哪些不鼓励做。如空间管控，明确提出"三线一单"落实、自然岸线保护、河湖生态缓冲带划定等要求；水资源开发与利用，明确提出用水总量控制、生态流量保障、水电开发约束等要求；水环境保护，明确提出不同类型水体和不同种类污染源的保护和治理要求；生态保护与修复，明确提出河湖湿地、森林草原、生物多样性保护、水土流失治理以及采砂控制等要求；生态环境风险防控，明确提出企业环境风险、交通运输环境风险以及有毒有害物质监管等要求。并明确在长江流域违反法律、破坏生态规矩需要付出的代价。

武汉首发森林生态系统价值评估报告
人均生态福利 2 000 元[*]

11 月 9 日，武汉市首次发布《2017 年度武汉市森林生态系统服务功能及其价值评估报告》，除中心城区外，该市森林面积 1 222 km²，林地面积 1 517 km²，城市绿地 263.56 km²。将生态系统按照货币化折算，相当于 2017 年武汉每人领到了 2 017.75 元的生态福利。

据介绍，评估报告由武汉市林业科技推广站和华中农业大学园艺林学学院，根据国家林业局《森林生态系统服务功能评估规范》等，以及武汉市森林规划设计资源调查等相关数据资料完成。评估覆盖涵养水源、保育土壤、固碳释氧、积累营养物质、净化大气环境、森林游憩、生物多样性保护 7 个方面

---

* 来源：https://news.sina.com.cn/o/2018-11-09/doc-ihmutuea8672596.shtml。
生态环境部环境规划院，《生态补偿简报》2018 年 11 月 9 期总第 867 期转载。

12 项指标，并计算出森林生态效益的物质量和价值量。

评估结果显示，由于城市发展会占用林地，武汉市森林生态系统服务功能空间差异明显，黄陂北部木兰山及周边地区、新洲东北部、江夏纸坊周边、东湖风景区——九峰城市森林公园周边森林生态资源丰富。从各区来看，黄陂、新洲、江夏等区森林生态系统服务功能量较高，近郊区偏低。

2017 年，武汉森林年调节水量达到 2.74 亿 m^3，相当于 2.1 个东湖的蓄水量。按照国家人均用水量计算，这些水资源可供武汉市居民使用 140 d。森林生态系统阻止了 658.5 hm^2 土地退化，保持土壤磷元素、钾元素和有机质。

在固定二氧化碳和释放氧气方面，武汉森林系统 2017 年吸收了 45 万户家庭的年二氧化碳排放量。按人均日消耗氧气 0.75 kg 计算，满足了 403.5 万人一年消耗洁净氧气的需求。在净化大气污染物方面，武汉市森林生态系统可滞尘 224.86 万 t，释放负离子 9.64×10^{23} 个。

评估小组负责人、华中农业大学园艺林学学院副院长王鹏程介绍，"绿水青山就是金山银山"，评估依照人们对森林旅游的支付意愿、生态功能和救灾功能的资金投入，将森林生态功能按照货币化折算，市民更有直观感受。数据显示，2017 年武汉市森林生态系统服务总价值为 220.54 亿元/a，按照当年年末人口 1 093 万计算，人均享受森林生态系统服务价值为 2 017.75 元。

在森林各项生态系统服务功能中，森林游憩价值最高，占全市森林生态系统服务总价值的比例高达 30.91%，达到 68.18 亿元/a。其次是森林固碳释氧功能价值占全市森林生态系统服务总价值的比例是 24.68%，为 54.42 亿元/a。

王鹏程说，以后将按照数据更新情况，每年发布评估报告，不仅给市民一本明白账，也为决策层在生态补偿等方面提供参考。

西部大开发：沿边开发开放深入推进生态保护补偿机制进一步完善*

建设沿边重点开发开放试验区是党中央、国务院面向新时期、新形势作出的重大部署，是完善我国全方位对外开放格局、促进经济发展方式转变、推动区域协调发展、深入推进"一带一路"建设和西部大开发的先手棋。国务院出台了《国务院关于支持沿边重点地区开发开放若干政策措施的意见》《国务院关于加快沿边地区开发开放的若干意见》等文件，相继批准设立广西东兴和凭祥、云南瑞丽和勐腊（磨憨）、内蒙古满洲里和二连浩特、黑龙江绥芬河（东宁）7个沿边重点开发开放试验区。

体制机制不断创新。各试验区将体制机制创新作为核心任务，不断深化重点领域改革，在多个领域成功先行先试。东兴试验区试行4个"全国第一"和15个"广西第一"，在口岸开放、货币兑换业务、跨境人民币结算和贷款业务、城乡医疗保险统筹和工商登记注册方面推陈出新。瑞丽试验区不断创新口岸通关方式，海关平均无纸化通关率达到90%以上，平均通关时间降低为5分钟。

经济增长态势强劲。2018年上半年，在稳中有变的经济形势下，各试验区经济增速保持稳健，有力地稳定了西部地区经济发展形势。东兴、凭祥、瑞丽、勐腊（磨憨）试验区地区生产总值增速均在8.5%以上，各试验区城镇和农村居民人均可支配收入增速均保持在7%左右。

互联互通水平提升。以中欧班列为代表的一批互联互通基础设施项目相继建成使用。截至2018年6月，二连浩特试验区共过境中欧班列525列，增幅214.4%；出入境货运总量为584.5万t，增幅21.1%。

产业发展加速聚集。试验区把产业发展作为工作重点，加大招商引资力度，

---

* 来源：http://www.ceh.com.cn/xwpd/2018/11/1098832.shtml。

生态环境部环境规划院，《生态补偿简报》2018年11月11期总第869期转载。

产业体系不断完善。2018 年 1—5 月，东兴试验区办理边境旅游通行证赴越旅游 11.4 万人次，同比增长 50.6%，成为中越边境唯一常态化开通跨境自驾游的城市。

经贸往来提质加速。对外进出口贸易保持强劲增长，与周边国家开放合作持续深化。满洲里试验区 2018 年上半年口岸过货量增长 2.3%，煤炭进口实现翻倍增长，集装箱货运量增长 51.8%，果蔬出口增长 6.3%。经满洲里、二连浩特口岸出入境中欧班列 1 328 列，同比增长 64.1%，发运集装箱增长 32.8%。以满洲里为终到站的返程中欧班列首次实现进出基本平衡。

民生保障条件改善。瑞丽试验区投入各类扶贫资金 1.3 亿元，贫困发生率下降至 6.1%，改造提升城区绿化亮化，清理疏通城区雨污管网河道，建成保障性住房 4 581 套。

下一步，国家发展改革委将按照"多协调，重落实，抓重点，出经验"的工作思路推进西部地区开放型经济发展工作。多协调。全面加强中央和地方的协同推进、部门之间的统筹配合，避免出现"两头热"和"中梗阻"。重落实。贯彻落实好国务院《关于支持沿边重点地区开发开放若干政策措施的意见》，督促有关方面出台具体专项政策措施，加强预判分析与跟踪检查，进一步加大对试验区建设的支持力度。抓重点。积极争取中央预算内投资，把基础设施建设放在优先领域，打通关键节点，带动投资和经贸往来。坚持重点培育特色优势产业，在基本公共服务建设领域下功夫。出经验。进一步解放思想，打破现有的体制机制障碍，在重点领域和关键环节先行先试、率先突破，在其他条件成熟的沿边地区适时推广，探索和创新经济合作、地区发展、兴边富民的新途径。

加快建立健全西部地区生态补偿机制

西部地区生态地位十分重要，生态环境比较脆弱，建立生态保护补偿机制有利于激发西部地区保护生态环境的积极性。党中央高度重视西部地区生态保护补偿制度建设。2014 年 9 月 28 日，习近平总书记在中央民族工作会议上的讲话指出，坚持加强生态保护和环境整治、加快建立生态补偿机制，做到既要金山银山、更要绿水青山，保护好中华民族永续发展的本钱。2015年11月27日，习近平总书记在扶贫开发工作会议上的讲话提出，生态补偿脱贫一批，在生存条件差但生态系统重要、需要保护修复的地区，可以结合生态环境保护和治理，探索一条生态脱贫的新路子。《中共中央 国务院关于加强和改进新形势下民族工作的意见》提出，率先在民族地区实行资源有偿使用制度和生态补偿制度，切实加强生态环境保护，发展生态经济。2016年5月，《国务院办公厅关于健全生态保护补偿机制的意见》建立了重点领域、重点区域、流域上下游以及市场化补偿机制的基本框架，促进了包括西部地区在内的生态保护补偿机制建设。

一是生态保护补偿制度体系进一步完善。内蒙古、四川、云南、贵州、西藏、广西、宁夏、甘肃、陕西、新疆等省和自治区先后出台实施了健全生态保护补偿机制实施意见，一些省区建立了矿产资源开发、冰川保护补偿的措施。西部地区纳入重点生态功能区转移支付范围的县（市、区、旗）占全国的62%，国家公园体制率先在三江源地区试点。陕西从2013年起，每年补偿甘肃定西、天水两市各400万元。广西、贵州等省区开展省内跨市流域上下游补偿，取得初步成效。

二是不断加大生态保护补偿资金投入。西部地区是我国森林资源和草场资源富集地区，国家根据财力，逐步提高生态保护补偿标准，国有国家级公益林补助标准提高到每年每亩10元，集体和个人所有的国家级公益林补助标准提高到每年每亩15元，草畜平衡奖励标准提高到每年每亩2.5元，草原禁牧补助标准提高到每年每亩7.5元。西部地区国家级公益林10.6亿亩，占全国各地总和的65%，其中，国有公益林占75%，集体公益林占63%。2017年，中央财政森林生态效益补偿投入175.8亿元，西部地区占60%。

三是探索推进市场化生态保护补偿。水权、碳排放权、排污权、碳汇交易积极推进。重庆市2014年6月到2017年9月累计完成碳排放权交易366笔，成交598万t，成交金额2 100万元；四川联合环境交易所2017年完成中国核证自愿减排（CCER）交易资金487万元。重庆市建立主城区对口支援三峡库区奉节县、巫山县、巫溪县，在生态修复治理、生态产业发展、生态小镇建设

3 个方面开展帮扶，探索生态综合补偿项目示范。

下一步，生态保护补偿工作将全面贯彻落实党的十九大和十九届二中、三中全会精神，以习近平新时代中国特色社会主义思想为指导，积极推进市场化、多元化生态补偿，畅通企业和社会公众参与生态补偿的方式，逐步完善生态环境产权机制、交易机制、价格机制，研究支持生态产业化、资源有偿使用、限额交易等政策措施。引导社会和企业资金投入，培育地方发展新动能。结合生态保护补偿推进脱贫攻坚，发展生态经济，促进生态产业化，将生态效益转化为经济效益。考虑西部地区财力水平、生态保护任务、生态外溢性等因素，安排计划任务时予以倾斜。支持当地有劳动能力的生活困难农牧民转为护林员等生态保护人员。加强生态补偿资金监管，提高使用效益。

无锡将立法出台生态补偿条例
不让自觉保护生态的村镇吃亏*

村镇"牺牲"自身利益不搞开发，生态变好了，但村民不能变穷了!继 2018 年生态补偿"提标扩面"以后，无锡在生态补偿机制上也要"提档升级"：通过地方立法的形式出台《无锡市生态补偿条例》，将无锡在生态补偿工作中取得的经验做法进一步制度化、法治化。据透露，目前该条例草案已进入公开征求社会各界意见阶段。如果进展顺利，该条例有望 2019 年实施，生态补偿今后将成为政府每年的"必修课"。

补偿机制促进生态环境保护

无锡自 4 年前在全市域建立生态补偿机制以来，减缓了水稻种植面积快速下滑的趋势，生产面积基本稳定，蔬菜、水蜜桃生产栽培面积也连续 4 年保持

---

* 来源：http://quyu.jschina.com.cn/jrjj/201811/t20181120_5873112.shtml。

生态环境部环境规划院，《生态补偿简报》2018 年 11 月 13 期总第 871 期转载。

基本稳定。

随着保护力度的不断提升,生态环境持续改善。市农委相关负责人介绍说,生态补偿政策实施以来,新增省级湿地公园 4 个,湿地保护小区 13 个,对环太湖湖滨湿地保护恢复及改善太湖水环境发挥了积极作用,自然湿地保护率从2014 年的 41% 提高到 2017 年的 51.1%,恢复湿地面积 7 000 亩。生态公益林面积大幅增加,市区新增县级生态公益林 7.5 万亩。

与此同时,农田基础设施得到改善。发放的生态补偿资金主要用于生态环境保护修复、环境基础设施建设、发展镇村社会公益事业和村级经济等。市区共有 111 个行政村享受到了基本农田生态补偿,由于这些村多为经济薄弱村,工业基础差、基本农田面积多,获得的生态补偿资金极大增加了这些村的集体经济收入。生态补偿实施后,村(居)民委员会参与生态建设的热情空前提高,受补偿的村可支配收入增加,农村公益服务事业得到了稳定的财政支持,农田基础设施建设和维护水平得到了提升。

2018 年以来生态补偿"提标扩面"

生态补偿专项资金的设立,为保护生态环境而付出代价、发展受限的区域获取一定的经济补偿,受到了各镇(街道)、村(社区)的广泛欢迎。

2018 年起,无锡又对全市生态补偿机制进行"提标扩面":扩大了补偿范围,提高了补偿标准。除原有补偿范围外,将永久基本农田、全市实际种植的水稻田、红豆杉国家林木种质资源库、清水通道维护区以及重要水源涵养区等生态重点区域纳入生态补偿范围。

与此同时,对生态补偿标准作了适度提高。如永久基本农田从以前零补偿变为每亩补偿 100 元,水稻田由每亩 400 元提高到 450 元,市属蔬菜基地由每亩 200 元提高到 300 元,种质资源保护区由每亩 300 元提高到 350 元等。

此外,市区生态补偿年初预算也大幅增加。2017 年度市级生态补偿年初预算资金 3 000 万元,2018 年度增加到 5 625 万元,比上年增长 87.5%。自 2014年年底至 2017 年,市区累计落实生态补偿资金 21 614 万元。

地方立法草案向社会征求意见

"要通过立法将此作为政府今后要做的常规工作落实下来，成为每年要做的'必修课'。"有关人士表示，为强化生态文明建设的法治保障，2018年市人大常委会将生态补偿工作列入年度立法计划，将无锡市生态补偿工作中取得的经验做法进一步制度化、法治化。根据市发改委"关于报送《无锡市生态补偿条例》立法计划的报告"，条例立法工作已于2018年1月正式启动。为确保立法质量，市人大常委会强化立法主导，提前介入立法起草，多次召开调研座谈会，反复研究斟酌，修改完善条例草案；同时强化问题导向，坚持立法创新，致力于体现无锡特色，形成工作亮点。目前《无锡市生态补偿条例（草案）》已经市政府常委会议讨论通过，并由市十六届人大常委会十三次会议进行了第一次审议。目前已全文公布，公开征求社会各界意见。

《无锡市生态补偿条例（草案）》拎重点

该草案是这样定义"生态补偿"的：通过财政转移支付等方式，对因承担生态保护责任而使经济发展受到一定限制的区域内有关组织和个人给予补偿的活动。

草案第六、第七、第八条规定：市、县级市、区人民政府应当将生态补偿与精准脱贫相结合，向经济薄弱的重点生态区域倾斜生态补偿资金，优先保障有劳动能力的贫困人口就地从事生态保护工作。市、县级市、区人民政府应当鼓励生态补偿与化肥农药减量使用、农田休耕、土壤改良等生态保护措施相结合，推动实施秸秆禁烧以及秸秆肥料化、饲料化、能源化、基料化、原料化等综合利用，提升生态保护成效。此外，鼓励受益地区与生态保护地区、流域下游与上游之间建立横向生态补偿制度。

该草案将永久基本农田、水稻田、市属蔬菜基地、种质资源保护区、生态公益林、重要湿地、集中式饮用水水源保护区、清水通道维护区以及重要水源涵养区等全部纳入生态补偿范围。并且规定生态补偿标准应当实行动态调整，调整周期一般为3年。生态补偿对象应当依法或者按照约定履行相应的生态保护责任，落实保护措施，维护生态安全，改善生态环境。

生态补偿资金应当用于在生态补偿保护区域内开展生态保护、修复和环境基础设施建设；服务集体经济组织成员；补偿集体经济组织成员和提高从事生态保护工作的贫困人口收入；集体经济组织成员个人生活必要开支等。

草案规定应当按照规定使用生态补偿资金，不得长期闲置。生态补偿对象未履行保护责任的，市、县级市、区农林、环保等部门应当责令其限期改正；逾期未改正的或者改正未达到要求的，可缓拨、减拨、停拨或者收回生态补偿资金。生态补偿对象损害补偿区域内的生态环境的，两年内不得申报或者获得生态补偿资金。

杨伟民：如何通过生态产品将绿水青山变为金山银山*

什么叫作生态产品？过去我们对产品的定义有一些狭隘，认为产品就是经过劳动加工后得到的东西，有劳动对象，然后要经过劳动加工，没有劳动加工就不能叫产品，没有价值。但是问题在于，我们需要呼吸空气，需要水，需要良好的环境，需要宜人的气候，从人的需求来讲，我们需要这些东西。西方经济学不研究这个方面，它研究稀缺的资源怎么样有效利用来满足人的需要的问题。它们认为空气和水不是稀缺的，而是无限供给的。但是现在来看，空气和水都不是无限供给的。党的十九大报告讲，我们要提供更多优质生态产品来满足人民对美好生态环境的需要。美好生活当中的一部分就是对生态环境的需要。改革开放40年来，中国经济大发展大大地增强了提供农产品、工业品、服务产品的能力，但是提供生态产品，特别是优质生态产品的能力是下降的，这是中国的实际情况。所以，中国的下一步就要向生态文明迈进，必须要把生

---

* 来源：http://www.sohu.com/a/277016412_354046。

生态环境部环境规划院，《生态补偿简报》2018年11月16期总第874期转载。

态产品定义为产品。也就是习近平总书记说的"绿水青山就是金山银山"。怎么样能把绿水青山变成金山银山？生态产品是有价的，跟工业品、农产品和服务产品一样，本来都是可以卖出价格的，可以把绿水青山变成金山银山的。

塞罕坝通过了近五六十年的努力，把过去荒山秃山的地方变成了几十万亩的一片人工林。现在的塞罕坝通过间伐林木、旅游就可以实现把整个塞罕坝地区的经济循环起来。过去，中国的林场基本上都是亏损的，国家年年要补钱。生态地区究竟怎么样能够解决好当地的发展问题呢？在保护生态同时又能够实现当地老百姓的脱贫甚至今后的致富，我认为有以下几个途径：

第一，中央财政购买生态产品。三江源地区每年为下游地区无偿提供 600 亿 m³ 的清洁水，如果当地要在三江源上面修一个大坝，你不拿钱我不放水，当然他们不会这么做，国家也不会同意这么做。但现在并没有对这 600 亿 m³ 的水进行补偿。中央财政 2018 年一共拿了 721 亿元，用于对全国主体功能区规划确定的重点生态功能区的县给予生态补偿，平均一个县大概 1 亿多元，实际上是中央财政代表 13 亿元人民向生态地区购买生态产品。人家提供生态产品了，你本来就应该去交钱，这是一种产品之间的交换。

第二，地区之间的生态价值补偿。如纽约和纽约州，纽约的用水是上游的两个州提供的，从 20 世纪六七十年代开始，纽约市和纽约州就开始向上游的两个州交纳 5 亿美元，用于转变农业发展方式和修建农村的污水处理厂等，这就保障了纽约和纽约州的清洁用水问题。如果它们不花这个钱，纽约就要花 60 亿美元来建一个净水厂，这实际上是地区之间生态价值的交换。中国现在已经有了这样比较好的案例，浙江的千岛湖大概有 60% 的水源是从安徽进来的，千岛湖是浙江重要的水源地，特别是杭州地区的重要水源地，如果一旦被污染就会很麻烦。所以安徽、浙江各拿 1 亿元，中央财政掏 5 亿元，提出的协议：如果安徽的水进入浙江都保持在 II 类，那这 7 亿元都给安徽，如果低于 II 类的水进入到千岛湖，就把这 7 亿元人民币交给浙江。

第三，生态地区出售用水权、排污权、碳排放权。这个需要是比较久远的，也是全国性的。十八届五中全会中央关于"十三五"规划建议，要建立用水权、排污权、碳排放权，还有用能权的初始分配制度。中国 13 多亿人，接近 14 亿人，排放二氧化碳的权利应该是一样的。但是现在除了给企业以外，没有按照十八届五中全会说的那样，按初始分配制度把用水权、排污权、碳排放权、用能权分配给全国的老百姓。如果西藏、青海也分配到一定的排污权、碳排放权，很显然，他们用的是很少的。假设一个人是 $100\ m^3$ 的二氧化碳，西藏、青海可能都用不了，因为他们也不开车，骑个马悠悠哉哉地唱着歌放点牛和羊。但在北京、上海就不行，这些地区天天开车。这样的话就要缴碳排放的钱，把这些钱补给生态地区的人群，这就解决了问题，像三江源地区，关于未来的生活保障问题和生活水平提高问题。谁排放的二氧化碳少，钱就应该给谁。

第四，生态产品的溢价。通过修复生态被破坏的地方，使土地更值钱了，可以卖出更高的价格。成都曾经做过"府南河治理"，或者叫"锦江治理"。有一条流经整个成都市区的河流，在没有治理之前，河两岸的一亩土地是 30 万元人民币，整治之后，变成 300 万元，溢价 10 倍。增加的这 270 万元是因为治理了府南河，环境好了，地就值钱了。2018 年年初到太原，看了它的西山生态修复的情况。西山过去是煤炭塌陷区、建筑垃圾的堆积场和其他的一些生活垃圾的堆积场，山体都被破坏了。后来太原开始实行生态修复工程，把西山划成了 10 个森林公园，交给了一些国有企业和一些民营企业进行修复。现在已经修复得很好了，过去的照片和现在照片比较有天壤之别，过去的模样已经看不到了。有一个民营企业老板就投了十几亿元。他为什么要投这个项目？以后这钱怎么回来呢？因为山西出了一个政策，允许在你修复的土地上开发 20%的土地，其中，10%用于基础设施，剩下的 10%用作搞其他的一些建设，如住房建设等。所以，那个民营企业老板修复完那块地之后，我估计那个地方的生态产品的溢价至少要 10 倍，甚至 20 倍、100 倍都不止，完全可以把投入的那十几亿元人民币收回来，这就是用一种新的市场化办法来修复生态环境。大家知道，党的十九大报告当中有一句话，建立多元化、市场化的生态补偿机制，说的就是这个意思。那些几十年甚至几代人破坏的生态环境，让我们这一代人去修复的话，靠财政那点钱根本不可能，所以必须要采取多种途径。

横向生态补偿倒逼绿色发展
鄂州好山好水能"变现"*

鄂城区燕矶镇，鄂州机场配套项目建设正酣。因建设需要，经严格环评，部分湖泊将被占用。

11 月 20 日，《湖北日报》全媒记者在现场看到，这边的湖泊还未填平，另一处同等面积的新湖区正在开挖。

"既要保证重点工程用地，也要确保生态资源的占补平衡。"鄂州市委书记王立说，近几年来，该市不断探索"绿水青山就是金山银山"的转化机制，在建立"生态账本"的基础上，推行各区之间横向生态补偿、领导干部自然资源资产离任审计等制度，并创新金融工具吸引市场主体参与，促进绿色发展。

为自然资源打上"价格标签"

"各级政府均逐步意识到保护生态环境的重要性。引进项目的收益，如不能覆盖其影响生态的代价，必须拒之门外。"鄂州市环保局局长胡太平说。

据统计，近 3 年来，全市因环评共否决 18 个拟引进项目，涉及投资额 21 亿多元。

观念转变与"绿色指挥棒"息息相关。2016 年 3 月，鄂州被确定为全省自然资源资产负债表编制唯一地级试点城市。

负债表类似会计核算，就是建生态账本，为全市自然资源打上"价格标签"。从统计、编制到公布，自然资源资产负债表试点工作历尽艰辛。

经反复权衡，鄂州市政府最终选择与华中科技大学合作，借鉴最新生态补偿研究成果，赋予土地、水域、森林等自然资源资产相应系数，再通过构建生

---

* 来源: https://news.cnhubei.com/xw/hb/ez/201811/t4192516.shtml。

生态环境部环境规划院，《生态补偿简报》2018 年 11 月 18 期总第 876 期转载。

态服务价值计量模型，将其对生态的服务贡献统一度量为无差别、可交换的货币单位。

"这个表就像一张网，把辖区生态家底一网打尽，而且只能增，不能少。"鄂城区委书记刘厚文坦言，在以前看来可以做的事，现在都不能再干了，否则每年所获税收还不足以支付给其他区域的生态补偿金。

如今，鄂州市的自然资源资产负债表编制工作已实现常态化，每年编制上一年度的负债表。而且，全市土地资源、林木资源、水资源 3 个账户 8 张表，编制范围均已延伸到村一级。

横向补偿倒逼转型发展

刘厚文的担忧，缘于全市有了生态账本之后，开始尝试建立各区间责权一致的横向生态补偿机制。

2017 年、2018 年连续两年，以实际提供生态服务价值 20%权重计算，市财政、鄂城区、华容区共计向梁子湖区支付生态补偿资金 1.4 亿多元。其中，市财政补贴占 70%。

梁子湖区委书记夏帆向《湖北日报》全媒记者算了一笔账：2013 年起，梁子湖鄂州水域 500 km² 范围全面退出一般性工业，每年牺牲税收近 4 000 万元，"因溢出生态服务价值，全区每年平均获 7 000 万元以上补偿，还有得赚。"

考虑到财政支付能力，鄂城、华容两区先按 20%权重补偿，然后逐年增加，市财政补贴比例相应降低，直至完全退出。对鄂州各级领导干部而言，压力无疑巨大。在华容区委书记姜飞轮看来，唯一的出路是想办法转型，将绿色发展落到实处。

华容区瓜圻村，江湖港连通工程正在建设中。历史上，这里曾通江达湖，后被人为改变，围湖造田，导致水患严重。姜飞轮说，痛定思痛，生态修复既是还债，更是对生态重新估价、对发展思路的重新定位。

市改革办主任范玉娇表示，区际横向补偿就是为了让好山好水能"变现"，产生直接经济效益，从而确保"谁污染、谁补偿，谁保护、谁受益"。

以生态补偿资金为基础，鄂州还设立 2 000 万元生态发展基金，加大环保

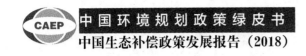

基础设施建设，发展绿色产业。

离任审计有了"生态紧箍咒"

获得生态补偿的一方也并不轻松，因为有"领导干部自然资源资产离任审计"把着关。

"这项审计也是鄂州在全省率先试点，将市管领导年度考核的生态指标占比提高到 10%。"市审计局局长李志鹏说，审计结果被列为领导干部考核、任免、奖惩的重要依据。近两年内，全市自然资源资产审计先后问责 78 位相关责任人。

2017 年 6 月，在查出梁子湖区蔡家海湖存在投肥破坏水体问题后，审计组根据该区制定的《河湖（库）长制方案》，将该区某领导定为主要责任人。通过这项审计工作，一些久拖不决的生态环境突出问题很快得到解决。以梁子湖区为例，该区率先重拳整治，拆除梁子湖水面违规建筑物和构筑物 3 处、面积 2 700 m²，并取缔 2 家水上餐厅，撤离营业船舶。

既有硬性约束，又有正向激励，鄂州全域齐抓生态的格局逐步形成。王立说："治山理水也能'显山露水'，谁还不愿意穿新鞋，走绿道？"

据介绍，该市对生态区域、农业乡镇取消招商引资、工业增加值等考核的同时，还从市级财政每年拿出 600 万元资金，对 9 大类生态保护项目"以奖代补"，其中达到生态示范区标准的乡镇将获奖励 50 万元。

吸引更多市场主体参与

随着改革日益深入，鄂州市委、市政府越发意识到：有了好生态，还要让社会资金和市场主体看到生态产品的价值，并吸引他们主动参与、投入。

"现阶段各区之间的横向生态补偿，实质是政府内部的财政转移支付。要实现生态资源金融化、资本化，必须有市场主体参与。"市金融办副主任秦剑涛说。

他表示，鄂州通过生态价值货币化，将自然资源资产计量结果运用在政府间支付上，这条路已经打通，"但在二级市场如何促使更多社会资本进入，我们还在探索中，目前正借鉴土地增减挂钩指标的思路，谋划打造可供市场交易的生态指标，也就是与生态环境紧密相关的有价票券，最终打破政府内循环。"

事实上，一系列金融领域的创新实践，早已在鄂州渐次开展。梁子湖区以自然资源资产评估价值为贷款额度依据，从金融机构申请生态项目贷款 10 亿元，用于优化产业结构；2 月，该市水务集团在国内首次以水库灌溉权作为融资标的物，获质押贷款 2 000 万元；8 月，该市金融办与武汉金融资产交易所联手，实现该市首笔林权收益权转让，成功融资 150 万元；11 月初，鄂州市政府与中国农业发展银行湖北省分行签署合作备忘录，利用农业政策性金融支持乡村振兴、长江大保护和生态价值工程。

"以前，贷款都需要土地、房屋等实物抵押或质押，现在金融机构的观念也在改变，即可以利用生态资产抵押。"鄂州市副市长谢方说，目前该市生态资产抵押贷款额度达 3.44 亿元。

2018 年以来广东下达生态公益林补偿金逾 21.8 亿元[*]

广东从 2018 年起实施新一轮生态公益林效益补偿提高标准政策，截至目前，广东省财政已下达补偿资金 21.81 亿元，让生态福利惠及广大老百姓。

广东 2018 年建立生态公益林分区域差异化补偿机制，完善国家级公益林的区划落界，推进了生态公益林立法和各项管理制度的规范完善。

据悉，对于广东的生态公益林分区域差异化补偿机制方面，在提高标准的基础上，经广东省人民政府审定，印发了《广东省省级以上生态公益林分区域差异化补偿方案（2018—2020 年）》，将省级以上生态公益林按照特殊区域、一般区域、珠三角经济发达区域等 3 个区域，进行分区域差异化补偿。

---

[*] 来源：https://news.sina.com.cn/o/2018-12-13/doc-ihmutuec8951125.shtml。

生态环境部环境规划院，《生态补偿简报》2018 年 12 月 2 期总第 878 期转载。

在广东省财政生态公益林预算资金总额内，确定一般区域的补偿标准为每亩 31 元，2019 年和 2020 年则分别升至每亩 33 元、每亩 35 元。依据生态保护红线划定成果，确定省级以上生态公益林的特殊区域，给予较一般区域高的补偿标准进行补偿，并逐年拉开差距，2018 年特殊区域省级以上生态公益林效益补偿标准较一般区域每亩高出 2.3 元。广州、深圳、珠海、佛山、中山、东莞等珠三角经济发达的 6 个市的省级生态公益林由市县财政给予补偿。

广东省林业局有关负责人表示，2019 年广东将继续做好生态公益林落界基础性工作，加快建设生态公益林精细化管理系统，进一步修订完善生态公益林各项管理制度，不断规范生态公益林资金管理和发放，探索生态公益林可持续经营机制等，推进生态公益林规范化、精细化、差别化管理，全面提升生态公益林建设管理水平。

福建四大举措推进国家生态文明
试验区建设*

近年来福建省加快推进国家生态文明试验区建设，包括开展综合性生态补偿试点、全面实施流域生态补偿、协同推进汀江—韩江跨省流域补偿试点、推进重点生态区位商品林赎买改革试点四个方面举措。

出台《福建省综合性生态保护补偿试行方案》，明确 2019—2021 年按一定比例整合统筹 9 个部门 20 个不同类型、不同领域的生态保护专项转移支付资金约 3.3 亿元、4.92 亿元、6 亿元，对 23 个实施县采用与生态指标考核结果挂钩的方式，根据考核结果情况安排综合性生态保护补偿资金，并对上年度环境质量提升给予 1 000 万～3 000 万元奖励，支持实施县与本级资金捆绑使用，激发各县市加强生态保护积极性。

---

* 来源：http://www.fj.xinhuanet.com/toutiao/2018-12/21/c_1123883789.htm。
生态环境部环境规划院，《生态补偿简报》2018 年 12 月 5 期总第 881 期转载。

在全面实施流域生态补偿方面，自 2015 年探索实施流域间横向补偿以来，福建持续推进完善流域生态保护补偿机制。2017 年，全面建立与地方财力、受益程度、用水总量等因素挂钩，覆盖全省、统一规范的全流域市县横向补偿机制，2017—2018 年分别筹措资金 11 亿元、13 亿元，以后年度，还将逐年提高筹集标准，截至 2020 年补偿资金将达到 18.3 亿元，比 2015 年翻一番。流域生态补偿金按照水环境质量、森林生态、用水总量控制三类因素分配到流域各市、县，统筹用于流域污染治理和生态保护。

协同推进汀江—韩江跨省流域补偿试点方面，2016 年，福建省与广东省签订《关于汀江—韩江流域上下游横向生态补偿协议（2016—2017 年）》。两省共同设立汀江—韩江流域上下游横向生态补偿资金，根据水质目标达成情况拨付资金；中央财政依据考核目标完成情况确定奖励资金。

经过两年多的治理保护，汀江流域水质达标率全面达到协议要求，广东省拨付福建省补偿资金 1.98 亿元，中央拨付奖励资金 5.99 亿元。闽粤两省签订 2018 年补偿协议，建立起"成本共担、效益共享、合作共治"的长效保护治理机制。

推进重点生态区位商品林赎买改革试点，2016 年以来，省财政积极探索建立以地方财政资金为主、受益者合理负担、社会资金参与的多元化资金筹集机制。

省财政厅相关人士介绍，截至 2018 年 11 月，省级财政累计下达省级补助 1.8 亿元，支持永安、武平、武夷山等 28 个县（市、区）开展改革试点，推动试点县因地制宜采取赎买、租赁、置换、改造提升等方式，探索破解生态保护与林农利益矛盾的有效途径，全省累计已完成改革试点面积达 26.3 万亩，提前完成省政府确定的"十三五"完成 20 万亩的试点任务。